现代家政学概论

第2版

主　编　张平芳
副主编　毕树沙　陈梅芳
参　编　李　蓓　周　涛
　　　　李翠英　刘志红

机 械 工 业 出 版 社

本书涵盖了婚姻、爱情、家庭、家政等基本认识及家庭饮食、服装、保洁、保健、礼仪、教育、管理等现代家政基本内容，选材丰富、典型、精炼、贴近生活，为读者提供了大量的现代家政技能训练内容，注重让读者通过实训掌握现代家政技能，做到学而能用，同时注重引导读者将这些技能运用到家庭生活实践中去，做到学而即用。

本书基于现代家政学的广泛应用性编写，可作为普通高等学校、职业院校相关专业的专业基础课程教材和其他专业的公共课程教材，也可用于其他有需求的组织和个人自学使用。

图书在版编目（CIP）数据

现代家政学概论/张平芳主编. —2版. —北京：机械工业出版社，2017.7（2024.4重印）
ISBN 978-7-111-57599-3

Ⅰ.①现… Ⅱ.①张… Ⅲ.①家政学—概论 Ⅳ.①TS976

中国版本图书馆CIP数据核字（2017）第187638号

机械工业出版社（北京市百万庄大街22号 邮政编码100037）
策划编辑：闫云霞 责任编辑：闫云霞 朱彩绵
责任校对：李 伟 封面设计：路恩中
责任印制：单爱军
北京虎彩文化传播有限公司印刷
2024年4月第2版第22次印刷
184mm×260mm · 16印张 · 328千字
标准书号：ISBN 978-7-111-57599-3
定价：56.00元

电话服务 网络服务
客服电话：010-88361066 机 工 官 网：www.cmpbook.com
010-88379833 机 工 官 博：weibo.com/cmp1952
010-68326294 金 书 网：www.golden-book.com
 机工教育服务网：www.cmpedu.com

前　　言

习近平总书记在党的二十大报告中指出：江山就是人民，人民就是江山；增进民生福祉，提高人民生活品质。作为社会的最小单位，家庭是广大人民个人幸福生成的温床和生命栖居的港湾，具有维护社会稳定，构建幸福社会的重要功能。改革开放四十多年来，人民物质生活条件得到极大改善，家庭财富不断累积，为家庭幸福生活奠定了物质基础。与此同时，巨大而剧烈的经济社会变迁，也给家庭观念、家庭生活规划、处理家庭矛盾的方式方法等带来前所未有的挑战。都市生活节奏快，生活压力大，家庭成员在家庭理财、家庭保健、家庭饮食、家庭教育、家庭休闲文化等方面的知识和技能匮乏，使得人们的家庭生活品质提升面临较为严峻的考验。

党的二十大报告强调："我们深入贯彻以人民为中心的发展思想，在幼有所育、学有所教、劳有所得、病有所医、老有所养、住有所居、弱有所扶上持续用力。"我们要在党的带领下实现中国人民的中国梦，首先需要践行广大家庭幸福的"中国梦"。而梦想的实现需要在科学理论和方法的指导下才能更有效地完成。因此，在当前形势下，需要丰富家政学的研究成果和推广家政教育，同时需要开发适应现代社会需求的现代家政教材，对广大青年学子和社会从业人员开展现代教育。本教材即是在这一宏大历史背景和强烈现实需求下，总结编写团队多年的家政教学、科研和实践经验，吸纳新的家政理念、方法和时代要素，博采长期以来得到广泛认同的家政教材和相关文献的精华编写，主要具有以下几个特点：

一是内容丰富。主要内容包括婚姻、爱情、家庭、家政等基本认知，家庭饮食、家庭服装、家庭保洁、家庭保健、家庭礼仪、家庭教育、家庭管理等现代家政基本内容，以及现代家政企业管理，涉及现代家政的方方面面，体现了理论与实践结合，知识与技能结合，宏观与微观结合的特点。

二是注重感受与反思。教材中的每个章前均有案例导入，案例选材丰富、典型、精炼，贴近生活，让读者首先进行知识感受和引导性的学习。课后有思考与练习，帮助读者巩固知识，提升技能，避免"置身事外"的简单说教，用润物无声的方式传播科学的现代家政理念，用通俗易懂的语言传授现代家政知识，用具有代表性的案例和实训练习培养读者的家政实务技能。

三是适用范围广泛。现代家政理念、知识和技能对于每个人的家庭幸福生活都是必不可少的，中国当代社会尤其如此。本教材基于现代家政学的广泛应用性编写，可作为普通高等学校、职业院校相关专业的专业基础课程教材和其他专业的公共课程教材，也适用于其他有需求的组织和个人自学使用。

本书由张平芳担任主编，毕树沙、陈梅芳担任副主编，李蓓、周涛、李翠英、刘志红参与编写，具体编写分工如下：周涛编写第一章，毕树沙编写第二章、第三章、第四章，陈梅芳编写第五章、第七章，陈梅芳、刘志红合编第六章，李蓓、李翠英合编第八章、第十章，李蓓编写第九章，张平芳编写第十一、第十二、第十三、第十四章。张平芳对全书进行统稿。

本书及时付梓问世，首先要感谢长沙民政职业技术学院各级领导和同事的关心与支持。也得到了长沙金职伟业集团和机械工业出版社的大力支持，在此一并表示衷心感谢。由于编者水平有限，书中难免有错漏和不妥之处，敬请广大读者批评指正。

编 者

2022年11月

目　录

前言
第一章　现代家政概述 …… 1
第一节　家政与家政学 …… 1
一、家政 …… 1
二、家政学 …… 2
第二节　现代家政教育的发展和意义 …… 9
一、西方家政学和家政教育的发展 …… 9
二、我国家政学与家政教育的发展 …… 10
三、开展现代家政教育的意义 …… 12
思考与练习 …… 14
第二章　现代家庭 …… 15
第一节　现代家庭概述 …… 15
一、家庭的含义 …… 15
二、家庭的功能与周期 …… 16
三、家庭的类型 …… 23
第二节　家庭角色与人际关系 …… 24
一、社会角色与家庭角色 …… 24
二、家庭人际关系 …… 26
三、现代家庭角色管理 …… 31
思考与练习 …… 31
第三章　婚姻与爱情 …… 33
第一节　婚姻概述 …… 33
一、婚姻的含义 …… 33
二、中国婚姻 …… 37
第二节　爱情的本质 …… 39
一、理想与现实中的爱情 …… 39
二、爱情是什么 …… 42
三、爱情带来什么 …… 43
第三节　婚姻与爱情 …… 43

一、婚姻与爱情的关系 …… 44
二、如何处理婚姻与爱情的关系 …… 44
思考与练习 …… 45
第四章 现代家庭理财 …… 46
第一节 现代家庭理财概述 …… 47
一、现代家庭理财的含义 …… 47
二、现代家庭理财的特点 …… 48
三、现代家庭理财的原则与方法 …… 49
四、现代家庭理财的模式 …… 54
第二节 现代家庭投资 …… 55
一、现代家庭投资的概念 …… 56
二、现代家庭投资的原则 …… 56
三、现代家庭投资的种类 …… 56
四、现代家庭的投资策略 …… 66
第三节 现代家庭理财方案设计 …… 68
一、家庭理财方案设计含义 …… 68
二、家庭理财方案设计步骤 …… 68
三、现代家庭理财方案设计实训 …… 68
思考与练习 …… 70
第五章 现代家庭饮食 …… 71
第一节 营养素的类别与摄入 …… 72
一、蛋白质 …… 72
二、脂肪 …… 74
三、维生素 …… 75
四、糖类 …… 76
五、矿物质（无机盐） …… 76
六、水 …… 77
第二节 饮食与健康 …… 77
一、合理膳食 …… 77
二、培养良好的饮食习惯 …… 79
三、日常饮食要做到的几个原则 …… 80
思考与练习 …… 84
第六章 现代家庭服装 …… 85
第一节 服装搭配 …… 85
一、色彩与搭配的关系 …… 85
二、服饰与体型的关系 …… 90
三、服饰与脸型的关系 …… 93
四、服饰与肤色的关系 …… 93
五、服饰搭配艺术 …… 94
第二节 服装的清洁与收藏 …… 96
一、服装的洗涤 …… 96

二、服装的保管与收藏 …… 100
思考与练习 …… 102
第七章 现代家庭保洁 …… 103
第一节 家庭保洁物料准备 …… 103
一、保洁常用工具及使用 …… 103
二、保洁专用工具及使用 …… 107
三、清洁剂介绍及使用 …… 110
四、消毒剂介绍及使用 …… 117
第二节 保洁作业准备及流程 …… 120
一、家庭保洁内容 …… 121
二、家庭保洁流程 …… 121
三、家庭保洁服务标准 …… 122
四、家庭保洁服务验收标准 …… 122
五、常用作业方法及注意事项 …… 122
六、居室开荒保洁流程 …… 125
思考与练习 …… 125
第八章 现代家庭保健 …… 126
第一节 健康概述 …… 127
一、人类寿命 …… 127
二、健康的概念 …… 127
三、健康的标准 …… 128
四、健康的功能 …… 130
五、亚健康 …… 131
第二节 家庭自我保健 …… 133
一、自我保健的原则 …… 133
二、自我保健的方法 …… 134
第三节 家庭保健 …… 138
一、家庭保健的基本条件 …… 138
二、健康家庭 …… 138
三、青少年家庭保健 …… 139
四、孕妇保健 …… 141
五、更年期家庭自我保健 …… 142
六、老年人保健 …… 149
思考与练习 …… 152
第九章 现代家庭文化 …… 153
第一节 现代家庭文化概述 …… 154
一、文化内涵 …… 154
二、家庭文化内涵 …… 155
三、重视家庭文化建设 …… 157
第二节 家庭文化结构与功能 …… 158
一、家庭文化结构 …… 158

二、家庭文化的功能 …… 160
第三节 现代家庭文化构建 …… 160
一、和谐家庭文化的特征 …… 160
二、和谐社会中家庭文化的构建 …… 161
思考与练习 …… 163
第十章 现代家庭礼仪 …… 164
第一节 礼仪概述 …… 164
一、礼仪的含义 …… 165
二、礼仪的起源 …… 165
三、礼制和礼俗 …… 166
四、礼仪的本质 …… 166
五、礼仪的特点 …… 167
六、礼仪的功能 …… 168
七、礼仪的种类 …… 169
第二节 现代家庭礼仪 …… 172
一、家庭成员的个人礼仪 …… 172
二、家庭成员的社交礼仪 …… 174
三、家庭礼仪 …… 176
思考与练习 …… 179
第十一章 现代家庭茶艺与插花 …… 180
第一节 现代家庭茶艺 …… 180
一、茶叶基本知识 …… 180
二、泡茶的茶具大全 …… 184
第二节 现代家庭插花 …… 188
一、插花艺术的含义 …… 188
二、插花艺术的起源 …… 190
三、花艺设计与花道 …… 192
四、插花工具及插花技能 …… 193
思考与练习 …… 202
第十二章 现代家庭教育 …… 203
第一节 现代家庭教育概述 …… 203
一、现代家庭教育的概念 …… 203
二、家庭教育的意义 …… 204
三、家庭教育的特点 …… 204
四、现代家庭教育的误区 …… 207
第二节 现代家庭教育的原则和方法 …… 208
一、现代家庭教育的原则 …… 209
二、现代家庭教育的方法 …… 211
第三节 现代家庭健康和情感教育 …… 215
一、现代家庭健康教育 …… 215
二、现代家庭情感教育 …… 217

第四节　现代家庭品德和智能教育 …… 219
一、现代家庭品德教育 …… 219
二、现代家庭智能教育 …… 220
思考与练习 …… 223
第十三章　现代家庭管理 …… 224
第一节　现代家庭管理要素与目标 …… 224
一、现代家庭管理概念 …… 224
二、家庭管理的要素 …… 225
三、家庭管理的方法 …… 226
第二节　家庭管理的原则与职能 …… 228
一、家庭管理的原则 …… 228
二、家庭管理的功能 …… 229
三、家庭管理的内容 …… 229
四、家庭管理的艺术 …… 231
思考与练习 …… 233
第十四章　现代家政企业管理 …… 234
第一节　家政企业概述 …… 235
一、什么是家政企业 …… 235
二、家政企业的种类 …… 236
第二节　现代家政行业概述 …… 238
一、发展现代家政行业的意义 …… 238
二、现代家政服务行业发展现状 …… 239
三、现代家政行业发展存在的问题 …… 240
四、发展现代家政行业的建议 …… 240
思考与练习 …… 243
参考文献 …… 244

第一章　现代家政概述

案例导入

家政专业毕业生的就业前景

随着全民生活水平的提高，约 70% 的城市居民对家政服务有需求，家政服务业，有巨大的市场潜力，有利于扩大就业，为各级政府所支持。因此，家政服务业这一朝阳产业其发展前景和市场是极其广阔的。

新兴的家政服务业市场也是极其广泛的。它所提供的服务内容从传统的保洁、理家、照顾老人和孩子，到筹办婚丧礼事、寿宴和各种家庭庆典，商品配送、电器维修、整理收纳、家庭教育、礼仪指导、房屋装饰等，涉及人们生活的方方面面，为众多的家庭和个人带来了方便。

作为家政学专业的毕业生，不仅能在家政企业从事专业服务与管理工作，也能在政府部门和民政系统、妇联系统、社会工作系统、社区指导、服务与管理机构、物业管理机构等从事社区管理与服务、生活与家庭教育指导、婚姻与家庭咨询等工作，在中小学校和学前教育机构从事生活教育、生活管理等工作；在企事业单位从事职工保健与生活管理等工作。

第一节　家政与家政学

一、家政

由于家政学科知识还没有普及，一般人对于家政概念还不太熟悉，其实家政和家政管理，我国自古有之，但作为一门学科的建立却是近代的事情。19 世纪 40 年代，美国学者卡特琳·比彻尔撰写了一本《家事簿记》，标志着家政学科的正式创立。

说到家政，有人理解为“保姆”，也有人理解为“保洁”。实际上，家政是一门正式的学科，家政一词有着丰富的内涵。

美国《新时代百科全书》1980年版记载，家政一词由英语 Home Economics 意译而来，Home 即家，意指遮蔽风雨、养育子女的处所。Economics 即经济，意指在经济的基础上来理家。

家政指在家庭这个小群体中，与全体或部分家庭成员生活有关的事情，它带有一种“公事”的意味，另外还含有“要事”的意思。

家政是指家庭事务的管理。“政”是指行政与管理，它包含有三个内容：一是规划与决策；二是领导、指挥、协调和控制；三是参考、监督与评议。

家政指家庭生活中实用知识与技能、技巧。家庭事务是很具体、很实际的，人们的修养、认识、管理都要与日常行为结合起来才能表明其意图，实现其愿望。

家政还指家庭生活办事的规则或者行为准则，家庭生活中需要有一些关于行为和关系的规定，有的写成条文，有的经过协商形成口头协定，有的在长期生活中成为不成文的习惯规则。这些规则有综合的，也有单项的。

总之，家政是家庭中对各个家庭成员的各项事务进行科学认识、科学管理与实际操作，以利于家庭生活的安宁、舒适，确保家庭关系的和谐、亲密，以及家庭成员的全面发展。

家政行业是服务业，目前我国社会家政服务按内容可分为3个层次：第一种是初级的“简单劳务型”服务，如煮饭、洗衣、维修、保洁、卫生等；第二种是中级的“知识技能型”服务，如护理、营养、育儿、家教等；第三种是高级的“专家管理型”服务，如高级管家的家务管理、社交娱乐的安排、家庭理财、家庭消费的优化咨询等。

二、家政学

（一）家政学的内涵

对家政学首次做出科学界定的是美国家政学会。该学会1912年指出：家政学就是“运用应用科学、社会科学以及艺术知识，研究家庭生活的需求，解决理家问题及相关问题的综合学科。”第二次世界大战以后，根据该学科发展状况，他们又做出了如下修订：家政学是一门“以提高人类生活素质及物质文明，提高国民道德水准，推动社会进步，弘扬民族精神为目的，从精神与物质两个方面进行研究，以求得家庭成员在生活上、心理上、伦理道德上及社会公德上得以整体提升的综合学科。”

1991年，我国第二届家政理论研讨会上提出了我国的家政学的定义：家政学是一门综合性的应用性学科，它运用科学的态度与方法，通过学习、教育和训练，使人们掌握尽可能多的知识与技能，健全家庭管理，调节人际关系，提高家庭生活质量，满足人们的物质与文化需求，全面提高人的素质，使家庭更好地发挥各项功能。

德国家政学的核心是研究家庭营养学，强调家政是经济社会统一体，人类是在共同生活。

芬兰的家政学研究重点是消费科学、商品科学、家庭科学教育等相关问题。

英国的家政学是研究持家的学问，尤其是指购买食物、烹饪、洗涤等家庭事务。

欧洲在20世纪90年代提出，家政学是研究存在于日常生活一切脉络中的思考方法及行为方式，是探究生活“哲学”问题的学问和教育。

我国的《新时代百科全书》对家政学的解释是：家政学这一知识领域所关注的，主要是通过种种努力，来改善家庭生活。其具体要求是：

（1）对个人进行家庭生活教育。

（2）对家庭所需的物品和服务的改进。

（3）研究个人生活、家庭生活中各种不断变化的需要和满足这些需要的方法。

（4）促进社会、国家、国际状况的发展以利于改进家庭生活。

冯觉新1994年的《家政学》认为，家政学是以整个的家庭生活为对象，从家人关系，家庭与社会的关系中探讨改善家庭生活、提高家庭成员素质的知识和技巧的一门综合学问。

上述的种种界定都符合家政学的学科本质属性，但从定义学的角度看，以上诸说都有着较多的写实的描述。对一种事物的本质特征或一个概念的确切说明是很困难的，对一个动态性的事物确切说明就更加困难了。

从社会和家庭诞生与发展的历史状况来看，家政学是社会学的一个分支学科，可称为亚社会学或微观社会学。它主要研究家庭生活的社会化质量、家庭教育的社会化作用，以及个人与家庭，家庭与社会的互动规律，研究家庭生活质量与人的综合素质提高的问题等。具体地说，家政学要以人的社会化和家庭的社会化为主线，研究四个关系：

（1）家庭发展与社会发展的关系。

（2）家庭成员的人际关系与际代关系。

（3）家庭的物质生活与精神生活的关系。

（4）家庭的教育主体与客体的关系等。

从家政学的研究对象与研究内容来看，家政学的定义可作这样的概括：家政学以家庭为对象，以提高家庭生活质量和家庭成员综合素质为目的，研究家庭的结构与功能，家庭的发展与变化，家庭的教育与管理，家庭对人的社会化作用，以及家庭与社会关系的规律的科学。

从传统家政到现代家政，经过了一个漫长的发展过程。就现代家政来说，它具有以下三个突出的特点：一是家庭与社会的关系越来越密切，家庭功能不断地向社会转化，并由此带动了家政行业的发展；二是家政概念的内涵越来越丰富，外延越来越扩大；三是现代科学技术迅速地向家庭和家政领域渗透，使家庭的人文品质和科学品质不断提高。

（二）家政学的理论基础

家政学是一门综合性的学科，它的产生和发展自然离不开家庭生活这片沃土，但它的学科理论体系的建立与完善又离不开其他学科知识的濡染和理论指导。这些学科有社会学、心理学、教育学、伦理学、管理学、生理学、人口学、人才学、美学等。

1. 社会学理论

社会学是以社会为对象，研究社会生活、社会关系、社会行为、社会组织、社会结构、社会制度以及社会生活各领域之间的互动关系的科学。

社会学的理论很多，这里只能简单地介绍一些与家政学关系极为密切的社会学的基本概念，如什么是社会、人的社会化理论、社会分层理论和社会角色理论等。

（1）社会概念。我国古代，“社”是指土地之神，也指祭土地神之场所。“社”还是社会的基层单位，如25家为社，方圆六里为社等。“会”是集会的意思。合二为一的社会，是指许多人聚在一个地方进行某种活动。现代的“社会”是指什么呢？在社会学中，社会指的是由有一定联系、相互依存的人们组成的超乎个人的、有机的整体。它是人们的社会生活体系。马克思主义的观点认为，社会是人们通过交往形成的社会关系的总和，是人类生活的共同体。社会的本质是人和组织形式。人，确定了社会的规模和活动的状态。组织形式，决定了社会的性质，以及生产关系。

社会具有如下的特征：

1）是有文化、有组织的系统，是由人群组成一定的文化模式组织起来的。

2）生产活动是一切社会活动的基础，任何一个社会都必须进行生产。

3）任何特定的历史时期，都是人类共同生活的最大社会群体。

4）具体社会有明确的区域界限，存在于一定空间范围之内。

5）连续性和非连续性。任何一个具体社会都是从前人继承下来的一份遗产，同时又和周围的社会发生横向联系，具有自己的特点，表现出明显的非连续性。

6）有一套自我调节的机制，是一个具有主动性、创造性和改造能力的“活的有机体”，能够主动地调整自身与环境的关系，创造自身生存与发展的条件。

社会关系是人们在共同的物质和精神活动过程中所结成的相互关系的总称，即人与人之间的一切关系。从关系的双方来讲，社会关系包括个人之间的关系、个人与群体之间的关系、个人与国家之间的关系；一般还包括群体与群体之间的关系、群体与国家之间的关系。这里群体的范畴，小到民间组织，大到国家政党。这里的国家在实质上是一方领土之社会，即个人与国家之间的关系就是个人与社会之间的关系，而个人与世界的关系就是个人与全社会之间的关系。

从关系的领域来看，社会关系的涉及面众多，主要的关系有经济关系、政治关系、法律关系。经济关系即生产关系。此外，宗教、军事等也是社会关系体现的重要领域。

随着人类改造自然、改造社会的实践活动日益深入和扩展，历史地形成了复杂多样的、多种层次的社会关系。马克思主义哲学科学地揭示了各种社会关系之间的从属关系，据此将社会关系分为物质关系和思想关系两种基本的类别。物质关系是人们在生产活动中形成的、不以人们的意识和意志为转移的必然联系，思想关系是通过人们的意识形成的关系，它是物质关系的反映（即物质的社会关系和思想的社会关系）。对社会关系还可以从其他一些角度进行分类：①从社会关系的主体和范围，可以划分为个人之间的关系，群体、阶级、民族内部及相互之间的关系，国内和国际关系等。②从社会关系的不同领域，可以划分为经济关系、政治关系、法律关系、伦理道德关系、宗教关系等。③从社会关系包含的矛盾性质，可以把社会关系划分为对抗性关系和非对抗性关系。对抗性关系是涉及双方根本利益对立，往往要靠强制手段来维系或解决的矛盾关系，通常指剥削阶级与被剥削阶级之间的关系、敌我之间的关系。非对抗性关系是涉及双方根本利益，可以通过批评、说服、调整的方法去解决的矛盾关系，通常指人民内部的关系。

社会具有多项功能，具体如下：

1）交流功能。人类社会创造了语言、文字、符号等人类交往的工具，为人类交往提供了必要的场所，从而保持和发展了人们的相互关系。有些其他动物是有语言的（比如大猩猩、海豚），有些则无语言（比如长颈鹿），但都可以交流。有语言的可以依靠语言去交流，所有动物都可以用肢体语言来交流。

2）整合功能。社会将无数单个的个体组织起来，形成一股合力，调整矛盾、冲突与对立，并将其控制在一定范围内，维持统一的局面。所谓整合主要包括文化整合、规范整合、意见整合和功能整合。

3）导向功能。社会有一整套行为规范，用以维持正常的社会秩序，调整个体之间的关系，规定和指导个体的思想、行为的方向。导向可以是有形的，如通过法律等强制手段或舆论等非强制手段进行；也可以是无形的，如通过风俗习惯等潜移默化地进行。

4）继承发展功能。个体的生命短暂，个体一代代更替频繁，而社会则是长存的。一个物种创造的物质和精神文化，通过社会而积累和发展。

（2）人的社会化理论。人，具有自然人和社会人的双重属性，但人毕竟是社会的人，其社会化的属性是其本质的属性。人既然是一个社会的人，那么他从出生时的自然人就一定要逐步向社会人转化，成为融入社会并担当一定角色的社会人，这就是人的社会化。

人的社会化是指人接受社会文化的过程，即指自然人（或生物人）成长为社会人的过程。刚刚出生的人，仅仅是生理特征上具有人类特征的一个生物，而不是社会学意义的人。在社会学家看来，人是社会性的，是属于一种特定的文化，并且认同这种文化，在这种文化的支配下存在的生物个体。刚刚出生的婴儿不具备这些品质，因此，他（她）必须度过一个特定的社会化期，以熟悉各种生活技能、获得个性和学习社会或群体的各种习惯，接受社会的教化，慢慢成人。并且，从个人与社会的关系来看，人的社会化也是个体吸收了社会经验，并由两者的分立走向两者的融合。

从文化角度看，人的社会化是文化延续和传递的过程，个人社会化的实质是社会文化的内化。著名美国社会学家威廉·菲尔丁、奥格本对社会现象中的文化因素进行了深入探讨，他认为人的社会化过程就是个人接受世代积累的文化遗产，保持社会文化的传递和社会生活的延续。这种观点反映了人的社会化在文化延续中的重要性。从社会结构角度看，学习、扮演社会角色是社会化的本质任务。帕森斯曾说，社会没有必要把人性陶冶得完全符合自己的要求，而只需使人们知道社会对不同角色的具体要求就可以了。他认为角色学习过程即社会化过程。在这个过程中，个人逐渐了解自己在群体或社会结构中的地位，领悟并遵从群体和社会对自己的角色期待，学会如何顺利地完成角色义务，其功能在于维持和发展社会结构。

（3）社会分层理论。社会分层理论，是根据一定的标准，把人们划分为高低有序的等级层次的理论，社会分层是社会分化的一个重要形式。德国社会学家最早提出以阶级、地位和权力为标准划分社会分层模式。尔后，美国人类学家沃纳又提出以财产、地位和声望为标准的社会分层理论模式。社会等级的划分以财富、地位、声望为标准是西方社会学家所遵循的划分社会分层的标准。我国有些学者对社会声望情况作了不少调查研究，研究的一般结论是：声望最高的是专业化程度最高，文化、技术内涵丰富的职业，如教师、工程师、作家、医生、生物学家、律师、画家、记者、导演和政府部门领导等。其次是专业化程度一般的职业，如海关工作人员、中小学教师、财会人员、国家公务员、银行职员、商业公司经理等。声望等级第三的是理发美容师、工人等。声望等级最低的是清洁工、废品收购员、搬运工人、殡葬工人、农民、合同工等。这些调查反映了两方面的问题：①人们职业地位的高低主要取决于专业化程度的高低与知识、技术内涵的多少；②有些职业地位高低的划分受到高低贵贱封建等级意识的影响。

（4）社会角色理论。“角色”原是戏剧中的名词，专指演戏人所扮演的人物形象。后来，社会学家把这个名词引入到社会学领域，给“角色”赋予社会学的意义，把社会角色与人在社会中的地位联系起来。事实上，人在人际交往中或在群体交往中总是以一定的“角色”出现的，所以人在家庭和社会交往中所处的地位冠以“角色”的名称是合乎逻辑的。

在社会学中，人的社会角色一般的定义是：社会角色是指与人的特定社会地位相一致，与社会对这个地位的期待相符合的一套行为模式。更简要地说，社会角色就是人在社会交往中所处的位置和地位。

人在社会中总是占有一定的位置，这个位置就是人的社会地位，也就是人的社会角色。人对于社会地位的获得有两种方式：一是生而有之或血缘原因而获得的社会地位，称先赋地位，如性别、种族和辈分等；二是经过个人努力而获得的自致地位，如一个农村的孩子经过勤奋学习和努力奋斗而成为一名专家、学者，一个普通的职员经过学习和锻炼而成为一名企业家或公司经理等，这都是自致地位。先赋地位具有不可逆转性和不可改变性，自致地位则是动态的，既可逆转也可改变。

作为社会角色，就必定承担一定的社会责任，遵守一定的社会规范，履行一定的行为模式。譬如作为父母就要遵守“慈爱”等规范，履行抚养子女的义务；作为儿女就要遵守“孝敬”等规范，履行赡养父母的义务；作为教师，就要“为人师表”，履行“传道授业”的责任；作为学生，就要立志学习，履行“尊师重道”的义务；作为军人，就要以服从命令为天职，履行科技强军，誓死保卫祖国的责任等。

2. 心理学理论

心理学是研究人的心理的本质、作用以及发生、发展的规律的科学。心理学原属哲学的一部分。19 世纪 70 年代成为独立的科学，现已发展成为分支繁多、用途广泛、介于自然科学与社会科学之间的边缘学科。但就其内容来说，可分为两个部分：一是人的心理过程，包括认知过程、情感过程和意志过程；二是人的个性，包括个性特征和个性倾向性。这里我们只对人的个性理论做简要的介绍。

（1）个性。人人都有个性，可什么是人的个性呢？个性是人在一定的社会条件和教育的影响下形成的比较稳定的心理面貌和心理特征。西方学者把个性同人格视为等同物。

人的个性具有整体性、独特性、稳定性、可塑性、社会性和生物性的特点。

所谓整体性，是说人的个性虽由微观的不同部分组成，但它是人的整个心理面貌的反应，是由各种性格特征整合而成的有机整体。

所谓独特性，是指人的个性各不相同，人人都表现出与众不同的独特性特点，如同没有相同的两片树叶一样，在社会上也没有两个相同个性的人。

所谓稳定性，是指人的个性是在环境和教育的影响下长期积淀而成，一旦形成就能比较稳定地存在下去。

所谓可塑性，是指个性虽表现出较稳定的特点，但它不是一成不变的，特别是人的儿童和青年时代，其个性在环境因素和教育因素的作用下，明显地表现出一种可塑性的特点。

所谓社会性，是指个性受社会教化的影响，表现出“染于苍而苍，染于黄而黄”的社会特点，如从众性、中庸性和随和性等。

所谓生物性特点，是指人的个性具有遗传性和先天性的生物特点，后天的社会性特点是在先天生物体上逐渐形成的。

（2）个体的倾向性。个体的倾向性是指人对现实的态度和行为的动力系统，它决定着人对现实的态度以及对认识和活动对象的趋向和选择。其主要内容包括需要、动机、兴趣、理想、信念和世界观等。个性倾向系统的各个组成部分之间相互联系，互相影响和制约，组成了一个互动链条。在这个系统里，需要是动力源泉，因为只有在需要的基础上才能产生内驱力，驱动个体向着满足需要的方向移动。其他的个性倾向性因素，如动机、兴趣和信念等都是需要的不同表现形式。在个体倾向性系统里，世界观居于高层次，它制约着一个人的思想倾向和整个心理面貌，它是人们言论和行为的导航器。

3. 伦理学理论

伦理学是以道德为对象研究道德的起源和发展，道德的本质和作用，道德品质的培养，道德规范结构功能的科学。在这里只介绍道德的结构、功能和三德（家庭美德、职业道德、社会公德）理论。

（1）道德的结构和功能。道德是人们共同生活及其行为所遵循的准则，是调节人与人之间关系的行为规范。社会道德是由经济关系决定的，它是以善恶标准去评价，依靠人们内心信念、传统习惯、社会舆论来维系，并发挥职能作用的社会意识形态。

道德是一种社会意识，也是一种特殊的社会关系，按照这种社会关系中主体与客体所涵括的范围和层次不同，可把社会的道德关系分为两类：个人与社会整体的关系，个人与个人之间的道德关系。

道德虽然是一种意识形态，但在各种社会关系中，人们的一言一行均可微观地表现出各种直观的社会道德行为，这种行为现象虽然千姿百态，但从整体上看，可将其划分为三类现象，即以道德认知、道德观念为主要内容的道德意识现象，以指导和评估社会成员行为价值取向的善恶准则为主要内容的道德规范现象和以社会建设活动、社会道德教育与评价活动为主的内容的道德活动现象。

道德的诸种社会要素，不仅在整体上、宏观上有其严整的社会结构，而且在个体上、微型上也有严整的结构。这种道德的个体结构也就是道德的个性结构，亦可称为以个体的人作为道德载体的个人道德素质结构。

道德的功能是道德结构功能的外化，主要有调节功能、认识功能、教育功能和评价功能等。

（2）道德规范。道德规范是道德的历史范畴，是一定社会的阶级对人们的道德行为和道德关系基本要求的概括。道德规范既以准则的形式要求人们遵循，又以风俗习惯的方式规范人们的行为。同时，它也在积极支配、控制人们在道德活动中逐渐转化为内心信念。总之，道德规范是人们道德行为和道德关系普遍规律的反映，是道德基本原则的具体表现和补充。

（3）道德规范的他律性。道德规范的他律性，是指道德规范的外在约束力，也就是说，道德规范的他律性就是指人或道德的主体赖以行动的道德准则或动机受制于外力，受外在的东西支配和节制，如儒家伦理学的道，马克思主义伦理学的原理等。

道德规范的他律性，其核心内容是标明每个人在道德领域内没有绝对的自由，他总是要受制于外在的必然性的要求，这种外在的必然性，不同的阶级，不同的信仰群体，对其内涵的理解是不同的。

（4）道德规范的自律性。道德规范的自律性是指道德主体自身的意识制约性，也就是说，道德规范的自律性其实就是道德主体对道德规范他律性的自觉认同。

在道德主体按照一定的规范行事时，道德规范的外在约束必然要转化为道德规范的内在约束，即由道德规范的他律性转化为自律性。两者相统一，这才是道德规范的完整内容。

在人们的社会生活中，外在的社会道德规范一定要内化为自己的道德意识才能对自己起自觉的规范作用，若内化得不好，或内化了不应该内化的道德之物，那么，这个人很可能走向邪路，成为无道无德之人。

（5）社会公德。社会公德是人们对于社会集体和公益事业的道德义务和应遵循的准则。

社会公德有两层含义：一是国民公德，就是指导人们应遵循国家认可的道德规范，就是社会公德；二是公共生活准则，就是指日常生活中形成的人们所遵循的最简单的、最起码的社会公德。

国家颁布的《公民道德建设实施纲要》里提出的公民的基本道德规范："爱国守法、明礼诚信、团结友善、勤俭自强、敬业奉献"。这是社会公德的基本内容，每个公民都应严格遵守。

（6）职业道德。职业道德是指人们在一定的职业生活中所遵循的道德规范以及应具有的道德行为，它既体现了一般的道德准则，又带有鲜明的职业特点。职业道德的建设对改善社会风气，提高生产力具有重要意义。《公民道德建设实施纲要》里提出的公民应当遵守的职业道德是："爱岗敬业、诚实守信、办事公道、服务群众，奉献社会"。

（7）家庭美德。家庭美德是指人们在家庭生活中调整家庭成员间关系、处理家庭问题时所遵循的高尚的道德规范。家庭美德的内容主要包括尊老爱幼、男女平等、夫妻和睦、勤俭持家、邻里团结等。

家庭美德属于家庭道德范畴，是指每个公民在家庭生活中应该遵循的基本行为准则。它涵盖了夫妻、长幼、邻里之间的关系。家庭美德包括关于家庭的道德观念、道德规范和道德品质。家庭美德的规范是调节家庭成员之间，即调节夫妻、父母同子女、兄弟姐妹、长辈与晚辈、邻里之间，调节家庭与国家、社会、集体之间的行为准则，它也是评价人们在恋爱、婚姻、家庭、邻里之间交往中的行为是非、善恶的标准。家庭美德的规范是家庭美德的核心和主干。家庭美德还包括在家庭生活中，在道德意识支配指导下，按照家庭美德规范行动，逐渐形成的人们的道德品质、美德。

第二节　现代家政教育的发展和意义

一、西方家政学和家政教育的发展

（一）世界上最早的家政思想

古希腊思想家色诺芬于公元前300多年写成了世界上第一部家庭经济学著作《经济论》。他认为，家庭管理应该成为一门学问，它研究的对象是优秀的主人如何管理好自己的财产，如何使自己的财富得到增加。

家政学首创于美国。杜威说："对美国人民而言，再没有其他目标要比发展家政科学更为重要的了。""促进健康、道德、进步的家庭生活是国家繁荣的基础。"

1840年，卡特琳·比彻尔女士写了《家事簿记》一书和《论家政》一文，对家庭问题做了科学性的探讨，并描述了解决家庭问题的实际方法。

1875年，伊利诺斯大学第一个设立了四年制的家政专业，家政学从此在大学正式确立了自己的学科地位并开始授予学位。

1890年，家政学进入了美国的中学，同时，家政学作为一种职业教育迅速在公立职业学校和私立职业学校中普及。

1899年，11位对家政学有兴趣的学者、工作者在美国柏拉塞特湖俱乐部，对"家政诸多问题"进行讲座。正式确立"Home Economics"为家政学的专用名词，这标志着家政学最终成为一门独立学科。

1908年，国际家政协会成立，1909年，美国家政学会成立。从此，家政学会就成了美国家政教育和家政学术研究的领导中心。

1964年，有400多所大学设有家政系或家政学院，到2000年突破到1000余所。其中有一部分还授予硕士学位和博士学位。

目前，在美国的中等教育中，家政属于独立的职业教育类。

（二）家政学在日本的发展

1899年，日本东京女子高等师范学校首先设立了有关家政内容的技艺科。

1901年，日本私立女子大学正式创办了家政科。

1947年后，日本的很多高等学校都相继设立了家政部，其教学内容大致有七类：一是“衣”，有衣服材料选择、服装设计与制作、衣服保管等；二是“食”，有食品选择、食品选购、烹调方法、食品储藏等；三是“住”，有住房选择、房屋设计、房屋布置与修理等；四是“儿童保育”，有儿童身体发育、儿童心理发展、儿童管教法、儿童疾病预防等；五是“家庭保健”，包括人的身心健康、青春期卫生、家庭护理等；六是“人际关系和礼仪”，包括家人相处、与他人关系、生活与社会关系、交友、礼仪等；七是“家庭管理”，包括家庭经济管理、事务管理、时间和劳动力支配等。家政科开设的主要课程有服装、食品、保育、家庭管理、缝纫、衣科、服装安排、服装设计、烹饪、营养、食品卫生、公共卫生、保育原则与技术、儿童卫生、儿童心理、儿童福利和其他课程。

1949年，日本全国性的家政学会诞生，成为日本家政学发展的权威机构。

目前，日本的高等学校尤其是国立大学都设有家政学研究所。

日本古代的家政教育，一度曾经较多地受到中国儒家治家思想的影响。明治维新后，日本开始逐步接受和传播美国、西欧的家政教育思想。

（三）家政学在德国

德国中小学都比较重视家政，他们认为，人主要存在于工作和生活之中，即生产和消费（生活）中，学家政就是掌握怎么生活。因此，家政的教学内容比较广，除烹饪外，还包括怎样持家、家庭美德、理财、营养知识和健康卫生等。

西方的其他国家，如英国、荷兰等，对中小学的家政教育也很重视，一般都开设了必要的家政课程，如缝纫课、手工课、家庭经济课等。

二、我国家政学与家政教育的发展

（一）我国家政教育的发展

我国学者根据我国古代把家庭管理理解为“家事”“家教”的具体情况，将西方传来的“家庭服务性的学科”翻译为“家政学”。“政”，本指集体生活中的事务，如校政、家政等。家政的本意就是对家庭集体生活事务的管理。所以，许多学者认为，家政就是“齐家”，就是对家事、家教的管理。

我国古代的思想家、政治家十分重视家政教育和家庭管理，他们把治理家庭的家政同治理国家、安定天下紧密地联系起来，认为家齐而国安。《礼记·大学》明确提出“齐家、治国、平天下”的理论，这就是说，只有一家一户治理教育好了，才能实现国家治理、天下太平的政治理想。诚如孟子所言："天下之本在国，国家之本在家，家之本在身。"意思是说，天下之根本在于家，家的根本在于个人。个人和家都治理好了，就可以做到天下太平了。

我国古代家政的突出特点是强调教育治家、管理齐家；强调本人的修身、家政的齐家和国家的治理相联系、相统一的家政思想。其中教育治家强调对孩子进行做人的教育，做事（技能、技术）的教育和知识的教育；管理治家则强调家要有家规、家训，要用家规、家范来规范家长特别是孩子的行为。

家政学，是以提高家庭物质生活、文化生活、感情伦理生活和社交生活质量为目的的一门应用性学科。家政一词本指家事、家务。东汉的《释名·释亲属》中解释伯父时说："伯父：伯，把也，把持家政也。"我国从辛亥革命后即在中小学设家事、手工课。在其后的30年中，有燕京大学、震旦大学、华西大学、金陵女子文理学院等10余所高等院校相继开办家政系。1952年，全国高等学校院系调整后，大学不再设家政系。20世纪80年代初期，指导家庭生活的报纸杂志、广播电视节目开始出现。家政职业教育也有进一步发展，一些大城市开办了家长学校、新婚夫妻学校、家庭科普学校、保姆学校等。老年大学也设有家庭生活方面的课程。托幼、服装、烹饪等方面的职业培训已有相当的发展。社会科学界从1983年起，开始了对现代家政学基础理论的研究。

在我国的传统文化中，历来重视家庭的作用，家庭教育有着优良的传统和悠久的历史。中华民族应该说也是十分重视"家政"的民族。因为古人早就有过这样的论述："修身、齐家、治国、平天下。"

在这种"家为国本"观念的指导下，我国历代都有这方面的理论著作：

（1）汉代班昭的《女诫》，南北朝时期颜之推的《颜氏家训》。[一]

（2）唐朝宋若莘的《女论语》，宋朝时期司马光的《家范》。[二]

（3）宋朝时期的史学家司马光撰写的《家范》一书，以儒家经典论证了治国之本在于齐家的道理，他的"慈母败子"论颇具哲理。

（4）明朝时期姚儒的《教家要略》、《温母家训》。[三]

（5）明末清初时期朱用纯的《朱子治家格言》。

（6）清光绪二十九年（1903年），由清政府颁发的《奏定蒙养院章程及家庭教育法章程》第九章中指出："应令各省学堂将《孝经》、《四书》、《列女传》、《女诫》、《女训》、《教女遗规》等书择其最切要而极明显者，分别次序浅深，明白解说，编成

[一] 东汉时期的女史学家班昭撰写的《女诫》，告诫女性要谨守妇道、谦虚恭敬、先人后己、克勤克俭、善待夫婿、敬孝长辈等，是我国封建社会女子家政教育的典范。

南北朝时期的教育家颜之推撰写的《颜氏家训》，主张"胎教"和早期教育，至今仍有一定的参考价值。

[二] 唐朝女学士宋若莘曾仿效《论语》体例，创作了《女论语》，有立身、学作、学礼、早起、事父母、事舅姑、事夫、训男女、营家、待客、柔和、守节等十二章，阐述了封建妇道。

[三] 姚儒撰写了《教家要略》一书，对如何治理家庭，在理论上都有所建树。

一书，并附以图，至多不得过两卷。每家散给一本。并选取外国家庭教育之书，择其平正简易、与中国妇道妇职不相悖者（若日本下田歌子所著《家政学》之类）广为译书刊布。”可见，在光绪年间就比较重视家政教育了。

（7）1919年，国立北京女子高等师范学校首先创设了我国教育史上的第一个家政学系，为家政学在我国的新发展迈出了艰辛的第一步。当时的家政系，主要讲授教育学、心理学、伦理学、营养学、卫生学、服装设计、食品烹调等课程。

（二）我国家政教育的现状

与西方国家比较，我国家政教育研究起步较晚。

（1）新中国成立前，我国的一些大学还设有家政系，开设了家政学课程，并出版了家政学方面的教材和书籍。例如燕京大学、金陵女子文理学院等11所学校。

（2）新中国成立后，我国高校不再设家政系或家政专业，家政学的主要内容在其他学科中有所体现。如在家庭学、社会学、伦理学中均有所涉及。而我国台湾不同，和美国一样，在高等学校一直设有家政系或家政专业。

（3）随着我国的改革开放，进入20世纪80年代后，家政学的教育和研究又开始悄然兴起。

（4）1985年，河南省妇女干校开办了“女子家政班”。

（5）1988年10月，大连市开办了“妻子家政班”。

（6）武汉冯觉新女士于1988年2月创办了我国第一所传播家政知识的“武汉现代家政学院”。

（7）黑龙江省已成立了北开家政学院。

（8）浙江省树人大学已设立了家政系。

（9）杭州师范学院、广西师范大学、四川大学、武汉职业技术学院等高等院校分别都设有家政专业。

（10）佛山科技学院的人文学院和吉林农大已设立了家政研究所。

（11）1996年，吉林农业大学开办了家政专业大专班，2003年创办了四年制的本科班。

（12）长春工业大学于2003年开始招生家政学研究硕士生。

从国际家政教育情况来看，经过一个半世纪的发展变化，近代家政教育和家政学大体出现了如下四种趋势：

（1）家政学从原先专供女子学习的课程，已发展成为男女均需要学习的课程。

（2）家政学从单一的衣、食、住等技艺方面的教育，发展成为物质生活、精神生活并重的多样性、综合性的教育。

（3）家政学从原先阶段的、零星的知识和技能的传授，发展成为现在从幼教至高等教育的完整的系统教育。

（4）家政学在高等院校经历了从无到有，从选修到必修都具有不同研究方向的学科。

三、开展现代家政教育的意义

现代家政服务已不再是传统意义上的“保姆”“佣人”，不是简单地做做饭菜。家

政教育的普及，关系到每个家庭生活质量的提高，关系到和谐社会的建立，关系到祖国未来人才的发展。具体说来，开展现代家政教育的意义有以下几个方面：

（一）有利于促进家庭生活向现代化方向发展

我国社会的家庭从20世纪70年代以来，物质生活和精神生活发生了巨大的变化。概括说来表现为“五化”：家用设备电气化、文化生活多样化、人际关系开放化、发展成长个性化，生活管理科学化。以家用设备为例：

20世纪70年代：自行车、缝纫机、手表、挂钟。

20世纪80年代：电视机、电冰箱、洗衣机、电风扇。

20世纪90年代：家庭影院、空调、钢琴、计算机。

21世纪：小汽车、大屏幕电视机、笔记本式计算机。

随着我国改革开放的不断深入，随着社会生产力的发展和提高，不仅为社会生活的改善提供了更多更好的物质财富，而且还为人们提供了更多的休息时间。

现在，我国正在全面建设小康社会，绝大多数人已不再满足于那种温饱型的家庭生活，而是越来越迫切地期望改善和提高家庭生活质量和品位。

上述这些变化，急需家政教育的发展，以指导人们科学地掌握有关家庭自身发展的知识和规律，指导人们的家庭生活更好地走向现代化。

（二）有利于促进个人和整个中华民族素质提高

人的一生，一般来说，大部分时间是在家庭中度过的，脱离了一个生养自己的定位家庭，又会进入一个新的生殖家庭。因此，家庭将会潜移默化地影响着每个人的一生，家庭生活是否健康、和谐和美满，对每个人的素质乃至整个民族素质的提高都是至关重要的。

例如：清华大学的学生——刘海洋，为了满足自己的好奇心，竟用硫酸伤害动物园的熊，成了犯法之人。究其原因固然很多，但基于单亲家庭教育，使其生理、心理不够健全、不够完善也是主要原因。

（三）有利于继承和发扬我国优秀的家政传统，推动社会进步，促进安定团结

当今世界，有越来越多的国家和民族，越来越多的人开始认识到家庭在人类社会生活中的作用，家庭问题已成为世界性的热点话题。

国际家庭年的主题是“家庭：变迁世界中的资源和责任”。

社会是由千千万万个家庭所组成的，家庭对于社会，就如同细胞对于人体一样，健康、和睦、团结、进步的家庭是整个社会稳定的基因。

现代家政学是以婚姻、家庭、夫妻感情等作为研究对象的学科。家庭、婚姻原本就是一部很难读懂的书，因此，作为现代大学生，要夺取未来事业和婚姻双成功，除了掌握现代科学知识以外，还应掌握婚姻、家庭、夫妻感情等相关知识，这样才有利于大学生尽快地适应社会和家庭生活。大学生活是大学生步入社会的阶梯，也是步入家庭的阶梯，大学生对社会和家庭的责任意识需要在家政教育中得到进一步的栽培和强化。

[思考与练习]

1. 什么是家政?什么是家政学?
2. 我国家政教育的发展变迁史是怎样的?
3. 开展现代家政教育的意义何在?

第二章 现代家庭

案例导入

缺少陪伴的亲子关系调试

陈某和王某是大学同学，毕业后结婚，育有一子小军，因为老师多次反映孩子在学校十分调皮，上课和别的孩子讲话，下课时会与其他小朋友打架；家长称孩子在家中时常不听话，惹大人生气，不知如何处理，于是找到家庭教育指导师咨询。咨询师通过循环提问，了解到家庭问题的根源在于，两人对待孩子陪伴的需求无法很好满足，丈夫在家庭中的角色部分缺失，家庭内解决问题的方式过于简单粗暴，导致出现了上述现象。通过咨询导师的指导和帮助，明确了三位成员的真实想法，成员间需要适应和支持，有效缓解了家庭矛盾，咨询效果良好。

每个人都生活在一定形式的家庭中，绝对大多数人都会在其一生中组建独立的新家庭，并且其中有相当一部分人可能多次组建家庭。现代家庭正身处于急剧的变迁中，女性为家庭户主的家庭越来越多新的家庭形式不断出现。

第一节 现代家庭概述

一、家庭的含义

美国人类学家 G. P. 默多克在其《社会结构》一书中指出，家庭就是以共同居住为基础，以经济上互助、生育子女为特征的社会集团。它具有为社会所承认的性关系，至少有 2 名成年男女及亲子或养子。

英国社会学家安东尼·吉登斯认为，家庭就是直接由亲属关系联结起来的一群人，其成年成员负责照料孩子。

另有人指出，家庭是人类再生产的基本单位，即为明天再生产劳动主体生命和生活的结合体，是生育劳动主体的人的结合体。换言之，家庭就是人类通过劳动主体的产生（出生）——发展（培育）——维持（生命与生活再生产），维持自身生存的最基本单位。

也有人指出，家庭是建立在姻缘关系和血缘关系基础上的、人类共同生活的初级社会群体，是社会生活基本单位，是社会的细胞。家庭同时是一种生育制度。

家庭是指在婚姻关系、血缘关系或收养关系基础上产生的、亲属之间所构成的社会生活单位。家庭有广义和狭义之分，狭义的家庭是指一夫一妻制构成的社会单元；广义的家庭则泛指人类进化的不同阶段中的各种家庭利益集团即家族。从社会设置方面来讲，家庭是最基本的社会设置之一，是人类最基本最重要的一种制度和群体形式。从功能方面来讲，家庭是儿童社会化、供养老人并满足经济合作的人类亲密关系的基本单位。从关系方面来讲，家庭是由具有婚姻、血缘和收养关系的人们长期居住的共同群体。

最明了的定义可以概括为：家庭 = 实体婚姻 + 孩子 + 生活共同体。

从以上定义看，家庭具有如下特征：

（1）其成员由婚姻或血缘关系（包括虚拟的血缘关系）联结组成。

（2）其基本的社会功能在于作为劳动主体进行人的生命和生活的再生产，以及对新的劳动主体再生产的期待。

（3）其日常生活形态是共同住居、共同饮食、共有财产，在生活上互相保障。

（4）以性爱、母爱、父爱、骨肉情爱等情感关系为纽带，维系人际关系。

（5）家庭的形态、功能和人际关系等会随着整个社会的变化而变化，并在每个不同历史阶段显示出一定的特征。

（6）每个家庭在整个社会中处于不同的阶级、阶层地位，而表现出不同的存在形态。

二、家庭的功能与周期

无论对于社会还是个人，家庭都具有无可替代的重要功能。决定家庭功能的因素多种多样，归纳起来有两个，一是社会需求，二是家庭本身的特性。就所有家庭而言，家庭发展的每一个阶段，总是与社会变化和家庭本身功能的变化发展密切相关，因此，家庭功能不会脱离社会而独立存在，更不会固定不变。从某一个特定家庭来说，一方面，家庭的社会功能并非在每个家庭中都能够完全体现出来；另一方面，家庭至少有一种以上的社会功能。例如单亲家庭，不具备组织经济生活的功能，但仍然具有抚养子女成长、社会化的功能，以及可能具有赡养老人的功能。

（一）主要的家庭功能

1. 经济功能

经济功能是首要的家庭功能，包括家庭中的生产、分配、交换、消费等方面，经济功能的实现为其他家庭功能提供物质基础。

2. 生育功能

对于社会来说，从人类进入个体婚制以来，家庭一直是一个生育单位，是种族延续的保障；对个人来说，生育子女既是普遍的基本情感需求、生理需求，也是诸多传统观念影响的结果。

3. 性生活功能

性生活是家庭中婚姻关系的生物学基础，与生育等家庭行为密切相关。家庭的性生活功能是随着社会的发展而变化的，社会通过一定的法律与道德使性生活符合社会规范，进而使家庭成为满足两性生活需求的基本合法单位。

4. 社会化功能

家庭是个人社会化的第一个场所，也是极为重要的场所。家庭的社会化功能既包括父母教育子女和子女模仿父母，也包括家庭成员之间相互影响两个方面，其中子女社会化在家庭中占有更为重要的地位。

5. 抚养与赡养功能

抚养与赡养功能具体表现为家庭代际关系中双向义务与责任。总体来说，抚养是上一代对下一代的抚育培养；赡养是下一代对上一代的供养帮助，这种功能是实现社会继替必不可少的保障。

6. 感情交流功能

感情交流是家庭精神生活的重要组成部分，是家庭生活幸福的基础之一。感情交流的密切程度、和谐程度是家庭生活幸福与否的重要标志。

7. 休息与娱乐功能

家庭闲暇时间的生活方式主要是休息与娱乐。在现代社会，随着生活条件的改善，以及随之而来的个人从生产劳动中不断解放出来，人们的休息和娱乐逐渐从单一型向多向型发展，从奢侈品向必需品发展，家庭在这方面的功能也在不断增强。

（二）家庭功能的社会学分析

1. 功能主义视角

功能主义者认为社会是为了确保自身的连续性和合理性而实现特定功能的最小单位。根据这种观点，家庭在满足社会的基本需要和维持社会秩序方面发挥着重要作用。根据美国社会学家帕森斯的观点，家庭的两个主要功能是初级社会化和人格稳定化。初级社会化是儿童学习所处社会的文化规范的过程，人格稳定化指家庭在情感上对成年家庭成员发挥的作用。个人最早的社会化发生在孩童时期的早期，对个人的未来生活和人格形成具有极为重要的影响。所以，一方面，家庭是人格发展最重要的舞台，另一方面，成年男女之间的婚姻是支持和保护成年人人格健康的一种安排。帕森斯认为，核心家庭是最能满足工业化社会需要的单位。在传统家庭中，一个成年人（一般是一个男人）可以离家工作，其他成年人（一般是一个或多个女人）则照顾家小。实际上，这种核心家庭内角色的专门化包括丈夫接受作为养家糊口者的“工具化”角色，而妻子则在家庭环境中扮演“表意性”角色，主要体现为情感性和情绪性。美国社会学家戴维·波普诺将从功能主义视角出发，将家庭功能归纳为四个方面：

（1）社会化。社会化始于家庭。在许多方面，家庭都是承担社会化任务的理想场所，它是一个群体，在这里群体成员享有很多面对面接触的机会。孩子们的进展情况能得到密切的关注，其行为可以得到必要的调整。进一步说，家庭通常有很强的动力去教育他们的后代，把孩子看作是他们在物体和社会体的延伸，因而，父母在培养孩子上也就投入了很多感情。但并不是所有的家庭是有效的或有效能的社会化主体，家庭的替代品也被证明并不十分成功。

（2）情感和陪伴。感情对孩子很重要，而且在其一生中都始终如此。有证据表明，一个缺乏亲情关怀的孩子，其身体、智力、情感的成长及其社会发展都会受到损害。成年人也需要感情和他人的陪伴。多数社会学家都赞同，现代社会中人们很少有机会从直接家庭以外的亲属那里获得友谊和支持。父母和其子女通常与别的亲属分开居住，偶尔彼此看望一下。同样，当父母一方在别处找到了新工作，或在别处买了房子，多数家庭都会搬家，这种趋势迫使直接家庭成员在情感和陪伴方面都深深地彼此依赖，从某个意义上说，提供感情和陪伴已成为现代家庭的核心功能。

（3）性规则。家庭为（男、女）性生活提供了一个合法的场所，没有一个社会提倡过完全的性滥交，但支配性行为的观念在不同的社会中、不同的历史时期却有很大的不同。丹麦赞成男女青少年有性行为，孟加拉国则禁止青少年女性的性行为。尽管全世界的性观念多种多样，但没有一个社会将有关性的事情完全看作是个人的事，其中一个重要原因是性行为存在着怀孕的可能性，因为孩子需要得到多方面的照顾，所以，最好从社会利益的角度来看待这个问题，一旦一个婴儿降生，他的生身父母或受命父母都有责任为他提供食品、居所和爱。性行为规范的制度化，其最主要、最根本的目的就是保证儿童获得良好的照顾和代际之间的平衡过渡。合法性的社会压力同样有助于确保每个孩子都能获得适当的社会地位。合法生育授予孩子明确的伦理、阶级身份，而非婚生育的子女，其社会地位通常就不太明确。

（4）经济合作。家庭被经常定义为一群人为追求经济目的而合作所形成的经济单位。在乡土农业社会，家庭过去是，现在仍是生产的主要单位。在现代社会，大多数生产性工业在家庭之外进行，但家庭仍然是经济活动的重要单位，只是其主要经济行为已由生产转为了消费。在经济学概念上，女人、男人与家庭的关系有典型的差异。没工作的妻子在经济来源上主要依赖丈夫的支持。有工作的妻子，通常挣的比丈夫少，在经济上也往往依赖丈夫。但这种状况正随着已婚妇女大量进入劳动力市场以及单亲家庭的增多而发生变化。

2. 女性主义的研究

女性主义的基本认识前提是认为女性在全世界范围内是一个受压迫、受歧视的等级群体，即女性主义思想和女权运动的创始人之一西蒙娜·德·波伏娃所说的“第二性”，在政治、经济、文化、思想、认知、观念、伦理等各个领域都处于与男性不平等的地位，即使在家庭这种私人领域也是如此。

（1）女性主义视角下的家庭研究过程。很长时间以来，家庭被认为是慰藉、安适、爱和友情的重要来源，是一个和谐、平等的领地。对此，女性主义者提出了质疑，认为家庭是一个剥削、孤寂的极度不平等的渊薮。美国女权主义先锋贝蒂·傅瑞丹1965年出版了《无名的问题》，书中描写了那些觉得自己陷入抚养孩子和做家务等无休止劳动中的美国郊区家庭主妇的孤寂和枯燥。到了20世纪七八十年代，女性主义视角左右了大多数关于家庭的研究和争论。它成功地把注意力转向家庭内部的妇女，考察了在家庭环境下妇女的体验。许多女性主义者对家庭是一个基于共同利益和相互扶持的合作单位的看法提出了质疑，他们试图揭示家庭中不平等权力关系的存在。

（2）女性主义关于家庭的论题。概括来说，女性主义者的著作主要围绕家庭劳动分工、家庭中存在的不平等权力关系、对照料行为的研究三个主要论题。家庭的劳动分工，即家庭成员之间任务的分配方式。家庭中存在不平等的权力关系，如家庭暴力。他们认为，家庭生活中的暴力和虐待等问题长久以来无论在学术界还是在司法政策圈里都被忽视，因而殴打妻子、婚内强奸、乱伦和儿童性虐待都引起了公众更广泛的关注，女性主义社会学家一直在试图解释家庭如何成为性别压迫甚至身体虐待的舞台。对照料行为的研究是一个广阔的领域，包括一系列不同的过程，如照顾一个生病的家庭成员、长期照料一个老年亲属。女人不只是承担诸如清洁和抚养孩子一类具体的工作，她们还在保持人际关系上投入大量的情感劳动。虽然照料行为是基于爱和深厚情感的，但也是一种需要积极地倾听、感受、商讨和创造性行动的工作。

3. 家庭社会学的新视角

最近二十余年，出现了大量研究家庭的社会学文献，它们吸收了女性主义者的观点但又不墨守成规，取得了一些家庭研究的深刻认识。其主要关注点之一是家庭形成方面发生的更大转型，即家庭和家户的形成和解体，以及人们对个体的私人关系方面不断发展的期待。离婚率的提高和单亲家庭的增多，重组家庭和同性恋家庭的出现以及同居的流行等都是其关注的主题，对这些转型的理解必须联系晚期现代时期更大范围的变革。

德国社会学家乌尔里西·贝克夫妇在《爱的正常混乱》中对迅速变迁的社会中的个人关系、婚姻和家庭模式浮躁不定的特性进行了考察。他们认为，曾经用来调控个人关系的传统、规则和指导已经不再起作用了，现在的个体面对的是无穷无尽的选择系列。事实是，人们已经不再为了经济目的或为了家庭而组建婚姻关系，现在的婚姻已经到了两相情愿的阶段，这既带来自由也带来了新的约束，为此，人们实际上需要做更大量的勤苦工作、付出更多的努力。乌尔里西·贝克夫妇把我们这一时代看作是在家庭、工作、爱情以及对个人目标的自由追求之间充斥着相互抵触的利益的时代。这种抵触在个人关系中可以强烈地感受到，特别是在对付两份而不是一份“劳务市场简历”的时候，其意思是，在男性之外又有日益增多的女性在她们的生命历程中孜孜以求于职业生涯。乌尔里西·贝克夫妇认为，我们现代时期人与人的关系可以说远非关系本身。现在，不仅爱情、性、子女、婚姻以及家庭责任的话题需要协商，而且连有关工作、政治、经济、职业以及不平等之类的关系也需要协商。在对婚姻咨询产业、家庭法庭、婚姻自助群体的发展以及离婚率的增长等方面进行研究之后，乌尔里西·贝克夫妇主张“性别之间的战斗”是我们时代的“重头戏”。他们断言，今天“性别之间的战斗”可能是人们“对于爱的饥渴”的最为鲜明的表露——人们结婚是为了爱，离婚也是为了爱。人类陷入了对爱的希望、悔恨和重新再来的怪圈，恰似“围城”——里面的人想出来，外面的人想进去；出来的想进去，进去的想出来。

（三）家庭生命周期

（1）家庭生命周期大体可以划分为六个阶段，即形成、扩展、稳定、收缩、空巢与解体。六个阶段的起始与结束，一般以相应人口事件发生时丈夫（或妻子）的均值年龄或中值年龄来表示（见表2-1），各段的时间长度为结束与起始均值或中值年龄之差。比如，一批妇女的最后一个孩子离家时（空巢阶段的起始）平均年龄为55岁，而她们的丈夫死亡时（空巢阶段的结束），平均年龄为65岁，那么这批妇女的空巢阶段为10年。

表2-1 家庭生命周期阶段的划分

阶段	起始点	结束点
形成	结婚	第一个孩子的出生
扩展	第一个孩子的出生	最后一个孩子的出生
稳定	最后一个孩子的出生	第一个孩子离开父母亲
收缩	第一个孩子离开父母亲	最后一个孩子离开父母亲
空巢	最后一个孩子离开父母亲	配偶一方死亡
解体	配偶一方死亡	配偶另一方死亡

（2）家庭生命周期的意义。家庭生命周期这个概念综合了人口学中占中心地位的婚姻、生育、死亡等研究课题，涵盖了婚姻、生育、教育和死亡等一系列生命课题。站在家庭生命周期的视角，我们可以对家庭、生命、婚姻的各种现象和机制进行更深入的探讨，从而避免将婚姻、生育、死亡等家庭过程孤立起来进行研究的弊端。比如，通过对家庭生命周期的分析，可以更好地解释处于不同家庭生命周期的人们心理状态、家庭成员之间的关系、婚姻障碍背后的家庭原因等。家庭生命周期的概念在社会学、人类学、心理学乃至与家庭有关的法学研究中都很有意义。例如，对家庭生命周期的分析，可以更好地解释家产权、家庭与家庭成员的收入、妇女就业、家庭成员之间的关系、家庭耐用消费品的需求、处于不同家庭生命周期的人们心理状态的变化等。

（3）家庭生命周期概念具有局限性。传统的家庭生命周期概念反映的是一种道德上的理想化模式，与社会的现实状况出入较大，很多学者已经认识到这一概念的局限性。他们认为，把家庭生命周期分为六个阶段只适用于核心家庭，而不适用于许多亚洲国家及其他发展中国家中普遍存在的三代家庭或与其他形式的扩大家庭并存的情况。此外，传统的家庭生命周期概念也忽略了离婚以及在孩子成年之前丧偶的可能性，即未包括残缺家庭；忽略了无生育能力或其他原因造成的无孩家庭（包括丁克家庭）；也没有充分考虑到有不同孩子数的家庭，包括有再婚、前夫或前妻所生子女的家庭的差异。

（4）家庭生命历程。许多学者主张用一个包括更多内容的家庭生命历程来取代比较狭隘的家庭生命周期。家庭生命历程应包容核心家庭、扩大家庭、离婚与丧偶形成的单亲家庭，以及无孩家庭等多种现实生活中存在的家庭生活形式。较细的家庭生命历程划分为：只结过一次婚的结发夫妇；夫妇双方均是再婚的；一方是初婚而另一方是再婚的夫妇；离婚或丧偶后未再婚的；从未结过婚的等。以上每一种又按孩子数（0，1，2，3，4及以上）分为5类。另外，还有人把再婚的夫妇再进一步细分为有无前夫或前妻所生子女两类。各种不同的夫妇或单亲小家庭又可分为独立生活的核心家庭及生活在扩大家庭中等不同情况。也有的学者认为划分不宜太细，以免给深入分析带来方法论与数据来源方面的困难，因而，可把上面的分类为10种或12种类型。

（5）家庭生命周期与家庭生命历程概念的共同理念。无论是传统的家庭生命周期，还是家庭生命历程，都通过对这些个体行为（如婚姻、生育、死亡、迁移等）与他们与其他家庭成员的关系的分析，来揭示家庭的特征及演变规律：一是将家庭作为一个分析单位，对家庭中的成员以及他们之间的关系作为一个整体加以研究；二是将家庭生活中的个体作为分析单位。前者虽然看起来是一种理想的研究方式，但受到分析方法复杂化，数据收集困难，以及较难和人口基本要素直接联系等方面的限制；后者在方法论和数据来源方面的困难相对较小于前者，但对于各个个体之间的相互关系研究和推论家庭结构的变动也并非易事。

（6）家庭生命周期理论代表。

1）希尔和汉森在20世纪30年代最早提出家庭生命周期理论，具体讨论了这一研究框架的一些特点。事实上，家庭生命周期理论是在综合许多学科的研究概念的基础上发展而来的。持这种理论的学者从农村社会学那里借来了家庭生命周期的概念，从儿童心理学和人类发展学那里引来了发展需求和发展任务的概念。从社会学家的著作中采集了关于家庭的综合概念，另外，还从结构—功能和符号互动理论中借用了年龄和性角色、多元典型、功能需求条件和家庭作为一种互动组织的概念。

2）杜瓦尔认为就像人的生命那样，家庭也有其生命周期和不同发展阶段的各种任务。而家庭作为一个单位要继续存在下去，需要满足不同阶段的需求，包括生理需求、文化规范、人的愿望和价值观等。家庭的发展任务是要成功地满足人们成长的需要，否则将导致家庭生活中的不愉快，并给家庭自身发展带来困难。在学术界，她所提出的生命周期的思想更为系统，而且长期以来被广为传播、采用。

3）罗伊H. 罗杰斯对家庭生命周期发展阶段做了进一步的细分。他使用了24个阶段循环法，将家庭生命周期具体划分为学前阶段、入学阶段、青少年阶段、青年成年阶段以及离家阶段，并将每个阶段划分为不同的子阶段。如此则不仅描述了家庭发展过程中第一个子女的成长过程，而且注意到最后一个子女的成长过程。

4）埃尔德以往家庭生命周期理论的缺点是只把家庭分为父母、生儿育女、空巢及至家庭解体这一过程，即基本上是围绕家庭主要成员（夫妻）来展开此过程，没有注意到其他家庭成员特别是子女地位的变化。正是针对这点，埃尔德提出了生命过程理论。这种理论主要是探讨家庭成员个人的发展历程，如何时成为儿童，何时成年，何时结婚，何时为人父母，晚年景况如何，在这个过程中，家庭发生了什么变化。总而言之，生命过程理论的提出，使人们注意到个人、家庭与社会三个层次变迁的关系。

（7）家庭财务生命周期。从家庭生命周期理论来看，对于一般人来说，其财务生命周期中必须经过单身期、家庭形成期、家庭成长期、家庭成熟期、家庭衰老期五个阶段。

1）单身期，是指从参加工作到结婚时期，一般为1～5年。这一时期的青年人几乎没有经济负担，收入较低，承担风险的能力较强。在尚未有工作，未获得工作收入之前，大多数人的生活费用全都依靠父母。因此，我们将工作后有了自己的收入作为家庭财务生命周期的起点。

2）家庭形成期，是指从结婚到新生儿诞生时期，一般为1～5年。这一时期是家庭的主要消费期。经济收入增加而且生活稳定，家庭已经有一定的财力和基本生活用品。为提高生活质量往往需要较大的家庭建设支出，如购买一些较高档的用品。贷款买房的家庭还须一笔大开支——月供。

3）家庭成长期，是指从小孩出生直到上大学，一般为18～25年。在这一阶段，家庭成员不再增加，家庭成员的年龄都在增长，家庭的最大开支是生活费用、医疗保健费、教育费用。财务上的负担通常比较繁重。同时，随着子女的自理能力增强，父母精力充沛，又积累了一定的工作经验和投资经验，投资能力大大增强。

4）家庭成熟期，是指子女参加工作到家长退休为止这段时期，一般为15年左右。在这一阶段，自身的工作能力、工作经验、经济状况都达到高峰状态，子女已完全自立，债务已逐渐减轻，理财的重点是扩大投资。

5）家庭衰老期，是指退休以后。这一时期的主要内容是安度晚年，投资的花费通常都比较保守。

家庭财务生命周期见表2-2。

表2-2 家庭财务生命周期

周期	定义	年龄	特征
单身期	起点：参加工作 终点：结婚	一般为18～30岁	自己尚未成家，在父母组建的家庭中；从工作和经济的独立中建立自我
家庭形成期	起点：结婚 终点：子女出生	一般为25～35岁	婚姻系统形成；家庭成员数随子女出生而增长（因而经常被称为筑巢期）
家庭成长期	起点：子女出生 终点：子女独立	一般为30～55岁	孩子降临，加入教养孩子、经济和家务工作，与大家庭关系的重组，包括养育下一代和照顾上一代的角色；家庭成员数固定（因而经常被形象地称为满巢期）
家庭成熟期	起点：子女独立 终点：夫妻退休	一般为50～65岁	重新关心中年婚姻和生涯的议题；开始转移到照顾更老的一代。家庭成员数随子女独立而减少（因而经常被称为离巢期）
家庭衰老期	起点：夫妻退休 终点：夫妻身故	一般为60～90岁	家庭成员只有夫妻两人（因而经常被称为空巢期）

三、家庭的类型

（1）按家庭权力分配形式可将家庭分为父权制家庭、母权制家庭、夫妻平等制家庭。

（2）按婚姻形式可将家庭分为一夫一妻制家庭、一夫多妻制家庭、一妻多夫制家庭。

（3）按居住方式可将家庭分为夫居制家庭（从夫居）、母居制家庭（从妻居）、单居制家庭。

（4）按家庭关系和家庭教育分为独裁型家庭、保护型家庭、和平共处型家庭、合作型家庭。

（5）按家庭结构可将家庭分核心家庭、主干家庭、联合家庭。

1）核心家庭，又称夫妇家庭，就是只有父母和未婚子女共同居住和生活。有三种具体形式：仅由夫妻组成、夫妻加未婚子女（含领养子女）、仅有父或母与子女（单亲家庭）。

2）主干家庭，是指父母（或一方）与一对已婚子女（或再加其他亲属）共同居住生活。

3）联合家庭，是指父母（或一方）与多对已婚子女（或再加其他亲属）共同居住生活，包括子女已成家却不分家，主干家庭和联合家庭又合称为扩展家庭。

家庭结构的差异主要源于社会经济因素。随着工业化、城市化和现代化的来临与发展，全世界的家庭结构正在逐渐朝核心家庭的方向转变。当工业取代农业成为主要生产方式之时，年轻的家庭成员普遍离开生产的土地和生活的村庄，搬到城市工作与生活，其结果就是削弱了他们与留在乡村的家人的联系——年轻人到了城里，就会为了求职或别的原因，不断搬迁，从而对家庭形式提出了特殊的要求。主要原因在于：农业社会是与一定土地紧密联系的，扩展家庭在农业社会能够提供一种经济上的实惠；而工业社会是与一定工作紧密联系的，扩展家庭就往往成为一种负担，从而具有更大的流动性。工业社会带来的广泛的核心家庭使个人从“大家庭”中解放出来，具有了独立性和更为亲密的小群体情感，但也有弊端：虽然个人从很多责任与义务中解放出来，但别的家庭成员也不再对他负有责任与义务，社会支持就会变弱。由于现在家庭单位变小了，所以情感和经济支持也就更加有限，每个人可以从中获得满足、感情、陪伴、帮助的家庭成员也就更少了，结果就可能导致个人的社会孤独感增加了。

（6）按照个体与家庭的关系可以分为原生家庭与新生家庭。原生家庭是指父母的家庭，子女并没有组成新的家庭；新生家庭就是夫妻结婚组建的家庭。原生家庭是指出生和成长的家庭。这个家庭的气氛，传统习惯，子女在家庭角色上的学效对象，家人互动的关系等，都影响子女日后在自己新家庭中的表现。一般来说，没有完美的家庭，任何家庭或多或少都会有不足之处，这就会对婚姻中的人产生负面的影响。

新生家庭随着双方结成配偶并离开父母生活而产生，其核心是夫妻。新生家庭由来自不同成长环境的两个人结婚组成，朝夕相处，柴米油盐，不可避免产生各种家庭问题。著名心理咨询专家陈素娟从认知的角度提供了走出原生家庭、建立美好新生家庭的四种操作方法：一是清理原生家庭的负面影响。每个人的原生家庭带来的不都是负面影响，还有很多是正面的。即使是正面影响，也会因为两个家庭的差异导致一些矛盾冲突。夫妻双方最好坐下来把自己的家庭习惯和规则摆出来，慢慢地调整融合变成双方都能接受的新生家庭的习惯和规则。二是觉察心里情结的根源。因为一件小事引发了我们强烈的情绪反应，我们就需要深入探究在这个情绪背后有怎样的心理情结，是怎样的心理创伤一直没有得到疗愈。如果夫妻之间发生矛盾，双方可以借助这个契机，做一次心灵回溯，回忆自己在成长经历中发生过哪些类似事件和情绪体验。然后在对方的帮助下，用客观和成熟的思维去审视当时的事件，理性剖析当时的心理感受和创伤，接纳、理解、安抚对方，使其走出原生家庭的阴影，帮助彼此成长。三是与过去划清界限。并不是我们找到了心理情结、宣泄了情感，问题就彻底解决了，每个人在相处中都或多或少带着过去的影子，夫妻双方要留意一些看似是因现在而引发，却是指向过去的情绪。尤其是丈夫，不要一发生矛盾就躲到自己的洞穴里面去，而应勇敢地与妻子一起找到情绪的出处，然后在原生家庭与新生家庭之间设立一道防火墙，明白告诉对方：有什么想法就说出来，大家一起解决，不要发无名火。四是培养出新的应对方式。每个家庭都会建立新的规则，这是家庭成长的基础。人的成长具有终身性，随着社会交往和朋友圈子的扩大，每个人都会不断吸纳一些新的规则和理念，不断充实、改变和塑造着新生家庭。

(7）其他家庭结构。单亲家庭，由单身父亲或母亲养育未成年子女的家庭；单亲家庭，人们到了结婚的年龄不结婚或离婚以后不再婚而是一个人生活的家庭；重组家庭，夫妻一方再婚或者双方再婚组成的家庭；丁克家庭，双倍收入、有生育能力但不要孩子、浪漫自由、享受人生的家庭；空巢家庭，只有老两口生活的家庭；断代或跨代家庭、无父母的未婚子女共同居住的家庭等。

第二节　家庭角色与人际关系

一、社会角色与家庭角色

(一）社会角色

角色是社会地位的外在表现；角色是人们的一整套权利、义务的规范和行为模式；角色是人们对于处在特定地位上的人们行为的期待，角色是社会群体或社会组织的基础。

从不同角度可以将社会角色划分为以下类型：

(1）先赋角色与自致角色。根据人们获得角色的途径不同，可以将社会角色划分为先赋角色和自致角色。先赋角色又称归属角色，指人们与生俱来或在其成长过程中自然而然获得的角色，又可以分为两种类型：一是先天性的先赋角色。例如人生下来就有性别之分，归属于某一民族或种族，如果是个男孩，他基本上就要按男孩的角色发展自己等。二是制度性先赋角色。这主要指的是古代奴隶，封建制度下很多职业和阶层是不可随意改变的。自致角色又称成就角色，指人们在后天的活动中，通过自身努力而获得的角色，如科学家、教授、司机等。

（2）规定性角色和开放性角色。根据角色规范是否明确，可以将社会角色划分为规定性角色和开放性角色。规定性角色是指权利和义务有比较严格而明确规定的角色，如行政人员、司法人员、财会人员等的行为一般有十分明确的规范制约，如果扮演成功可以受到表彰，否则遭到制裁或惩罚。开放性角色是指权利和义务没有严格而明确的规定的角色，角色扮演者可以根据自己对角色的理解和社会对角色的期待来规范自己的行为，它也有制约，但这种制约是非强制性的，主要受习俗、道德等社会规范的制约，如朋友、亲戚、夫妻关系等。

（3）功利性角色和表现性角色。根据角色所追求的目标，可将社会角色分为功利性角色和表现性角色。功利性角色是指以实际利益为目标的角色。这种角色行为是计算成本、注重效益的，其行为的价值在于利益的取得，如企业家、商业管理人员等。表现性角色是指不以经济上的报酬和效益为直接目的，而以个人表现为满足的社会角色，例如党政干部、艺术家、作家、学者、教授等。功利性角色和表现性角色的区分并非绝对，一般是以哪个方面为主划分的。

（4）正式角色和非正式角色。根据角色是否符合一定的社会期待，将社会角色划分为正式和非正式角色。正式角色是指符合一定的社会期待的角色。非正式角色是指偏离或违反一定的社会期待的角色，或出现新的社会地位而发展了一种新的角色，但这类新角色在一定时间内还未被社会接受和承认。

（二）家庭角色

1. 家庭角色类别

家庭角色既有先赋角色，又有自致角色。先赋角色如子女出生即为一对夫妻的子女，夫妻生育子女后即为该子女的父母；自致角色如男女结婚而形成夫妻。家庭既有规定性角色，又有开放性角色。规定性角色如子女有义务赡养老人、父母有责任抚养未成年子女；开放性角色如（外）祖父母照顾（外）孙子女。家庭角色主要是正式角色和表现性角色。家庭角色是相对于其他家庭成员而言的，一般家庭角色不是单一的，而是角色群，即同时集多种角色于一身。主要的家庭角色包括：

（1）丈夫。丈夫是相对于妻子而扮演的角色，相对于其他家庭成员扮演多种角色，包括子女的父亲、父母的儿子、岳父母的女婿等。

（2）妻子。妻子是相对于丈夫而扮演的角色，相对于其他家庭成员扮演多种角色，包括子女的母亲、父母的女儿、公婆的儿媳等。

（3）子女。子女是相对于父母而扮演的角色，相对于其他家庭成员扮演多种角色，包括祖父母的孙子女、外祖父母的外孙子女、兄弟姐妹等。

（4）其他家庭角色包括父系亲属的长辈叔伯姑、同辈堂（姑）兄弟姐妹，母系亲属的长辈舅姨、同辈表兄弟姐妹等。

2. 家庭角色形成

家庭角色是在家庭成员的互动过程中形成的，这个过程是一个非常复杂的心理交换过程。它形成的基本规律是：

（1）通常是基于彼此的互补性需要。一个家庭成员想扮演某一角色，他就会无意中影响另一个成员，将他塑造成和自己打算扮演的角色相配合的角色。如父亲想当一个有权威的家长，那么妻子或子女就可能被塑造成一个听命于家长摆布的顺从型妻子或子女。

（2）并非都是被动地和无意识地被模塑出来的，有时也是出于主动的、有意识的“迎合”。如有的家庭成员意识到自己如果扮演某一角色，会对家庭的稳定有好处，他便会自觉地扮演下去。如女儿知道母亲喜欢女儿向她撒娇，那么她往往就会习惯成自然，见了母亲就撒娇，甚至再也无法中止这种行为。

（3）要矫正家庭中的病态角色，其他家庭成员也需跟着做出调整，只有这样，才能达到使病态角色恢复为正常角色的目的。如要改变过分依赖父母的儿童角色，就必须克服父母的过分关心和溺爱。也就是说，要形成女儿新的正常角色，父母也必须做出必要的角色调整与之配合才行。

3. 家庭角色的特点

家庭是一个非常私人的领域，长期的深度、密切的交往使家庭成员的社会、心里交换过程异常复杂，因而家庭角色有其自身的独特之处。从社会角色分类的角度分析，家庭角色特点主要有两个：

（1）有规定性，但开放性更大。家庭角色具有规定性，无论是法律规定的责任和义务，还是社会道德规定的行为标准都体现了规定性。与此同时，家庭角色的开放性却更大，即家庭成员扮演的角色千差万别。所谓“清官难断家务事”，形象地表现了具有巨大开放性的家庭角色扮演结果。如夫妻角色，既可以“男主外，女主内”，也可以“男主内，女主外”；父母对成年子女没有法律规定的抚养义务，但是很多父母会为子女操持婚事。

（2）有先赋性，但自致性更大。子女生而为子女，从血缘上来说，终身不会改变，这就是先赋性的集中体现。“龙生龙凤生凤，老鼠的儿子会打洞”“老猫房上睡，一辈传一辈”的谚语也告诉我们，子女会受家庭的影响而成为与父母“一样”的人。但是，白手起家的富豪、出身贫寒的政要都向我们展示，家庭只给了一个人出身，努力可以改变人生。此外，妻子有“河东狮吼”，也有举案齐眉；丈夫有惧内的，也有大男子主义的；父母有“慈母多败儿”，也有“棍棒底下出孝子”。

二、家庭人际关系

（一）血亲、拟制亲与姻亲

从法律角度来看，家庭人际关系分为血亲、拟制亲与姻亲三类。

1. 血亲

血亲是指有血缘关系的亲属，是以具有共同祖先为特征的亲属关系，分为直系血亲和旁系血亲两种。直系血亲是指有直系关系的亲属，从自身往上数的亲生父母、祖父母（外祖父母）等均为长辈直系血亲。旁系血亲是除直系血亲以外的、与自己同出一源的血亲。从自身往下数的亲生子女、孙子女、外孙子女等均为晚辈直系血亲，是与自己同一血缘的亲属；兄弟姐妹、伯伯、叔叔、姨母和侄、甥等这些平辈、长辈、晚辈，都是旁系血亲。

2. 拟制亲

拟制亲又称拟制血亲，是指本来没有血缘关系，或没有直接的血缘关系，但法律上确定其地位与血亲相同的亲属。典型的是收养关系，养父母与养子女因收养关系的成立而享有与生父母子女相同的身份和权利与义务。根据我国法律的规定，继父或继母同受其抚养教育的继子女之间的权利与义务关系也同于生父母子女关系。拟制血亲因收养的成立或抚养事实而发生，因一方死亡或收养解除而消灭。必须指出的两点是：对于拟制血亲能否结婚的问题，法律没有明确的规定，但因收养关系或继父母婚姻而产生的兄妹、姐弟关系不受婚姻法规定的"直系血亲和三代以内的旁系血亲"禁止结婚的限制；因继父母婚姻而成立的兄妹关系是姻亲兄妹，不是拟制血亲。可以简单理解为，拟制血亲仅存在于一对关系中，拟制血亲当事人的其他亲属关系并不随着拟制血亲的成立而发生变化。

3. 姻亲

姻亲是以婚姻关系为中介而产生的亲属。《诗经·尔雅》有言："婿之父为姻，妇之父为婚。"直译过来变成"婚姻指的是岳父和公公"，反映的是由婚姻而形成的姻亲关系——以两个家庭中的核心人物（父亲）为代表的家庭的结合。费孝通先生提出的著名的"差序格局"概念指出，我国社会关系是无数个以自己为中心的"圆"的交叉。按照这一论断，男女结婚，即是把以各自为中心的"圆"交叉到一起，形成负责的社会关系，其中，姻亲关系是这个交叉的核心组成部分。一般来说，姻亲涉及的范围非常广泛，以各自的父母和兄弟姐妹为限，即包括岳父、岳母、姨子、舅子、连襟、公公、婆婆、妯娌、儿媳、女婿等，若再扩展到各自的其他亲属，则是一个庞大的亲属群体。归纳起来，姻亲关系可以分为三类：

（1）血亲的配偶，是指自己直系、旁系血亲的配偶，如直系血亲的配偶包括儿媳、姑爷，旁系血亲的配偶包括姐夫、嫂子等。

（2）配偶的血亲，是指自己配偶的血亲，如配偶的直系血亲包括岳父、岳母，配偶的旁系血亲包括小姑子、小舅子等。

（3）配偶的血亲的配偶，是指自己配偶的血亲的夫或妻，如配偶的直系血亲的配偶包括儿媳、女婿，配偶的旁系血亲的配偶包括妯娌、连襟（连桥）等。

从法律上讲，姻亲关系因夫妻离婚或夫妻中一方死亡、他方再婚，并承担完法律规定的责任、义务关系而消失。

（二）传统家庭人际关系特点

我国历史悠久，传统文化影响深远，传统家庭人际关系的许多方面仍然对今天的家庭有着直接或间接、外显或内隐的影响。认识和理解传统家庭人际关系，对现代家庭幸福仍然具有重要的意义。

（1）传统家庭以一个"家长"为核心，形成各种家庭人际关系。我们今天所说的家长，是相对于未成年子女而言的，传统家庭的家长指的是"家长制"的家长，是对一个家庭（或家族）而言的。家长是一个主干家庭或联合家庭中拥有家庭事务决策权的某一个成年男性，一般是家庭中年龄最长的男性，他“退位”之后由其长子继承。

（2）传统家庭人际关系更为复杂。传统家庭以主干家庭和联合家庭为主，家庭规模庞大，家庭成员数量很多，加之宗族对家庭的影响巨大，家庭人际关系更为复杂。

（3）传统家庭人际关系以儒家伦理为纽带。家庭的儒家伦理核心是父为子纲、夫为妻纲，确定的是子女对父亲的服从、妻子对丈夫的服从关系，体现的是家庭成员人格上的不平等关系。扩展开来，又有如下特征：①男女有别。男人在家庭中的地位高于女人，例如只有男子有财产继承权，“嫁出去的女儿，泼出去的水”。对男人讲究“大丈夫三妻四妾”，对女人要求“夫唱妇随”“相夫教子”“三从四德”，提倡“从一而终”。②长幼有序。长辈对晚辈拥有绝对权威，可以替晚辈决策大事小情，如婚姻大事必须遵从“父母之命”，又如“爹亲叔大，娘亲舅大”。兄长对弟弟妹妹拥有很大权威，所谓“有父从父，无父从兄。”

（三）现代家庭人际关系特点

虽然难以完全摆脱传统家庭观念的影响，但是在《中华人民共和国民法典》的调整和新时代道德风尚的引领下，在社会生产方式、生活方式巨大变革的带动下，在家庭结构日益变小的深刻影响下，现代家庭人际关系发生了巨大变化。

（1）现代家庭以夫妻关系为核心。一对男女结成夫妻，以夫妻为核心组成家庭，形成各种家庭人际关系，成为家庭人际关系的常态。即使在与父母共同居住生活的主干家庭和联合家庭中，夫妻关系仍然普遍处于核心地位，此时，一个“大家庭”中存在多对夫妻，就有多个家庭核心，大家庭关系的基本单位就是每对夫妻。

（2）现代家庭人际关系以爱为纽带，讲求人格平等。现代婚姻的基本要求是自愿结婚，体现婚姻中的个人意志，而非他人意志，作用到家庭中来，就表现为人格平等独立的个体之间的相互关系。这种关系以爱为纽带，不管是夫妻之爱，还是亲子之爱，而非传统的儒家伦理纲常纽带。

（3）权利与义务对等。调整现代家庭关系的基本要素是法律，法律的基本原则是权利与义务对等。父母生育的子女，就有抚养的义务；受抚养的子女成年后，就有赡养父母的义务。法律规定一夫一妻，非法同居、婚外情、重婚等都为法律所不允许。赚钱养家的人和操持家务的人拥有平等地享有和分配家庭财产的权利。

（4）重视沟通而非服从。现代家庭没有绝对的权威，强调家庭成员之间的沟通，反对强加于人的服从。妻子不一定服从丈夫，如果她服从，那是服从于自己的意愿；未成年子女接受父母的管教，但并不完全丧失自己独立的人格。夫妻之间、亲子之间、翁婿婆媳之间没有绝对“说了算”的人，讲究在沟通过程中“以理服人，以德服人”。

（四）家庭人际关系常见问题

1. 夫妻关系问题

一方面，夫妻关系界限较为模糊，常常受到其他家庭关系的侵入，影响了亲密夫妻关系的建立。我国家庭中，婚姻的重心往往较偏重于对自己的父母、子女和家庭所承担的义务和责任，而无法在夫妻次系统间建立合适的界限。通常情况下，一对夫妻结婚了，不是单纯的两个人之间的问题，而是两个原生家庭（甚至家族）之间的问题，夫妻双方都会把自己的原生家庭，甚至是一些其他的亲密亲属关系带进现在的家庭中来。他们甚至认为“兄弟如手足，妻子如衣服”是高尚的、值得颂扬的，而“娶了媳妇忘了娘”的行为应该遭到严厉斥责。过多责任和义务的存在，往往造成多重角色的应付及迷失，进而使夫妻核心系统的建立总是受到其他次系统的侵入和干扰，产生许多冲突与问题。特别是当孩子出生之后，由于我国家庭特别强调家庭的养育义务，又缺乏必要的外在支持系统，养育孩子几乎成了婚后夫妻生活的大部分，也使得孩子轻易地介入到夫妻次系统中来，影响到夫妻间的互动。另一方面，夫妻次系统疏于经营。婚姻是要经营的。“重义务，轻情感”是我国相当一部分家庭的普遍特征。“凑合夫妻”“生活夫妻”屡见不鲜，比较常见的是丈夫对妻子情感的忽略。事实上，丈夫大都“选择”（或者无意识、自觉地）忽略妻子的多数意见和需求。因为在传统我国家庭中，妻子的地位是从属的，丈夫通常习惯于将自己的需要放在妻子的需要之上。有些时候妻子内化了传统角色的要求，似乎也愿意接受这样的安排，但大多数时候她们会感觉到被伤害，从而在夫妻关系中埋下冲突的种子。

2. 婆媳关系问题

我国新生家庭与原生家庭的关系比西方国家更为密切，因此，成年子女结婚后带来的婆媳关系成为比较特殊和难以处理的家庭人际关系。我国家庭中有“男主外，女主内”的传统，婆婆做了几十年的“内当家”，现在把权力交给媳妇，媳妇在家庭事务中唱起了主角。对这种角色的转换，婆婆往往不易适应，习惯性地想让媳妇按照自己的想法和方式处理家庭事务，同时往往看不惯媳妇处理家庭事务的做法。与之相对，媳妇来自于自己的原生家庭，不可避免地受父母的影响较大，从心理上和行为习惯上都不自觉地模仿自己母亲的方式处理家庭事务，就难免与婆婆格格不入。在逐步了解、相互适应的过程中，婆媳常常出现适应不良、彼此不能接纳的情况，如果不能及时得到合适的解决，就会造成关系紧张，矛盾丛生，由分歧走向偏见，甚至怨恨。

3. 亲子关系问题

在我国家庭中，亲子关系间没有适当的心理距离，父母子女间对对方的行为存在着快速而强迫性的反应，彼此涉入太多，常常相互纠缠，出现过度支持或依赖。表现出来的状况是，父母子女间某一个成员的行为立即影响到其他成员，某一个成员的压力会很快地跨过界线引起其他成员的反应。具体主要表现为以下几个方面：

（1）父母将他们的情感过分地投注到孩子身上。在传统的我国家庭里，婚姻关系中的个人幸福是次于他们抚养孩子的责任与义务的。父母常常将整个生活的重心都投注在孩子身上，孩子是他们心理愉快的主要根源。他们把自己的主要生活限制在父母亲这一角色中，并通过这一角色功能找到他们生活的主要乐趣。其结果是，父母很容易将子女当成自己的私有财产和附属品，过多地干预孩子的成长与选择，影响孩子独立人格的形成。父母可以无私地为儿女付出，但是希望儿女要听话，成绩要好，要找一个他们认可的人结婚等。在日常生活中，父母可以随意进入子女的房间，不经同意查看他们的书包，翻阅他们的信件，干涉他们的交友、兴趣、学业、职业以及婚姻的选择，将自己没有实现的愿望强加在孩子身上。即使子女成家后，父母也可以任意对夫妻二人的关系进行评判，祖父母可以任意干涉父母教养他们的子女等。

（2）孩子过分地将情感投注在父母身上。过分的亲子亲近依赖，使得我国家庭成员内心最大的威胁其实是家庭成员之间的和谐与情感的联系会不会损毁的问题，而不是个人如何摆脱家庭问题或家人的束缚，追求自我需求的满足。这样导致的直接后果是，孩子习惯于父母照顾和管理的同时，不得不长期将自己的身心停留在父母身上，形成“爱自己”与“爱家人”之间的对立。典型的表现是因过于关注父母亲的生活而三角化进入夫妻次系统，因报恩和过度的责任承担而忽视自己个人生活的选择和个性发展等。

（3）过于紧密的母子关系。有研究证明，在我国家庭中，青少年很明显地表现出与母亲关系更为紧密的特点。一方面，我国家庭中“伊底帕斯情结”的解决与西方社会不同，其主要特征是儿子避免与父亲正面冲突，而保持与母亲的亲密关系，与严父相对应的慈母，是一个男孩从小到大的避难所；另一方面，夫妻关系出现冲突，妻子无法获得情感上的满足，常常转而把情感放在儿子身上，母子相互依赖。

（五）家庭人际关系调试

在众多人际关系类型中，家庭人际关系独具特色，重点表现之一在于，对大多数家庭来说，不管出现何种问题都不会中断家庭关系。也就是说，家庭人际关系是“环环相扣”的，一个问题没有解决好，如被搁置、被压制、被激化等，会在接下来的生活中成为促使家庭关系向更坏方向发展的中介变量。所以，对于家庭成员来说，家庭人际关系重在调试，应尽量强调“调整”“改善”“适应”，少谈“病理”“问题”“原因”。

（1）做一个优秀的倾听者。家人不是敌人，家庭关系不是要分出个是非对错、胜负输赢，更不需要拼个你死我活，而是要建立良性的沟通协调机制，而倾听恰恰就是沟通的唯一钥匙。倾听是最起码的尊重，只有倾听才能让对方感受你积极解决问题的态度；倾听是有效沟通的开始，只有倾听才能让对方的想法充分表达出来；倾听是准确认识的基础，只有倾听才能让自己全面把握整个关系的全貌。很多时候，所谓的家庭矛盾都是因为相互之间不愿倾听对方的心灵之声，想当然地、“简单粗暴”地妄想用自己个人内心的声音“统治”家庭。台湾大学社会学家孙中兴教授曾做过一个极端而又形象的比方：什么是沟通？那就是你先用胶布封住嘴巴。

（2）处理好核心关系。夫妻关系是现代家庭关系的核心，很多家庭矛盾都是忽略了这一点而产生的，进而变得复杂起来，“剪不断，理还乱”。夫妻关系是所有家庭关系的枢纽，是最全面、最深刻、最持久的家庭人际关系。要让所有人清楚知道并认同家庭关系的核心是夫妻关系，让你的伴侣感受到，让你的家人认识到，必须尊重夫妻关系的核心地位。以良好的核心关系带动其他家庭关系健康发展。

（3）行动——从我做起。古人说“修身齐家治国平天下”，修身是第一位的。然而改变自己是最难的，所谓“江山易改，禀性难移”。冲破这个“改变自己”的难题是建立良好家庭关系的开始。不然，所有人都故步自封、坚持己见，家庭人际关系永远无法迈出健康发展的第一步。

（4）反思而非指责。人自身成长及与他人关系的发展都不是一蹴而就的，相反，必须要有一定的时间进行反思，必须要有一定的空间进行“自己和自己的对话”，才能从内心认识到如何正确处理家庭人际关系。现实的情况往往不允许家庭成员拥有时间和空间进行自我反思，经常的情况是一方站在自认为的道德制高点，抓住对方的“小辫子”，试图压倒对方，让自己的“东风”压倒对方的“西风”，结果往往事与愿违。家庭人际关系作为一种最亲密的人际关系，要时刻注意不能故步自封，切忌口无遮拦地指责，相反要给对方反思的时间和空间。

三、现代家庭角色管理

（1）加强学习，提高认识。古希腊德尔菲神庙当先一句神谕就是“认识你自己”。不能凭借感觉采取行动，而应加强角色学习，理解家庭角色的含义、类别、形成过程等，努力成为一个能够理性分析家庭问题，合理规划家庭关系发展方向，适当处理家庭关系问题的人。

（2）做好准备。一是前期准备，即家庭成员要有一定的心理预期，认识到家庭成员和谐关系的建立需要很漫长的过程，欲速则不达。二是尽量减少原生家庭的不良影响，降低先赋角色地位，提高自致角色地位。

（3）重视互动过程和细节。角色是在互动中形成的，家庭关系的密切性决定了互动具有频繁、深刻、细微等特点，从而要求在家庭角色管理过程中必须重视互动过程和细节。首先，仪式感是很重要的，会对家庭角色的塑造产生意想不到的效果；其次，从家庭人际关系的相处时间来看，陪伴是最长情的告白，无可替代；最后，细节代表了其他家庭成员在你心中的位置，须知“念念不忘，必有回响”“付出必有回报”。

（4）所有人行动起来。改变需要时间，榜样的力量是无穷的，对自己来说，他人是一面镜子，人都是从他人的评价中认识自我的。许多看起来是认识和观念的复杂问题，往往是行动的简单问题——某一个善意的举动都是良性互动的开始。比如，在家庭成员沮丧的时候给予鼓励，失败的时候给予帮助，犯错的时候给予宽容，往往比“冷眼旁观看笑话”“置身事外”的效果好得多。

（5）情绪管理。永远不要认为自己好，你在孩子和爱人面前是最真实的，所以，只有孩子和爱人都说你好，你才可能是真的好。不管发生什么，在家人面前保持最好的情绪，让他（她）们感受到你的爱，而不是放弃。

[思考与练习]

1. 俄国著名作家列夫·托尔斯泰在《安娜·卡列尼娜》中说：“幸福的家庭都是一样的幸福，不幸的家庭各有各的不幸。”请谈谈你对这句话的理解，并结合自己的生活，以亲身体验或观察者的视角，描述幸福家庭的全貌，列举不幸家庭“各种各样的不幸”，择其一二适度分析。

2. 自我观察和反思一下自己的行为习惯、思维方式、家庭观念，把他们一一列举在纸上，探寻一下哪些是受到原生家庭的影响而产生的。回忆并在假期观察家庭成员人际关系，及各自的行为方式，采用适当的方式把自己的观察结果和想法与他们沟通。

3. 你希望自己是独生子女，还是期待有几个兄弟姐妹？请说说你对家庭中兄弟姐妹关系的理解。

4. 请用表格列出自己的直系血亲和三代以内旁系血亲，包括他们的姓名和与自己的亲属关系，并凭主观感受标明自己与他们的亲疏关系等级。

5. 如何调试家庭人际关系？请将文中所列几种建议进一步细化为操作性更强的做法，或者列出其他能够有效调试家庭人际关系的做法，并加以分析。

第三章　婚姻与爱情

案例导入

他们可以进行婚姻登记吗？

乔奇1990年5月10日被刘某夫妇收养，当时乔奇2周岁。履行了收养手续后，乔奇即随养父母共同生活，改名刘伟。2012年，刘伟大学毕业后分配到某银行工作，与同在银行工作的李华建立了恋爱关系，2013年5月，双方决定到婚姻登记机关办理结婚登记手续时，有人向婚姻登记机关反映李华是刘伟生母的侄女，婚姻登记机关经查实后，以双方属于三代以内旁系血亲、不符合《婚姻法》规定的结婚条件为由，通知刘伟、李华对其结婚申请不予登记。

问：婚姻登记机关的做法是否正确？请说明理由。

第一节　婚姻概述

一、婚姻的含义

（一）婚姻的概念

1. 不同视角下的婚姻概念

婚姻自古就有，《易经》有言："有天地然后有万物，有万物然后有男女，有男女然后有夫妇，有夫妇然后有父子……夫妇之道不可以不久也，故受之以恒，恒者久也。"但对于"什么是婚姻""婚姻的本质是什么"的认识却莫衷一是，甚至各种观点针锋相对。总结起来，可以从以下五种视角归纳众说纷纭的婚姻概念。

（1）情感视角下的婚姻。"爱情是婚姻的基础""婚姻中最稳定的关系是情感"

“儿孙满堂不如老来有伴”等通俗说法都体现了普通人对婚姻持有的情感态度。德国著名哲学家黑格尔认为，婚姻是具有法定意义的伦理性的爱，其实质上是伦理关系。也就是说，婚姻是相爱的人结合而形成的特定的伦理关系。

（2）法律视角下的婚姻。法律一般认为，婚姻是由两个人一起生活而组成的合法结合或契约，这种“契约”受到法律的保护。作家顾漫在其作品中形象地描述了婚姻中的“合法”：“什么是合法？合法就是男女双方在平等自愿的基础上建立的长期契约关系。”最基本的社会关系是家庭，家庭的核心是婚姻，基于婚姻关系对于整个社会至关重要的考量，所有社会都注重婚姻的法律规定，现代社会以来更是如此。中华人民共和国成立后颁布的第一部法律即是《中华人民共和国婚姻法》。

（3）礼仪视角下的婚姻。陈顾远先生在其专著《中国婚姻史》中指出：“婚姻称谓与礼相辅，其主旨在确定聘娶婚之正当，其起源当后于有嫁娶之事实。”“婚姻意义以聘娶婚为主要对象，而聘娶婚之兴也亦较迟，故知婚姻称谓，为时当后也。然在聘娶婚之先，各种嫁娶之事实，为例甚多，则嫁娶用语或更先于婚姻也。”东汉郑玄在对我国第一部诗歌总集《诗经》所作注中说“婚姻之道，谓嫁娶之礼。”

（4）经济视角下的婚姻。从经济视角来看，人们之所以结成配偶，共同生活，是出于这样更能节约生活成本、提高收益、有利于抵御生活风险等经济动机。这种观点常常以此为印证：为什么现代化程度越高的社会，其不结婚率和离婚率越高？答案就是现代化程度越高，人的经济独立性越强，越不需要与其他人“结合”，越不需要为了避免生活陷入困境而勉强自己存在于婚姻当中。

（5）生理视角下的婚姻。从生理视角来说，婚姻是满足个体性需求和完成人类优良繁衍任务的男女结合形式。婚姻发展史是不断排他的过程，即不断把近亲结婚的可能性降低的过程，从而创造了人类的优良繁衍。至于个体性需求的满足，婚姻从古至今都不是唯一的形式。

2. 本书的婚姻概念

婚姻是指经过当时社会制度确认而结成的配偶关系。通常来说，婚姻泛指男女之间结成夫妻，即男女双方离开各自的原生家庭共同生活，或者一方离开自己的原生家庭到另一方的原生家庭共同生活。男女之间结成夫妻的形式叫作异性婚姻，是主流的婚姻形式。本书认为婚姻的本质是配偶共同生活，配偶并不限于男女双方，但是所讲述的“婚姻”主要是异性婚姻。

（1）配偶。配偶指夫妻双方中相对于自己的另一方，即夫为妻之配偶，妻为夫之配偶。也就是说，一种配偶关系因为相应婚姻的成立而发生，并随着该婚姻关系的终止而消灭。在我国，以婚姻登记管理部门准予登记，男女双方取得结婚证的时间，为配偶关系发生的时间；以配偶一方死亡（包括宣告死亡）或双方离婚而消灭。具体来说，我国配偶关系消灭的形式有三种：一是夫妻双方一方死亡；二是夫妻双方取得离婚证；三是人民法院准予离婚的调解书或判决书生效。

一般来说，配偶关系被认为是一种亲属关系，并是其他亲属（血亲、姻亲）关系成立的基础。但是，对于是否应该将配偶列入亲属范围，不同国家的法律规定也不尽相同。例如，有明确法律规定的国家，1896年德国民法典规定的亲属关系不包括配偶关系，现行日本民法典则规定的亲属关系包括配偶关系。此外，有些国家在法律上虽无明文规定，但在解释上将配偶作为亲属。我国历代的礼和律都以配偶为亲属，《仪礼·丧服》云："妻，至亲也"，《服制图》将嫁入本宗之女列为宗亲。《中华人民共和国刑事诉讼法》规定，近亲属是指夫、妻、父、母、同胞兄弟姊妹。可见，我国从古至今都将配偶作为亲属。

（2）共同生活。婚姻关系的基本形式是共同生活。共同生活所指非常广泛，其表现形式通常包括以下几个方面：一是配偶之间有性生活或亲密行为；二是居住在一起；三是共同抚养子女和赡养老人；四是共同享有物质财富和承担家庭债务。史尚宽将"共同生活"概括为"精神的生活共同（互相亲爱、精神的结合）、性的生活共同（肉的结合）及经济的生活共同（家计共有）"。共同生活对于婚姻关系至关重要，这一点不仅体现在夫妻增进感情和维护家庭和谐，在法律上也有认可。2021年1月1日起正式施行的《中华人民共和国民法典》第一千零七十九条第三款列举了可认定为夫妻感情确已破裂的五种具体情形，其中一条明确规定：夫妻双方因感情不和分居满两年的，经调解无效可以准许离婚。需要说明的一点是，在传统社会，大多数配偶除共同生活外，还要共同生产。例如，我国古代社会的农村家庭常常是夫妻共同从事农业生产。

（3）社会制度。社会制度即规定，是一定社会相对稳定的规范体系，其本质是认识。对于婚姻来说，至关重要的是配偶关系能否得到当时社会制度的确认，一方面，是当时社会的法律规定哪种配偶关系合法；另一方面，是当时社会的道德认可、支持或者谴责、声讨哪种配偶关系。得不到法律承认的配偶关系是非法婚姻，不受法律保护。即使得到法律承认，受到社会道德谴责、声讨甚至迫害的配偶关系，其生存压力也极大。

（二）结婚的动机

德国社会学家L. 穆勒研究为何会出现婚姻这种社会关系形式时指出，人们之所以选择婚姻，是出于经济、子女和感情三种动机，而性欲的满足并非婚姻动机之一。上古时代，经济第一，子女第二，爱情第三；中古时代，子女第一，经济第二，爱情第三；现代，爱情第一，子女第二，经济第三。古代社会，婚姻的主导动机源于妇女是创造财富的活动工具，娶妻是为了增加劳动力，人的性欲在婚姻之外可以得到满足。人类婚姻史的第二时期，妇女劳动范围逐渐变小，财富及继承问题日趋突出，于是关于个人至亲骨肉的后代观念便成了婚姻的主导动机。婚姻是为了生育合法的儿女和照管家室。第三时期，妇女社会地位起了变化，个人自由成为社会生活的基本准则，其次才是生儿育女和权衡经济。综合分析现代社会的婚姻，可以将婚姻的动机总结为以下几个方面：

（1）满足情感需求。人类的情感是最丰富多元的，任何人都不会只有一种情感。女性强烈地希望得到爱，而男性则更倾向于给予爱，两者适度的满足会对人产生安全感有益。

（2）满足物质生活。婚姻提供了一种使双方能够享受更好物质生活的可能。一种情况是，双方在一起能够集中更多的财富，或者一方因为与更富有的另一方结婚可以享用更多物质财富；另一种情况是，基于男女生理差异产生的生活技能差异能够使夫妻共同生活比单独生活更便利。

（3）满足繁衍后代需求。普遍来看，绝大多数夫妻都有生养子女的强烈愿望。

（三）现代婚姻的基本特征

（1）一夫一妻制度普遍。现代社会，包括我国在内的绝大多数国家和地区都实行一夫一妻制，即在婚姻中只能同时存在夫妻双方。我国古代长期实行一夫多妻制㊀，直到1912年《“中华民国”临时约法》才规定了一夫一妻制度，但由于种种原因，1950年才得以真正实现。

（2）自愿结婚成为首要法律条件。自由恋爱成为普遍现象，自愿结婚成为首要法律条件，父母包办婚姻几乎不见。《中华人民共和国婚姻法》第五条明确规定，“结婚必须男女双方完全自愿，不许任何一方对他方加以强迫或任何第三者加以干涉”，《婚姻登记管理条例》规定“非双方自愿的”不予登记。

（3）婚姻质量成为核心追求。对婚姻幸福、美满、甜蜜有更高的追求，倡导夫妻共同付出，经营家庭。表现为婚姻中男女更加平等，家庭暴力减少，丈夫与妻子共同承担家庭义务。

（四）婚姻与原生家庭

1. 原生家庭对婚姻的影响

新生家庭以夫妻关系为核心，但原生家庭对婚姻的重要影响越来越被认可。美国学者弗里曼对原生家庭的研究深刻反映了原生家庭对婚姻关系的影响。

（1）人在原生家庭成长过程中不同程度地有未了情感，这就形成未了情感需要，例如，来自没安全感家庭的人，想在配偶身上找到安全感。

（2）我们择偶时，希望在情感上得到我们在原生家庭中未得到的需要。如父母的肯定、需要感到自己独特等。

（3）我们都带着这些未了的情感包袱，希望在新的婚姻关系或家庭中得到解决。

（4）我们在原生家庭得不到家庭的满足，就会只顾索求，没有能力为择偶付出。这种看法虽然有点悲观，但是我们如果勇于面对自己原生家庭的问题，就有新的动力重新去爱。

（5）关系上的问题大多是因为原生家庭未解的结，而多于因为缺乏关心和爱。这种看法或许带有谅解和盼望，当然，背后不是鼓励你将埋怨归咎于原生家庭，而是鼓励你去正视家庭遗留下来的问题。

㊀ 也有学者认为中国封建社会的一夫多妻制度实质是“一夫一妻多妾”制度。

专栏3-1　对原生家庭的理解

研究“家庭动力学”并撰写出版《原生家庭：影响人一生的心理动力》一书的沈家宏说，原生家庭的影响的确很大，但不能用决定论看。人是高级动物，有意识和自我意识，一生都可以自我成长。在我们的生命旅途中有一种自我疗愈的功能，“自愈”的前提是“理解”，并由“理解”带来“接纳”。

2. 避免或减低原生家庭对婚姻产生负面影响的建议

虽然古人说“三岁定八十”，弗洛伊德也说幼年的行为决定了将来的行为，但是这不是绝对的，因为人有思考、改变和重新抉择的能力。有研究为减少和避免原生家庭负面影响提出了“设问法”的建议：

（1）应付框。我的家人是怎样面对压力的呢？我自己也是这样吗？

（2）模范框。我的父母在相处上，给我做别人的丈夫或妻子留下什么榜样？

（3）角色框。我在原生家庭中扮演什么角色？我是习惯要做决定的，还是听候别人的带领？这对我的婚姻生活有什么影响？我与配偶的角色能有弹性，因环境的需要而调节吗？

（4）定义现实框。我的家人怎样看现实？是悲观失望还是乐观？我家庭有没有一些价值取向是我一直奉为金科玉律的？这与我配偶的价值观有冲突吗？

（5）倒转框。我有什么行为、态度或想法，是刻意与原生家庭相反的？是想摆脱父母某些负面的影响吗？我有没有留意这些行为有时候会矫枉过正呢？

（6）效忠框。在我的原生家庭中，我倾向效忠于谁？这对我的婚姻有什么影响？婚姻遇到不快时，我是否会找其他家庭成员作联盟？

二、中国婚姻

1. 中国古代的婚姻

中国古代婚姻经过漫长的岁月，内涵丰富，形式多样，总体来看具有两大特征：一是重视礼仪，二是夫权远高于妇权。

（1）中国古代的婚姻礼仪。作为幅员辽阔的多民族国家，中国自古就有形式多样、风格各异的婚姻礼仪，难以一一赘述，其核心大体如下：一是结成婚姻的决定权归当事人父母所有，即“父母之命”。父母可以决定子女何时成婚，以及与何人成婚。二是男女结合必须要有中间人介绍和证明，即“媒妁之言”。中间人称为红娘或媒婆，代表月老成就婚姻，体现了婚姻中的拜神倾向。

（2）夫权与妇权。漫长的封建社会是夫权不断增大，妇权不断减小的过程。男人可以多妻妾，女人不可以多夫是夫权远高于妇权最集中的体现。此外，汉时形成了“三从四德”，“三从”即未嫁从（听从）父、既嫁从（辅助）夫、夫死从（辅养）子，“四德”即妇德、妇言、妇容、妇工（妇女的品德、辞令、仪态、女工）。宋代以前，基本上提倡“合独”，即孀居之妇可以再嫁、被休之妇可以改嫁等。宋代以后直至清代，礼法和社会风气都不提倡“合独”，尊崇“守寡”。此外，对未婚女子和已婚妇女的约束甚为严格。

专栏3-2 限制妇女的婚姻理论

11世纪，中国的哲学家们开始将古老的阴阳符号解释为互补的而非对立的——就像女人和男人，由此形成的不可分的圆称为“太极图”。中国人也从道与德的层面为婚姻找到了一套理论，女人要贤良，不妒并允许丈夫三妻四妾，在家从夫、夫死从子，守寡能为她们赢得贞节牌坊。

2. 中国现代的婚姻

当代中国婚姻的法律规定。中国以《中华人民共和国民法典》调整婚姻关系，结婚和离婚实行登记管理。婚姻登记管理工作的主要原则是婚姻自由原则、以民为本原则、依法行政原则、求真务实原则，对婚姻登记进行了很好的规范。主要内容包括：

（1）结婚登记。结婚登记是男女双方到规定的婚姻登记机关办理结婚手续，确立夫妻关系的民事法律行为，是取得合法婚姻形式的必要程序。内地居民登记机关为县级人民政府民政部门或者乡（镇）人民政府。涉港、澳、台居民及华侨婚姻登记机关为省、自治区、直辖市人民政府民政部门或者其确定的机关。男女双方应当共同到一方当事人常住户口所在地的婚姻登记机关办理。登记条件包括男女双方完全自愿，男不得早于二十二周岁，女不得早于二十周岁，双方均无配偶，没有直系血亲和三代以内旁系血亲关系，未患有医学上认为不应当结婚的疾病等。登记程序是必须由双方亲自到一方户口所在地的婚姻登记机关提出：出具的证件和材料主要包括本人的户口簿、身份证、结婚照片，涉外，涉港、澳、台、华侨要提供相应的身份证件和有关证明；初审合格填写“申请结婚登记申明书”，不合格的出具“不予办理结婚登记通知单”；审查证件、证明材料，询问相关情况；符合条件，当场登记，发给结婚证；离过婚的，注销离婚证。

专栏3-3 直系血亲和三代以内旁系血亲包括哪些人？

直系血亲：指生育自己和自己生育的各代。以自己为中心，向上代包括父母、祖父母、外祖父母、曾祖父母、外曾祖父母……这些人可以描述为“跟自己的出生有必然关系的人”；向下代包括子女、孙子女、外孙子女……这些人可以描述为“自己跟他们的出生有必然关系”。

三代以内旁系血亲：同源于父母的兄弟姊妹（含同父异母、同母异父的兄弟姊妹），不同辈的叔、伯、姑、舅、姨与侄（女）、甥（女），以自己为一代，向上向下的三代。

（2）离婚登记。离婚分为登记离婚和诉讼离婚。民政部门办理的是达成协议的登记离婚。不符合登记离婚条件的当事人向人民法院申请诉讼离婚。登记条件包括男女双方自愿，对子女抚养教育达成一致协议，对财产分割、债务偿还达成一致协议。登记程序包括审查出具的证件、证明材料，询问相关情况。未达成离婚协议的、属于无民事行为能力人或者限制民事行为能力人的、结婚登记不是在中国内地办理的等情况不予处理。符合条件的，当场登记，发给离婚证，并注销结婚证。

（3）非法婚姻。非法婚姻主要是无效婚姻和可撤销婚姻。无效婚姻是指不具备法定结婚要件的男女结合，在法律上不发生婚姻效力的制度。这种婚姻关系自始无效，不受法律保护，当事人不具有夫妻间的权利与义务。无效婚姻的形式包括重婚的；有禁止结婚的亲属关系的；婚前患有医学上认为不应当结婚的疾病，婚后尚未治愈的和未到法定婚龄的。当事人应向当地人民法院提出无效申请。可撤销婚姻也称“胁迫婚”，是指行为人以给另一方当事人或者其近亲属的生命、身体健康、名誉、财产等方面造成损害为要挟，迫使另一方当事人违背真实意愿而结婚的情况。婚姻登记机关撤销婚姻的条件包括受胁迫属实，且不涉及子女抚养、财产及债务问题；提出撤销申请的只能是受胁迫的当事人本人；申请撤销只能自结婚登记之日起一年内提出；受理机关只能是原婚姻登记机关。

第二节　爱情的本质

爱情是自古就有的人类基本情感之一，在人性的发展中占有极为重要的地位。因其圣洁而美好，得到古往今来名人骚客和普罗大众的无尽赞美；也因其感性、飘忽、难以完美和性，遭受指摘。可以说，爱情被广泛接受，成为人类最重要的生活内容之一，并置于大多数情感之上被追求，是现代社会以来的事情。

专栏3-4　赞美爱情的名言和谚语

没有爱情的青春毫无意义。——拜伦

爱情是一种宗教。——罗兰

人只有依靠爱情才可以到来一个其他任何东西无法引起的黄金时代。——屠格涅夫

生命诚可贵，爱情价更高。——裴多菲

得成比目何辞死，愿作鸳鸯不羡仙。——卢照邻

爱情使人心的憧憬升华到至善之境。——但丁

把爱情拿走，地球就剩下一座坟墓。——法国谚语

拥有美丽的爱情，太阳就永远明媚。——英国谚语

爱是最强烈的柔情。——美国谚语

一、理想与现实中的爱情

现代社会普遍重视爱情。对现今的适当年龄阶段的大多数人而言，首要的是在感情上为爱情留出多少，剩余的地方才能插入其他人生选项。但是，与我们对爱情的重视相反，理想中的爱情与现实中的爱情却往往相去甚远。

1. 理想的爱情

理想的爱情都是一样的理想，它往往是高于生活：人们向往相爱的两个人完全默契，心灵相通；两个人即是整个世界，所有人都忽略不计；在美丽的年华恰逢自己相爱的人，而他（她）也深爱着自己；可以一直深爱下去，白首如初恋……

总结起来，理想的爱情有两个不可或缺的维度。一是长度，即白头到老。《诗经·击鼓》所说的“死生契阔，与子成说；执子之手，与子偕老。”早已成为中国人对理想爱情的向往：相爱的两个人海誓山盟，无论聚散离合，牵手到老，共赴死生之约。二是热度，即如胶似漆。理想的爱情希望一辈子都处在热恋之中，每时每刻都在一起缠绵不腻，一日不见如隔三秋。“两情若是久长时，又岂在朝朝暮暮”不过是退而求其次时的自我心理调适罢了，“两情既能久长，又可朝夕热恋”才是理想的爱情。

诗人舒婷在1977年写的诗歌《致橡树》，以两棵独立的橡树和木棉为意象，歌颂了平等、独立，而又热烈、深沉的爱情，成为无数人心中理想爱情的向往。热情而坦诚地歌唱了诗人的人格理想，比肩而立，各自以独立的姿态深情相对的橡树和木棉，可以说是我国爱情诗中一组品格崭新的象征形象。这组形象的树立，不仅否定了老旧的“青藤缠树”“夫贵妻荣”式的以人身依附为根基的两性关系，同时，也超越了牺牲自我、只注重于相互给予的互爱原则，完美地体现了富于人文精神的现代爱情品格：真诚、高尚的互爱应以不舍弃各自独立的位置与人格为前提。这是新时代的人格在性爱观念上的跨越式反映。

致橡树（舒婷）

我如果爱你——
绝不像攀缘的凌霄花，
借你的高枝炫耀自己；
我如果爱你——
绝不学痴情的鸟儿，
为绿荫重复单调的歌曲；
也不止像泉源，
常年送来清凉的慰藉；
也不止像险峰，
增加你的高度，衬托你的威仪。
甚至日光，
甚至春雨。
不，这些都还不够！
我必须是你近旁的一株木棉，
作为树的形象和你站在一起。
根，紧握在地下；
叶，相触在云里。
每一阵风过，
我们都互相致意，
但没有人，
听懂我们的言语。

你有你的铜枝铁干，
像刀、像剑，也像戟；
我有我红硕的花朵，
像沉重的叹息，
又像英勇的火炬。
我们分担寒潮、风雷、霹雳；
我们共享雾霭、流岚、虹霓。
仿佛永远分离，
却又终身相依。
这才是伟大的爱情，
坚贞就在这里：
爱——不仅爱你伟岸的身躯，
也爱你坚持的位置，
足下的土地。

2. 现实的爱情

现实的爱情各有不同，与理想的美好爱情相比，又往往黯然失色。对大多数人而言，爱情不久就会落入柴米油盐酱醋茶的琐碎生活中，热恋中的“情人眼里出西施”变成“做饭太难吃”，“慷慨大方、不拘小节”变成“大手大脚，邋遢大王”。比这更惨的尚有很多：暗恋而终无相爱，分手而反目成仇，将就而形同陌路，企图改变对方而互相伤害，仅仅为了性爱而始乱终弃，两地分居而出轨劈腿，遭到反对而被迫分手……，不一而足。

自我成熟完善程度越高的人，获得现实中美好爱情的可能性越大。“机会”和“了解”，是成功的两大前提条件，自我的完善却是取得成功的保证。具有成熟自我的人，不一定都能获得理想的爱情，但任何不理想的爱情都能从自我上找出不足与原因。对于两个相爱的人来说，两个人就是整个世界，但是对于现实社会来说，“两个人”的力量往往微不足道。遭到反对而被迫与挚爱分手的伤痛让人感同身受，无论是现实中的悲剧，还是文艺作品中的经典，都很能让人对如何面对爱情有更深的感悟。

李攀将说一有人反对，爱情会变得像禁果一样更有价值。《孔雀东南飞》中的刘兰芝与焦仲卿、戏剧之王莎士比亚笔下的罗密欧与朱丽叶、中国古代四大爱情传说中的梁山伯与祝英台，这些深深相爱的一对对痴情男女无不在各种力量的反对和迫害下悲剧一生，也使他们的爱情名垂千古。现实社会中不乏类似的事情，其中宋代大文豪陆游与唐婉的悲剧爱情尤为让人伤怀。陆游与唐婉相爱至深，但在母亲的逼迫下休了妻子，辗转仕途四十余年仍无法忘怀，在告老还乡之后写了六篇感怀昔日恋情的作品，以《钗头凤》的无可奈何最为著名。

专栏3-5 钗头凤（陆游）

红酥手，黄縢酒，满城春色宫墙柳。
东风恶，欢情薄。一杯愁绪，几年离索。错，错，错！
春如旧，人空瘦，泪痕红浥鲛绡透。
桃花落，闲池阁。山盟虽在，锦书难托。莫，莫，莫！

二、爱情是什么

爱情有广义和狭义之分。广义的爱情是指存在于各种亲近关系中的爱，意味着人际关系中的接近、悦纳、共存的需要及持续和深刻的同情，共鸣的亲密感情。狭义的爱情是指心理成熟到一定程度的异性个体之间的强烈的人际吸引。通常所说的爱情指后者。

1. 爱情的心理学解释

20世纪70年代，社会心理学对爱情的重大贡献首先是区分了爱与喜欢。美国心理学家鲁宾（ZickRubin）对“喜欢和爱情”作了区分，并编制了量表，但没有形成理论体系。20世纪80年代，美国心理学家斯滕伯格提出了爱情的三角形理论，该理论认为人类爱情包括亲密、激情、决定（忠守），它们组成了三个顶点，相互之间的关系形成直线，共同构成爱情三角形。

亲密指在爱情关系中能够促进亲近、连属、结合等体验的情感，即能引起温暖体验。这一成分也广泛地存在于较深的友谊关系之中。

激情又叫“情欲成分”，是爱情中的驱动力。这些驱动力能引起浪漫恋爱、体态吸引、性完美及爱情关系中其他的有关现象。在爱情关系中，性的需要是引起这种激情体验的主导形式，除此之外，自尊、养育、亲和、支配、服从以及自我实现等需要也是产生激情的来源。

决定（忠守）包含两层意义，短期方面指一个人做出了爱另外一个人的决定，长期方面指那些为了维持爱情关系而做出的承诺或担保。但是，这两个方面不一定同时具备，爱的决定并不一定意味着对爱的对象的忠守；同样，忠守也不一定意味着做出决定。现实中，许多人心理上承担了对另一个人的爱，却未必承认，更不用说做出什么决定了。然而，无论是在时间上，还是在逻辑上，大多数的情况都是决定成分优先于忠守成分。

2. 爱情的生物学解释

按现代科学的提法，人有生物电流，有磁场。生物电流能够互相感应，只要频率相同，就好像收音机接收无线广播电台信号一样。“一见钟情”源于相爱的两个人的电磁波频率相同，“不来电”则是两人的电磁波频率各异。奥地利的科学家发现，当一个人处于真爱的时候，血液中的酶的数量就会减少，这意味着现代科学能够对一对情侣是否真心做出明确判断。从生物医学的角度解释，爱情是性激素不断分泌后的副产品，是人体脑部的激素化学分子经过一连串运动后产生的一种“结果”。遇到爱人的时候，人的脑底部就会开始分泌一种名为苯乙胺的化合物，苯乙胺分泌得越多，人的爱意就越浓，直到坠入爱河。

专栏 3-6 草原田鼠试验

草原田鼠奉行终身一夫一妻制，雄鼠和雌鼠共同养育子女。英国科学家对这一鲜见的现象进行研究后发现，一些叫做多巴胺、血管加压素和催产素的化学物质起着关键的作用。交配后，田鼠的大脑会释放大量上述化学物质，使田鼠产生极好的体验，进而热衷于与自己的伴侣保持长久的关系。研究人员通过药物抑制雄性田鼠多巴胺、血管加压素和催产素分泌之后，田鼠伴侣之间的感情纽带立刻破裂。

3. 情感之爱与性欲之爱

爱情如同硬币，一面是情感之爱，一面是性欲之爱，只有二者水乳交融的时候才堪称完美的爱情。把肉欲之爱单独凌驾于爱情之上，认为这就是爱情，或者把爱情纯粹化为精神恋爱，排斥正常的性欲，都是不可取的。正如朱耀燮所说，男女之间真正的爱情，不是靠肉体或者精神所能实现的，只有在彼此的精神和肉体相互融合的状态中才可能实现。

情感之爱，又叫柏拉图式爱情，是以西方哲学家柏拉图命名的一种人与人之间的精神爱情，追求心灵沟通，排斥肉欲，强调理性的精神上的纯粹爱情。柏拉图认为只有心灵摒绝肉体而向往真理，才是美好而道德的。情感之爱强调道德、责任、义务等，是充满人类理性光芒的社会化的衍生物。与情感之爱相对，性欲之爱强调爱情中的性关系。

三、爱情带来什么

屠格涅夫说过："人只有依靠爱情才可以到来一个其他任何东西所不能引起的、特别的黄金时代"。这句话中肯而简明地说明了爱情独特的魅力和巨大的作用。当然，作为一个客观存在，爱情本身只是具有一种力量，至于这种力量给我们带来好的影响或者坏的影响却又因人因事而已了。电影《两小无猜》告诉我们，好的爱情是"你通过一个人看到整个世界，坏的爱情是你为了一个人舍弃世界"。

美好的爱情让我们身心愉悦、开心幸福，糟糕的爱情让我们身心俱疲、生不如死；得到了爱情让我们倍感振奋，却也可能因沉溺于男欢女爱而荒废事业；没有得到爱情或者失去挚爱的伴侣，让我们悲痛欲绝，甚至不惜以身殉情，却也可能点燃我们其他方面的斗志，在事业上获得意想不到的成功；初恋让我们悸动和开启心智，热恋让我们热血沸腾，婚姻中的爱情据说已经进入"坟墓"……总而言之，爱情的力量是巨大的，对于年轻人尤其如此，但是它最终将带给我们什么，却取决于自己。

第三节 婚姻与爱情

2017 年春节前后，两位虚拟的"左先生"和"右先生"以迅雷不及掩耳之势走红各大社交平台，以工作和生活中具体事件对比的形式，以虚拟人物的对话，形象地表达了现代女性视角下的婚姻爱情观念——恋爱选择帅气多金浪漫的"左先生"，结婚选择知冷知热务实的“右先生”。“左先生”和“右先生”看似片面的故事能够引起热议，一定程度上反映了人们对于婚姻与爱情的态度。

一、婚姻与爱情的关系

关于婚姻与爱情的关系，流传最广的一个说法是：婚姻是爱情的坟墓。与之相反，近几年来，网络上根据罗密欧与朱丽叶的对话引申出一个新的说法也传播广泛：一切不以结婚为目的的恋爱都是耍流氓。钱钟书说“婚姻像一座围城，城里的人想出去，城外的人想进来”。也就是说，拥有爱情的人还是向往婚姻的，只不过结婚以后又想离开婚姻而已。几种说法都把婚姻与爱情摆在对立的位置，差别在于有的更极端，有的更形象。婚姻与爱情是完全对立的吗？答案显然是否定的。因为谁也无法否认婚姻是爱情的最佳归宿——即使是坟墓，让爱情死无葬身之地？即使想出来，不过是想想而已？

1. 爱情是婚姻的基础

法国作家罗曼·罗兰说“缺少爱情即无完美婚姻”，美国作家海明威说“没有真正爱情的婚姻，是一个人堕落的起点”。从如何让情感和共同生活更美好的角度来看，没有爱情为基础的婚姻是不可想象的，人们要么先有爱情再结婚，要么先结婚再培养感情。但是从法律的角度来看，人们有权利在没有爱情的情况下结婚，也有义务结婚后培养感情。

2. 婚姻是爱情的最佳归宿

法国作家尚福尔说“恋爱总比婚姻更令人愉快，恰似小说总比历史更令人愉快”。法国作家莫罗阿说“婚姻产生人生，爱情只产生快乐，快乐消失了，婚姻依旧存在，且更诞生了比男女结合更可贵的价值”。有研究表明，真爱只能持续18～30个月，也有研究结论显示爱情最多不超过3年，这些研究的精确性虽然没有完全得到实践的证明，但是都确凿无疑告诉我们爱情是有期限的。爱情是短暂的，或者说热恋是短暂的，爱情需要一个栖息之地来安放，而婚姻是最理想的场所。

3. 爱情是两个人的事，婚姻是两个家庭的事

爱情崇尚自由，两个人就是整个世界，从不想接受来自任何方面的影响。可是，婚姻却不完全是两个人的事情，大到各自的社会关系，小到各自的家庭，都会随着两个人的结婚而联系到一起，其中又以家庭关系最为相关。中国自古就有“联姻”的说法，一个“联”字道出了婚姻反映的社会关系绝非两个结婚的人自己的事情。从法律上来说，结婚只需要两个符合结婚条件的人自愿提出即可，但是从现实生活来看，家庭关系对婚姻的影响非常巨大。

二、如何处理婚姻与爱情的关系

既然婚姻与爱情的关系复杂、微妙而又极其重要，学会如何处理好婚姻与爱情的关系就不可避免地成为我们必须面对的人生课题。

1. 理性认识

婚姻与爱情与每个人息息相关，身在其中的人却往往只有“切肤之痛”的主观感受，缺少真知灼见的理性认识。感觉到的东西不能立刻被理解，只有理解了的东西才

能更深刻地感觉它。正确认识是有效处理婚姻与爱情关系的前提。首先，是摆脱错误观念的影响，包括极端地把婚姻与爱情对立的观念、把婚姻与爱情混淆的观念等；其次，是学会从各种视角认识婚姻与爱情的内涵、外延、特点和过程；最后，能够正确分析发生在自己身上的婚姻与爱情问题，合理定位自己在婚姻与爱情中的角色转换等。

2. 正确对待

理性认识为处理好婚姻与爱情关系提供了可能性，可以说只跟自己有关；正确对待才是处理好婚姻与爱情关系的启动，这就跟夫妻、子女和双方家庭都有关。一是遵循人格平等的原则，相互尊重；二是注重沟通，沟通比事实重要，决定之前要取得对方的支持和理解，错误之后要获得对方的谅解；三是适当保持空间距离，包括适当的个人空间、夫妻二人世界、家庭生活空间等；四是工作与生活分开，不把工作及其带来的不良情绪带入生活；五是仪式感很重要，不能忽视重要的节日，如结婚纪念日等。正确对待婚姻与爱情的方法有很多，考虑到每个婚姻、爱情、个体的差异性，没有适用所有人的全套方法，但有其基本原则：从双方来看，爱情悦纳对方的优点，婚姻需要包容对方的缺点；从自身来看，爱情需要展现自己的优点，婚姻需要改正自己的缺点。爱情像做蛋糕，要两个人水乳交融，相互吸引的比例适当就好；婚姻像两只刺猬过冬，离得远了冷，抱得紧了扎，所以要学会拔刺。

3. 修炼自身

巴尔扎克说“爱情抵抗不住烦琐的家务，必须至少有一方品质极坚强”。这告诉我们，婚姻是一场修行，只有超越琐碎的生活，才能感受婚姻中的美好爱情。一是修炼责任意识。把承担家庭劳动作为一种自觉，把改变自己作为一种奉献，把服务对方作为一种享受。二是修炼包容心。金无足赤，人无完人，要包容对方的缺点。自觉做到爱一个人的全部——即使要改变对方，也能注意方式方法和给予充足的时间。三是修炼行为习惯。改变自己是困难的，尤其是来自原生家庭的两个人早已形成各自家庭生活的习惯。改变的期待是双方的，改变的开端是从自己做起。四是修炼换位思考能力。站在对方的角度思考问题，感受对方的真实想法和良苦用心，理解对方的迫不得已，走入他（她）的内心，做一个知己，而不仅仅是伙伴。

[思考与练习]

1. 多角度评价父母的婚姻，畅想一下自己理想中的婚姻状态，并想一想自己为了实现婚姻理想需要做出哪些努力？

2. 思考自己的爱情观，写下自己期待的理想爱情，描绘理想的伴侣的基本形象，并想一想自己为了实现爱情理想需要做出哪些努力？

3. 请以“婚姻与爱情”为主题，写一篇短文，体裁不限，题目自拟。

4. 如何正确处理婚姻与爱情的关系？请将文中所列三种做法进一步细化为操作性更强的做法，或者列出其他能够有效处理婚姻与爱情关系的做法，并加以分析。

第四章 现代家庭理财

案例导入

家庭理财故事的启迪

一个富人有一位穷亲戚，他觉得这位穷亲戚很可怜，就发了善心想帮他致富。富人告诉穷亲戚："我送你一头牛，你好好地开荒，春天到了，我再送你一些种子，你撒上种子，秋天你就可以获得丰收、远离贫穷了。"穷亲戚满怀希望开始开荒。可是没过几天，牛要吃草，人要吃饭，日子反而比以前更难过了。穷亲戚就想，不如把牛卖了，买几只羊。先杀一只，剩下的还可以生小羊，小羊长大后拿去卖，可以赚更多的钱。他的计划付诸实施了。可是当他吃完一只羊的时候，小羊还没有生下来，日子又开始艰难了，他忍不住又吃了一只。他想这样下去还得了，不如把羊卖了换成鸡。鸡生蛋的速度要快一点，鸡蛋可以立刻卖钱，日子立马就可以好转了。他的计划又付诸实施了。可是穷日子还是没有改变，他忍不住又杀鸡，终于杀到只剩下一只的时候，他的理想彻底破灭了。他想致富算是无望了，还不如把鸡卖了，打一壶酒，三杯下肚，万事不愁。很快，春天来了，富人兴致勃勃地给穷亲戚送来了种子。他发现，这位穷亲戚正就着咸盐喝酒呢！牛早就没了，房子里依然是家徒四壁，他依然是一贫如洗。

这个故事告诉我们，不同的生活态度和思维方式，会产生完全不同的结果。理财就是要树立一种积极的、乐观的、着眼于未来的生活态度和思维方式。今天的生活状况，由以前的选择所决定，而今天的选择将决定未来的生活。因此，理财就是要树立积极的生活目标，积极的生活目标导致积极的生活结果。

第一节　现代家庭理财概述

中国有句古话，“你不理财，财不理你”，简单而形象地说明了家庭理财的重要性。随着家庭收入和财富的普遍增长，市场的各种不确定性长期存在，以及对家庭生活的影响不断增强，家庭理财比以往任何时候都受到人们的重视。

一、现代家庭理财的含义

通俗地说，家庭理财就是赚钱、省钱、花钱之道，打理钱财，让钱生钱，所谓“吃不穷，穿不穷，算计不到就受穷”。专业而简单一点地说，家庭理财就是合理安排收支、盘活资产、保值增值。

（一）家庭理财概念

一般来说，家庭理财是管理自己的财富，进而提高财富效能的经济活动，是对家庭资本金和负债资产科学合理的运作，是指通过客观分析家庭的财务状况，并结合宏观经济形势，从现状出发，为家庭设计合理的资产组合和财务目标。具体来看，家庭理财有广义和狭义之分。

1. 广义的家庭理财和狭义的家庭理财

家庭财产可以分为资金形态和物质形态两种。资金形态的家庭财产包括货币现金、银行存款、股票、债券、保险等凭证，物质形态的财产包括房产、地产、汽车、家具家电、金银珠宝等实物。广义的家庭理财是指对所有家庭财产的管理和使用，狭义的家庭理财是指对资金形态的家庭财产的管理与使用。广义的家庭理财实施主体包括家庭成员和理财机构，狭义的家庭理财实施主体一般为个人；广义家庭理财的目的包括满足消费、储蓄、保值、增值，狭义家庭理财的目的主要是消费和储蓄。

2. 本章中的现代家庭理财。

为了达到不断提高家庭生活质量和家庭成员素质的最终目的，家庭成员或受委托的机构通过对家庭所有形式财产的评估、支出安排和投资，满足家庭消费、财产储值和增值的功能，就是现代家庭理财。现代家庭理财的内容包括评估现有财产、预期未来收入、设定生活质量标准、评估风险承受能力、设定理财目标、制订理财方案、修订理财方案，是一个不断调整和循环的过程。

（二）家庭理财的意义

家庭理财的意义在于给家庭带来物质生活保障和更多的安定感，使家庭财产在稳定性、安全性、增值性和减少非预期性等方面实现最佳组合，满足家庭成员的基本生活和提高家庭生活的质量。

1. 年龄与家庭理财

家庭理财对所有人都有重要意义，在不同年龄阶段又有各自的侧重点。

对于大部分年轻人来说，多数人希望再工作几年，就可以拥有自己的住房和汽车；希望退休后能继续有收入来源，独立地享受生活；希望当自己或家人遭遇意外时，能够对巨额的医药费应对自如；希望家庭在面对意外支出时不会束手无策。有效解决这些问题便是理财的意义所在。特别是对于刚刚结婚组成的新生家庭来说，及早规划家庭的未来更是必修功课。新生家庭有许多目标需要去实现，如生养子女、购买住房、添置家用设备等，同时，还有可能出现预料之外的事情，也要花费钱财。

对于中年人来说，所处的时期是人生中事业成熟的时期，也是家庭负担较重、支出较多的时期，人们希望投保时能少花钱而获得高保障。通过投保定期险，组合投资型资产可满足提高特定人生时期的保障需求。

对于老年人来说，家庭理财的意义主要则在于养老和应付意外支出。尤其在当前我国养老和医疗保障水平不高、覆盖范围不足，不少老年人还需要支持成年子女生活的情况下，老年人家庭理财更是意义非常。

2. 变革与家庭理财

我国经济社会的巨大变革使家庭理财的重要性更为凸显。三十多年来，我国经历着经济社会的巨大变革，使家庭理财变得前所未有的重要。家庭财富增长和积累水平急速提升奠定了家庭理财物质基础，但是，大多数人的理财观念和能力跟不上财富的增长速度。经济变革巨大，从经济多年飞速增长到近年放缓，从通货紧缩到通货膨胀，从省吃俭用到大量储蓄再到多元投资，无不给家庭理财带来巨大挑战。社会变革巨大且剧烈，计划生育政策效果挑战我国养老，两个独生子女组成的家庭要负担四位老人，使家庭支出成本和风险急剧增大。

（三）家庭理财的种类

家庭理财种类繁多，但总体上可以分为收入、支出两大类。具体来说，收入包括劳动收入、投资收入、股份收入、财富增值、租赁收入等；支出包括生活必需品开支、医药开支、旅游开支、教育开支、购房开支等。进一步细分，劳动收入又可以分为工资收入、个体经营和企业经营中的个人所得部分、专利等技术性服务收入等；财富增值收入可分为房产增值收入、金银等贵金属增值收入、古玩字画等收藏品增值收入等；生活必需品支出可以分为吃、穿、住、用、行开支等。

二、现代家庭理财的特点

1. 理财观念变化巨大

（1）随意理财阶段。个人和家庭财富普遍匮乏，家庭理财的目标大都是满足温饱需求。其理财比较简单，主要特点：一是，理财以节省为主，城市居民月收入因吃穿住用行等生活开支，几无结余；农村居民理财主要是农副产品，首先是自给自足吃的需求，有余则换取其他生活物资。二是，小额借贷频繁。三是，有理财行为和意识都靠自发，对理财没有足够科学合理的认识。

（2）专项理财阶段。随着收入的增加，大多数家庭有了“余钱”，家庭理财由随意理财阶段进入专项理财阶段，理财观念由精打细算的节省为主，转变为以家庭基本生活改善和储蓄为主。从支出方面看，由吃饱穿暖到吃好穿好，由有房可住到住得舒服，等等。“楼上楼下，电灯电话”是这一时期理财观念的集中体现。从投资方面看，储蓄量快速增大。

（3）综合理财阶段。随着经济水平的不断提高和经济形式的日益复杂，家庭理财由单一的储蓄到追求保值和增值，不断加强风险控制，家庭理财渐渐多元化。

（4）理财规划阶段。多年的理财摸索使家庭成员对理财有了更深刻的认识，家庭理财观念越来越趋向理性和科学。一方面，个人理财的水平提升，不再凭借感觉理财，转而学习专业的理财知识和技能，尽量做到科学理财；另一方面，人们不断发现理财的专业特性，寻找专业的理财规划师为家庭制订理财计划，聘请专人打理自己的财富的现象逐渐增多。

2. 储蓄依然是理财主要方式，但多元化趋势明显

2015 年，我国居民储蓄总额超过 4 万亿元。亚洲金融风暴以来，我国的储蓄率不降反增，由当时的 37% ~39%，增加到 10 年后的约 50%，增长约 10 个百分点，占 GDP 总额一半左右。

3. 教育投资的地位空前重要

个人和家庭的教育投资不断加大。教育是代际阶层流动的重要途径，是帮助家庭生活水平提升的重要方式，是稳定工作、稳定收入、新生家庭组成的重要条件。公共教育资金不足，家庭作为教育成本分担和补偿的主体之一，它对教育的投资是教育成本的重要组成部分，能有效地弥补和缓解我国目前教育经费欠缺的局面，是我国教育投资的重要来源。

4. 投资理财比重不断加大

传统家庭理财主要是打理劳动收入、生活必需品开支和储蓄，现代家庭的投资理财比重不断增加，房产、股票、债券、基金、黄金、期货等越来越多地走进千家万户。此外，投资理财的专业化程度逐渐提高，委托专业机构理财的比重增大。

5. 风险增多

家庭财富的增多让消费越来越游刃有余，但过度消费常常带来家庭理财风险的增加。新理财品种快速增多，理财手段越来越复杂，也给人们理财带来未知的风险。经济形势越来越复杂，变化越来越快，财富增值和贬值幅度增大，稍有不慎就给家庭带来很大的损失。

三、现代家庭理财的原则与方法

（一）家庭理财原则

1. 基本原则

家庭理财规划要在全面考察家庭收支、资产财务情况之后制定，要根据家庭风险承担能力、不同阶段家庭需求等灵活使用，确定合理的家庭理财目标和投资理财方案。其基本原则包括：一是全面原则，考虑到收入和支出所有方面和可能性；二是家庭生命周期原则，根据家庭成长的不同阶段特点和需求理财；三是风险控制原则，不管在任何情况下都要对家庭理财进行风险控制。

2. 实用原则

除了上述的三个基本原则外，根据家庭理财的成功经验，人们总结了很多家庭理财的实用原则，或者叫法则，对家庭理财很有意义。

(1) 支出比例“4321”原则。即家庭支出比例应该做如下分配：买房及股票、基金等方面的投资占40%，家庭的生活开支占30%，银行存款占20%，保险占10%。遵循这个原则安排支出，既可满足家庭生活的日常需要，又可通过投资保值增值，还能有效控制风险。

(2) 复利计算“72”原则。存款利率是×%，每年利息不取出来，那么经过72/×年后本金和利息之和就会翻一番，这叫作复利计算定律。复利计算定律便于家庭计算出投资本金翻一倍的时间。例如，20万元资金，以年回报率8%计算，9年（72/8）才能翻番；如果年回报率12%，6年（72/12）就能翻番。

(3) 高风险投资“80”原则。一般而言，随着年龄的增长，进行风险投资的比例应该逐步降低。80定律就是随着年龄的增长，应该把总资产的某一比例投资于股票等风险较高的投资品种。而这个比例的算法是，80减去你的年龄再乘以1%。高风险方面的投资比例多少适宜，此时你首先就应想到“80”原则，即高风险投资比例=（80－年龄）%。比如，此时你30岁，那么高风险投资比例为50%=（80－30）%，从各方面考虑，30岁时拿出50%的资产进行高风险的投资，是可以接受的。

(4) 保险“10”原则。家庭保险设定的合理额度应该是家庭收入的10倍。

(5) 房贷“31”原则。家庭每月的房贷还款数额，要以不超过家庭月总收入的1/3为宜。比如家庭总收入1.5万元，那么每月房贷还款额上限为5000元。31定律有助于保持稳定的家庭财产状况。一旦超过，家庭在面对突发事件的应变能力会降低，生活质量也可能会受到影响。

（二）家庭理财一般方法

1. 预算法

即在家庭消费之前对收入与支出做出计划。预算法最重要的是合理编制和使用预算表格。

(1) 编制预算表格。首先，要设定理财目标，然后计算实现长期理财目标所需资金；其次，要预测年度收入；再次，要将预算细化，一级指标可分为收入预算、可控制支出预算、不可控制支出预算、资本支出预算、储蓄运用预算，在此基础上，不但要细化条目还要制定预算周期。家庭月度开支预算表见表4-1。

表4-1 家庭月度开支预算表

序号	项目	类别	预计成本	实际成本	差额	实际成本概览
1	课余活动	孩子				
2	医疗	孩子				
3	学校用品	孩子				
4	学费	孩子				
5	玩具	宠物				
6	音乐会	娱乐				

（续）

序号	项目	类别	预计成本	实际成本	差额	实际成本概览
7	电影	娱乐				
8	音乐（CD、下载等）	娱乐				
9	运动	娱乐				
10	在外就餐	饮食				
11	日用杂货	饮食				
12	礼品/礼金	礼品和慈善				
13	有线/卫星电视	供房				
14	电	供房				
15	燃气	供房				
16	房屋清洁服务	供房				
17	维修	供房				
18	押金或租金	供房				
19	天然气/石油气	供房				
20	上网/Internet 服务	供房				
21	电话（手机）	供房				
22	电话（住宅）	供房				
23	垃圾清理和回收	供房				
24	水费	供房				
25	健康保险	保险				
26	住宅	保险				
27	生活	保险				
28	信用卡	贷款				
29	教育/培训	贷款				
30	服饰	个人护理				
31	干洗	个人护理				
32	头发/指甲护理	个人护理				
33	保健俱乐部	个人护理				
34	医疗	个人护理				
35	投资账户	储蓄或投资				
36	退休账户	储蓄或投资				
37	个人所得税	税				
38	其他税	税				
39	公交车/出租车票费	交通				
40	燃油	交通				

（续）

序号	项目	类别	预计成本	实际成本	差额	实际成本概览
41	车辆保险	交通				
42	驾驶证	交通				
43	维修费	交通				
44	停车费	交通				
45	其他	其他				
总计						

（2）分析预算执行情况。实际支出记账科目与预算科目统计基础需完全一致才有比较意义，未归类的其他收入或其他支出的比例应不超过10%；如实际与预算差异超过10%，应找出差异的原因；最好能依照家庭成员分类，看谁应该为差异负责任，如果差异的原因的确属于开始预算低估，此时应重新检查预算的合理性并修正，但改动太过频繁将使预算失去意义；要达成储蓄或减债计划，需严格执行预算；若某项支出远高于预算，可订达成时限，逐月降低差异；若同时有多项支出差异，可每个月找一项重点改进；出现有利差异时，也应分析原因，并可考虑提高储蓄目标。

2. 簿记法

簿记法又称记账，对家庭理财意义重大。使用家庭预算账可以用来监控结余资金的实现。如果没有此预算计划，则很难实现当初设立的理财目标。由于家庭收入基本固定，因此，家庭预算主要就是做好支出预算。

（1）家庭记账的基本要素。一是分账户，要有账户的概念，分账户可以是按成员、按银行、按现金等，不能把所有收支统计在一起，要分账户来记。二是分类目，收支必须分类，分类必须科学合理，精确简洁，类目相当于会计中的科目。

（2）家庭记账的种类。一是家庭日常开支账，日常开支账是家庭理财中的第一本账，也是最关键的一本账。注意划分收入和支出，区分它是流入或流出哪个具体账户的。对综合收支事项，进行分解。如将一笔支出分拆为生活费、休闲、利息支出。这样，可方便地查看账户余额，以及对不同账户进行统计汇总及分析，清楚地了解家庭详细的资金流动明细状况。一般来讲，一个家庭的日常收支可以用以下一些账户来统筹：家庭共用的现金（备用金）、各个家庭成员手上的现金、活期存款、信用卡、个人支票。在做日常开支账时，切忌拖沓延迟。最好在收支发生后及时进行记账。这样可以防止遗漏，因为时间久了，很可能就忘了此笔收支，就算能想起，也容易产生金额的误差。这种不准确的账目记录就失去了记账的意义。另外，及时记账可保证实时监视账户余额，如信用卡透支额。如发现账户透支或余额不够，及时处理可以减少不必要的利息支出或罚款。二是家庭交易账，做好了日常收支账后，就要开始关注其他投资交易的情况了，例如基金账、国债账等。不同类型的交易，要对应不同的账户，这与日常开支的记账原则完全一致。所有投资的交易记录都要载入这本账目中，比如，定期存款要载入存取款记录，保险则要说明缴纳保费、理赔给付、退返保费、分红等。三是家庭预算账。记账只是起步，是为了更好地做好预算。家庭预算是对家庭未来一定时期收入和支出的计划。做好这本账的前提是已经有了日常开支账和交易账。参考过去收支和投资情况，定期（如月底、季度底、年底）比较每项支出的实际与预算，找出那些超标支出项目和结余项目。下一期的预算据此做出调整，从而保证家庭理财目标的实现。

（3）家庭记账的步骤。

1）收集凭证单据。平日将购货小票、发票、借贷收据、银行扣缴单据、刷卡签单、银行信用卡对账单及存、提款单据等都保存好，放在固定地点保存。在收集的发票上，清楚记下消费时间、金额、品名等项目，如单据没有标识品名，最好马上加注。凭证收集全后，按消费性质分类，每一项目按日期顺序排列，以方便日后的统计。

2）细化收支分类。细化收入：工资（包括全家的基本工资、各种补贴等），一般指具有固定性的收入；奖金，此项收入一般在家庭中变动性较大；利息及投资收益（家庭到期的存款所得利息，股息，基金分红，股票买卖收益等）；其他。这项属于数目不大，偶然性的收入，如稿费、竞赛奖励等。细化支出：生活费（包括家庭的柴米油盐及房租、物业费、水电费、电话费等日常费用）；衣着（家庭购买服装或购买布料及加工费）；储蓄（收支结余中用于增加存款，购买基金、股票的部分）。其他（反映家庭生活中不太必要、不经常性的消费等）。各个家庭也可对项目作相应调整，如增设医疗费、赡养父母费用、智力投资等。

3）分析和预算。支出预算基本可以分成可控制预算和不可控制预算，像房租、公用事业费用、房贷利息等都是不可控制预算。每月的家用、交际、交通等费用则是可控的预算，对这些可控支出好好筹划，是控制支出的关键。通过预算还可以预知闲置款规模，在进行投资，如购买股票、基金、国债时容易决定购买总额，并保证所投资的资金不会因为需要支付生活支出而抽取出来，损害收益率。

（三）家庭理财技巧

（1）开支有计划，花钱有重点。应该先对家庭消费做系统的分析，在领到工资以后，把一个月必需的生活费放在一边。这样就基本上控制了盲目的消费。现在家庭的消费大体有如下三个方面：一是生活的必需消费，如吃与穿。二是维护家庭生存的消费，如房租、水电费、燃气费等。三是家庭发展、成员成长和时尚性消费，如教育投资、文化娱乐消费等。具体开支要分清轻重缓急。切忌虚荣心作怪，攀比消费。

（2）月月要有节余。特别是在家庭理财初期，要争取每月都积余一点现金用于投资。

（3）充分民主、相对集权。家庭中，夫妻要根据各自的收入多少，制订一个方案，提取家庭公积金、公益金和固定日用消费基金。原则上，提够家用后，剩余的归各自支配。

（4）建立家庭情况一览表。像建立身体健康表一样，建立一个家庭情况一览表。这样可以随时了解家庭情况的变化。正规的财务报表，很多人都头疼。其实，家庭记账只要用流水账的方式，按照时间、花费、项目逐一登记即可。

(5) 收集整理好各种记账凭证。集中凭证单据是记账的首要工作，平时要养成索取发票的习惯。此外，银行扣缴的单据、借贷收据、刷卡签单及存、提款单据等，都要一一保存，放在固定的地方。凭证收集后，可按类分成衣食住行等项，以方便统计整理。

四、现代家庭理财的模式

(一) 家庭理财模式主要影响因素

1. 生命周期与家庭理财模式

人的生命可以分为单身期、家庭成长期和家庭衰落期，人需要根据自身的收入和支出来合理安排各个时期的消费和储蓄，最终实现在一生中均匀地消费跨期配置。也就是说，投资者在进行投资理财组合选择时，应综合考虑自身所处的生命周期，合理选择投资理财组合，使家庭的消费水平保持在一个稳定的水平线上。

2. 家庭财富与家庭理财模式

不同财富水平的家庭，消费性支出、投资理财状况也不尽相同。一般来说，家庭财富多的家庭风险承受能力较强，理财的选择较多；家庭财富较少的家庭风险承受能力较弱，理财的选择较少。

3. 家庭非财务资产与家庭理财模式

家庭资产可以分为财务资产和非财务资产。非财务资产指的是家庭成员的兴趣、技能、应对未来的能力和性格等。非财务资产影响家庭理财模式。

(二) 现代家庭理财模式一般分类

1. 单身期—保守型理财模式

对象：处于单身期且理财模式较保守型的投资者。

特征：家庭财产规模小，风险承受能力弱，不喜好风险。

首要目标：保本。

理财方式：保险、储蓄、债券等。

预期结果：获取低于平均投资水平的收益。安排相应的资金投资于物业，满足家庭固定资产积累的需要。

2. 单身期—稳健型理财模式

对象：单身期且投资理财模式为稳健型的投资者。

特征：家庭财产规模小，风险承受力弱，不厌恶风险。

首要目标：满足自身生活需要，承担社会平均风险。

预期结果：获取社会平均水平收益。安排相应的资金投资于物业，满足家庭固定资产积累的需要。

3. 单身期—激进型理财模式

对象：单身期且理财模式激进型的投资者。

特征：家庭财产规模小，风险承受能力强，喜好风险。

理财方式：在确保生活消费支出的前提下，以股票等高收益投资为主。

4. 家庭成长期—保守型理财模式

对象：处于家庭成长期且投资理财模式为保守型的投资者。

特征：收入提高，资产增加，支出稳定，子女负担会增加，医疗费用比重较大，厌恶风险。

理财方式：重心放在储蓄、债券等收益率较稳定的投资渠道上，降低风险投资，注重资产积累。购买保险，为子女教育、自身健康、养老金等问题提供保险保障。

5. 家庭成长期—稳健型理财模式

对象：处于家庭成长期且投资理财模式为稳健型的投资者。

原则：寻找风险适中、收益适中的产品，理财计划量入节出。

理财目标：为家庭的未来积累资金，教育金、买房、买车、添置家庭耐用品等。

理财方式：注重风险投资管理，根据家庭自身情况利用各种投资渠道进行组合投资，获取稳定的市场平均收益。确保家庭资产的稳步增加。

6. 家庭成长期—激进型家庭理财模式

对象：处于家庭成长期且投资理财模式为激进型的投资者。

特征：有较为积极的投资理念，追求高收益，风险承受能力较好。

理财建议：选择投资工具时，不宜过多选择风险投资的方式，考虑适当利用财务杠杆，获取较高收益。另外，增强家庭风险保障意识。

7. 家庭衰老期—保守型理财模式

对象：家庭衰老期且理财模式为保守型的投资者。

特征：收入以前期的理财收入及转移性收入为主，支出主要为医疗费用。

理财目标：安度晚年，减少风险投资，保守型。

理财方式：投资固定收益类为主，选择储蓄类并适当持有债券等固定收益的投资形式。

8. 家庭衰老期—稳健型投资模式

对象：处于家庭衰老期且投资理财模式为稳健型的投资者。

特征：收入以前期的理财收入及转移性收入为主，支出主要为医疗费用；对投资比较理性，能够根据家庭的实际情况，制订投资理财目标。

理财方式：主要将资产投资于储蓄，其他资金适当投资于债券、基金等风险相对较小的投资渠道。

9. 家庭衰老期—激进型投资模式

对象：处于家庭衰老期且投资理财模式为激进型的投资者。

特征：家庭支出大于收入，风险承担能力较弱；激进，追求较高收益。

理财方式：适当持有股票类风险投资产品，将主要资金用于储蓄。

第二节 现代家庭投资

现代家庭投资方式越来越多，除了传统的银行储蓄外，债券、股票、金银等贵金属、房产、保险等都成为现代家庭投资的重要选择。每种投资方式都有自身的属性和特点，每个家庭应综合考虑自己的实际情况，做出合理的投资选择，形成最佳投资组合。

一、现代家庭投资的概念

投资是投资者当期投入一定数额的资金以期望在未来获得回报的行为。家庭理财是通过对家庭财产的管理来实现家庭消费、财产储值和增值目的的行为。家庭投资是为满足家庭财产的增值功能进行的理财行为。

二、现代家庭投资的原则

原则一：正确处理好家庭投资与家庭生活的关系。家庭投资的最终目的是通过增加家庭财富实现提高家庭生活质量和家庭成员素质的目标。因此，在家庭投资的时候一定要处理好其与家庭生活的关系，不能为了投资影响家庭当下的生活，也要考虑到未来可能承受的风险。

原则二：合理筹措资金来源。支用暂时闲置留待未来有特定用途的资金时，则应考虑投资于风险相对较小的证券，如国库券、公司债券等。不可负债投资，除非所投资的限期较短、可靠性极强且收益较好。

原则三：合理确定投资的期限。一般讲，投资期限越长，收益也越高，但风险也越大，这时，则应以投资者本人可支配资金期限为投资依据，以防止资金周转困难。

原则四：控制风险。一是尽量选择变现能力强的投资方式，家庭生活面临着各种潜在的风险，只有在家庭投资的时候考虑到投资方式的变现能力，尽量选择变现能力强的投资方式，才可以最大限度地提高抵御未知风险的能力；二是选择自己熟悉的投资方式；三是多元化投资，控制风险较大的投资项目比重。

三、现代家庭投资的种类

总体来说，家庭投资可以分为实物投资、资本投资和证券投资三大类。主要的投资方式包括储蓄、股票、基金、债券、保险等。

（一）储蓄

储蓄又称储蓄存款，是城乡居民将暂时不用或结余的货币收入存入银行或其他金融机构的一种存款活动，是家庭理财最常见的形式。

1. 储蓄的类别

（1）活期储蓄。不约定存期、客户可随时存取、存取金额不限的一种储蓄方式。活期储蓄是银行最基本、常用的存款方式，客户可随时存取款，自由、灵活地调动资金，是客户进行各项理财活动的基础。活期储蓄以1元为起存点，外币活期储蓄起存金额为不得低于20元或100人民币的等值外币（各银行不尽相同），多存不限。开户时，由银行发给存折，凭折存取，每年结算一次利息，适合于个人生活待用款和闲置现金款，以及商业运营周转资金的存储。

（2）定期储蓄。事先约定存入时间，存款期满才可以提取本息的一种储蓄。定期储蓄积蓄性较高，是一项比较稳定的信贷资金来源。我国的定期储蓄有整存整取定期储蓄存款、零存整取定期储蓄存款、存本取息定期储蓄存款、定活两便储蓄存款、通

知存款、教育储蓄存款、通信存款。

2. 储蓄技巧

（1）少存活期。同样存钱，存期越长，利率越高，所得的利息就越多。如果手中活期存款一直较多，不妨采用零存整取的方式，其一年期的年利率大大高于活期利率。

（2）到期支取。储蓄条例规定，定期存款提前支取，只按活期利率计息，逾期部分也只按活期计息。有些特殊储蓄种类（如凭证式国库券），逾期则不计付利息。这就是说，存了定期，期限一到，就要取出或办理转存手续。如果存单即将到期，又马上需要用钱，可以用未到期的定期存单去银行办理抵押贷款，以解燃眉之急。待存单一到期，即可还清贷款。

（3）滚动存取。可以将自己的储蓄资金分成12等份，每月都存成一个一年期定期，或者将每月的余钱不管数量多少都存成一年定期。这样，一年下来就会形成这样一种情况：每月都有一笔定期存款到期，可供支取使用。如果不需要，又可将其本金以及当月家中的余款一起再这样存。如此，既可以满足家里开支的需要，又可以享有定期储蓄的高息。

（4）存本存利。即将存本取息与零存整取相结合，通过利滚利达到增值的最大化。具体点说，就是先将本金存一个5年期存本取息，然后再开一个5年期零存整取户头，将每月得到的利息存入。

（5）细择外币。外币的存款利率和该货币本国的利率有一定关系，所以有些时候某些外币的存款利率也会高于人民币。储蓄时应随时关注市场行情，选择适当时机购买。

3. 储蓄投资优缺点

储蓄投资的储值功能明显，安全性最高，流动性较高。缺点是投资回报率低；经常无法抵御通货膨胀，即相对来说无法实现投资的增值目标；再投资风险高；承担利息受损的风险。

（二）股票

股票是股份公司发行的所有权凭证，是股份公司为筹集资金而发行给各个股东作为持股凭证并借以取得股息和红利的一种有价证券，代表股东对企业的所有权。这种所有权为一种综合权利，如参加股东大会、投票表决、参与公司的重大决策、收取股息或分享红利等，但也要共同承担公司运作错误所带来的风险。

1. 股票的分类

上市的股票称流通股，可在股票交易所（即二级市场）自由买卖。非上市的股票没有进入股票交易所，因此，不能自由买卖，称非上市流通股。

2. 股票的特性

（1）不返还性。股票一旦发售，持有者不能把股票退回给公司，只能通过证券市场上出售而收回本金。股票发行公司不仅可以回购甚至全部回购已发行的股票，从股票交易所退出，而且可以重新回到非上市企业。

（2）风险性。购买股票是一种风险投资。

（3）流通性。股票作为一种资本证券，是一种灵活有效的集资工具和有价证券，可以在证券市场上通过自由买卖、自由转让进行流通。

（4）收益性。股票收益包括分红和转让、出售股票取得款项高于实际成本的差额。

（5）参与权。股票持有人拥有股东权，这是一种综合权利，其中首要的是可以以股东身份参与股份公司的重大事项决策。

3. 费用介绍

（1）印花税。是根据国家税法规定，在股票（包括A股和B股）成交后对买卖双方投资者按照规定的税率分别征收的税金，基金、债券等均无此项费用。

（2）佣金。是投资者在委托买卖股票成交之后按成交金额的一定比例支付给券商的费用。

（3）过户费。是投资者委托买卖的股票、基金成交后买卖双方为变更股权登记所支付的费用。

（4）其他费用。包括投资者在委托买卖股票时，向证券营业部缴纳的委托费（通信费）、撤单费、查询费、开户费、磁卡费以及电话委托、自助委托的刷卡费、超时费等。

4. 股票术语

股票交易市场有很多专门的术语，要么专业要么通俗形象。了解股票术语有利于更好地理解股票交易。股票术语有很多，并且随着股票交易市场的发展而不断更新，下面列举一些主要的股票术语。

（1）散户：就是买卖股票数量较少的小额投资者。

（2）作手：在股市中炒作哄抬，用不正当方法把股票炒高后卖掉，然后再设法压低行情，低价补回；或趁低价买进，炒作哄抬后，高价卖出。这种人被称为作手。

（3）吃货：作手在低价时暗中买进股票，称为吃货。

（4）出货：作手在高价时，不动声色地卖出股票，称为出货。

（5）惯压：用不正当手段压低股价的行为叫惯压。

（6）坐轿子：目光锐利或事先得到信息的投资人，在大户暗中买进或卖出时，或在利多或利空消息公布前，先期买进或卖出股票，待散户大量跟进或跟出，造成股价大幅度上涨或下跌时，再卖出或买回，坐享厚利，这就叫“坐轿子”。

（7）抬轿子：利多或利空消息公布后，认为股价将大幅度变动，跟着抢进抢出，获利有限，甚至常被套牢的人，就是给别人抬轿子。

（8）热门股：指交易量大、流通性强、价格变动幅度大的股票。

（9）冷门股：指交易量小，流通性差甚至没有交易，价格变动小的股票。

（10）领导股：指对股票市场整个行情变化趋势具有领导作用的股票。领导股必为热门股。

（11）投资股：指发行公司经营稳定，获利能力强，股息高的股票。

（12）投机股：指股价因人为因素造成涨跌幅度很大的股票。

（13）高息股：指发行公司派发较多股息的股票。

（14）无息股：指发行公司多年未派发股息的股票。

（15）成长股：指新添的有前途的产业中，利润增长率较高的企业股票。成长股的股价呈不断上涨趋势。

（16）浮动股：指在市场上不断流通的股票。

（17）稳定股：指长期被股东持有的股票。

（18）行情牌：一些大银行和经纪公司，证券交易所设置的大型电子屏幕，可随时向客户提供股票行情。

（19）盈亏临界点：交易所股票交易量的基数点，超过这一点就会实现盈利，反之则亏损。

（20）票面价值：指公司最初所定股票票面值。

（21）僵牢：指股市上经常会出现股价徘徊缓滞的局面，在一定时期内既上不去，也下不来，上海投资者们称此为僵牢。

（22）配股：公司发行新股时，按股东所有人参股份数，以特价（低于市价）分配给股东认购。

（23）要价、报价：股票交易中卖方愿出售股票的最低价格。

（24）缴足资本：例如一家公司的法定资本是2000万元，但开业时只需1000万元便足够，持股人缴足1000万元便是缴足资本。

（25）蓝筹股：指资本雄厚，信誉优良的挂牌公司发行的股票。

（26）信托股：指公积金局批准公积金持有人可投资的股票。

（27）股票净值：股票上市后，形成了实际成交价格，这就是通常所说的股票价格，即股价。股价大半都和票面价格有较大差别，一般所谓股票净值是指已发行的股票所含的内在价值，从会计学观点来看，股票净值等于公司资产减去负债的剩余盈余，再除以该公司所发行的股票总数。

（28）股票周转率：一年中股票交易的股数占交易所上市股票股数、个人和机构发行总股数的百分比。

（29）委比：是衡量某一时段买卖盘相对强度的指标。它的计算公式为委比＝（委买手数－委卖手数）/（委买手数＋委卖手数）×100%。

（30）量比：是一个衡量相对成交量的指标，它是开市后每分钟的平均成交量与过去5个交易日每分钟平均成交量之比。

（31）市盈率：是最常用来评估股价水平是否合理的指标之一，由股价除以年度每股盈余（EPS）得出（以公司市值除以年度股东应占溢利亦可得出相同结果）。

（32）市净率：指每股股价与每股净资产的比率。市净率可用于投资分析，一般来说市净率较低的股票，投资价值较高，相反，则投资价值较低。

（33）开盘价：上午9：15—9：25为集合竞价时间，在集合竞价期间内，交易所的自动撮合系统只储存而不撮合，当申报竞价时间一结束，撮合系统将根据集合竞价原则，产生该股票的当日开盘价。

（34）收盘价：收盘价是指某种证券在证券交易所一天交易活动结束前最后一笔交易的成交价格。

（35）盘档：是指投资者不积极买卖，多采取观望态度，使当天股价的变动幅度很小，这种情况称为盘档。

（36）证券交易所：是由证券管理部门批准的，为证券的集中交易提供固定场所和有关设施，并制定各项规则以形成公正合理的价格和有条不紊的秩序的正式组织。

（37）股息：股票持有者凭股票从股份公司取得的收入。

（38）股票分红：包括向股东派发现金股利和股票股利。

（39）股票摘帽：指上市公司连续两年亏损后，会被添加ST标志，公司扭亏后去掉ST标志就叫摘帽。

5. 股票分析方法

主要包括基本分析、技术分析、演化分析三种，其中基本分析主要应用于投资标的物的选择上，技术分析和演化分析则主要应用于具体投资操作的时间和空间判断上，作为提高投资分析有效性和可靠性的重要补充。

（1）基本分析。通过对决定股票内在价值和影响股票价格的宏观经济形势、行业状况、公司经营状况等进行分析，评估股票的投资价值和合理价值，与股票市场价进行比较，相应形成买卖的建议。

（2）技术分析。以预测市场价格变化的未来趋势为目的，通过分析历史图表对市场价格的运动进行分析的一种方法。技术分析是证券投资市场中普遍应用的一种分析方法，如道氏理论、波浪理论、江恩理论等。

（3）演化分析。以演化证券学理论为基础，将股市波动的生命运动特性作为主要研究对象，从股市的代谢性、趋利性、适应性、可塑性、应激性、变异性和节律性等方面入手，对市场波动方向与空间进行动态跟踪研究，为股票交易决策提供机会和风险评估的方法总和。

（三）债券

债券是政府、金融机构、工商企业等直接向社会借债筹措资金时，向投资者发行，同时承诺按一定利率支付利息并按约定条件偿还本金的债权债务凭证。债券的本质是债的证明书，具有法律效力。债券购买者或投资者与发行者之间是一种债权债务关系，债券发行人即债务人，债券购买者即债权人。

1. 债券基本内容

债券尽管种类多种多样，但是在内容上都包含一些基本要素，这些要素是指发行的债券上必须载明的基本内容，是明确债权人和债务人权利与义务的主要约定，具体包括：

（1）票面价值。债券的面值是指债券的票面价值，是发行人对债券持有人在债券到期后应偿还的本金数额，也是企业向债券持有人按期支付利息的计算依据。债券的面值与债券实际的发行价格并不一定是一致的，发行价格大于面值称为溢价发行，小于面值称为折价发行。

（2）偿还期。债券偿还期是指企业债券上载明的偿还债券本金的期限，即债券发行日至到期日之间的时间间隔。公司要结合自身资金周转状况及外部资本市场的各种影响因素来确定公司债券的偿还期。

（3）付息期。债券的付息期是指企业发行债券后的利息支付的时间。它可以是到期一次支付，或1年、半年或者3个月支付一次。在考虑货币时间价值和通货膨胀因素的情况下，付息期对债券投资者的实际收益有很大影响。到期一次付息的债券，其利息通常是按单利计算的；而年内分期付息的债券，其利息是按复利计算的。

（4）票面利率。债券的票面利率是指债券利息与债券面值的比率，是发行人承诺以后一定时期支付给债券持有人报酬的计算标准。债券票面利率的确定主要受到银行利率、发行者的资信状况、偿还期限和利息计算方法以及当时资金市场上资金供求情况等因素的影响。

（5）发行人名称。发行人名称指明债券的债务主体，为债权人到期追回本金和利息提供依据。

2. 债券特征

债券作为一种债权债务凭证，与其他有价证券一样，也是一种虚拟资本，而非真实资本，它是经济运行中实际运用的真实资本的证书。债券作为一种重要的融资手段和金融工具具有如下特征：

（1）偿还性。债券一般都规定有偿还期限，发行人必须按约定条件偿还本金并支付利息。

（2）流通性。债券一般都可以在流通市场上自由转让。

（3）安全性。与股票相比，债券通常规定有固定的利率。与企业绩效没有直接联系，收益比较稳定，风险较小。此外，在企业破产时，债券持有者享有优先于股票持有者对企业剩余资产的索取权。

（4）收益性。债券的收益性主要表现在两个方面，一是投资债券可以给投资者定期或不定期地带来利息收入；二是投资者可以利用债券价格的变动，买卖债券赚取差额。

3. 债券分类

债券种类繁多，按照不同的标准可以分为不同的种类。

（1）按发行主体分为政府债券、金融债券和公司（企业）债券。政府债券是政府为筹集资金而发行的债券。主要包括国债、地方政府债券等，其中最主要的是国债。国债因其信誉好、利率优、风险小而又被称为“金边债券”。金融债券是由银行和非银行金融机构发行的债券。在我国目前金融债券主要由国家开发银行、进出口银行等政策性银行发行。金融机构一般有雄厚的资金实力，信用度较高，因此，金融债券往往有良好的信誉。公司债券是以上市公司信用为保证发行的债券，企业债券是我国特有的债券形式，是国企发行的债券。

（2）按财产担保方式分为抵押债券和信用债券。抵押债券是以企业财产作为担保的债券，按抵押品的不同又可以分为一般抵押债券、不动产抵押债券、动产抵押债券和证券信托抵押债券。一旦债券发行人违约，信托人就可将担保品变卖处置，以保证债权人的优先求偿权。信用债券是不以任何公司财产作为担保，完全凭信用发行的债券。

(3) 按债券形态分为实物债券、凭证式国债和记账式债券。实物债券是一种具有标准格式实物券面的债券。在其券面上，一般印制了债券面额、债券利率、债券期限、债券发行人全称、还本付息方式等各种债券票面要素，不记名，不挂失，可上市流通。凭证式国债是指国家采取不印刷实物券，而用填制“国库券收款凭证”的方式发行的国债，可记名、可挂失，不能上市流通。记账式债券指没有实物形态的票券，以计算机记账方式记录债权，通过证券交易所的交易系统发行和交易。

(4) 按是否可转换可分为可转换债券和不可转换债券。可转换债券是指在特定时期内可以按某一固定的比例转换成普通股的债券，它具有债务与权益双重属性，属于一种混合性筹资方式。不可转换债券是指不能转换为普通股的债券，又称为普通债券。由于其没有赋予债券持有人将来成为公司股东的权利，所以其利率一般高于可转换债券。

(5) 按付息方式可分为零息债券、固定利率债券和浮动利率债券。零息债券也叫贴现债券，是指债券券面上不附有息票，在票面上不规定利率，发行时按规定的折扣率，以低于债券面值的价格发行，到期按债券面值支付本息的债券，是期限比较短的折现债券。固定利率债券是将利率印在票面上并按其向债券持有人支付利息的债券。浮动利率债券的息票率是随市场利率变动而调整的利率，往往是中长期债券。

(6) 按是否能够提前偿还可分为可赎回债券和不可赎回债券。可赎回债券是指在债券到期前，发行人可以以事先约定的赎回价格收回的债券。不可赎回债券是指不能在债券到期前收回的债券。

(7) 其他分类。上市债券和非上市债券，参加公司盈余债券和不参加公司盈余债券，发行人选择权债券和投资人选择权债券，本息拆离债券，可调换债券，等等。

4. 债券交易程序

(1) 投资者委托证券商买卖债券，签订开户契约，填写开户有关内容，明确经纪商与委托人之间的权利和义务。

(2) 证券商通过它在证券交易所内的代表人或代理人，按照委托条件实施债券买卖业务。

(3) 办理成交后的手续。成交后，经纪人应于成交的当日，填制买卖报告书，通知委托人（投资人）按时将交割的款项或交割的债券交付委托经纪商。

(4) 经纪商核对交易记录，办理结算交割手续。

5. 交易方式

上市债券的交易方式大致有债券现货交易、债券回购交易、债券期货交易。目前在深、沪证券交易所交易的有债券现货交易和债券回购交易。

(1) 债券现货交易。又叫现金现货交易，是债券买卖双方对债券的买卖价格均表示满意，在成交后立即办理交割，或在很短的时间内办理交割的一种交易方式。例

如，投资者可直接通过证券账户在深交所全国各证券经营网点买卖已经上市的债券品种。

（2）债券回购交易。是指债券持有一方出券方和购券方在达成一笔交易的同时，规定出券方必须在未来某一约定时间以双方约定的价格再从购券方那里购回原先售出的那笔债券，并以商定的利率（价格）支付利息。目前深、沪证券交易所均有债券回购交易，机构法人和个人投资者都能参与。

（3）债券期货交易。是一批交易双方成交以后，交割和清算按照期货合约中规定的价格在未来某一特定时间进行的交易。目前深、沪证券交易所均不开通债券期货交易。

6. 债券风险。债券的市场价格以及实际收益率受许多因素影响，这些因素的变化，都有可能使投资者的实际利益发生变化，从而使投资行为产生各种风险。

（1）利率风险。指利率的变动导致债券价格与收益率发生变动的风险。债券是一种法定的契约，大多数债券的票面利率是固定不变的（浮动利率债券与保值债券例外），当市场利率上升时，债券价格下跌，使债券持有者的资本遭受损失。因此，投资者购买的债券离到期日越长，则利率变动的可能性越大，其利率风险也相对越大。

（2）购买力风险。指单位货币可以购买的商品和劳务的数量。在通货膨胀的情况下，货币的购买力是持续下降的。债券是一种金钱资产，债券发行者在协议中承诺付给债券持有人的利息或本金的偿还，都是事先议定的固定金额，此金额不会因通货膨胀而有所增加。由于通货膨胀的发生，债券持有人从投资债券中所收到的金钱的实际购买力越来越低，甚至有可能低于原来投资金额的购买力。通货膨胀剥夺了债券持有者的收益，而债券的发行者则从中获利。

（3）信用风险。主要表现在企业债券的投资中。企业发行债券后，其营运成绩、财务状况都直接反映在债券的市场价格上，一旦企业走向衰退时，第一个大众反应是股价下跌。接着，企业债券持有人担心企业在亏损状态下，无法在债券到期时履行契约，按规定支付本息，债券持有人便开始卖出其持有的公司债券，债券市场价格也逐渐下跌。

（4）收回风险。一些债券在发行时规定了发行者可提前收回债券的条款，这就有可能发生债券在一个不利于债权人的时刻被债务人收回的风险。当市场利率一旦低于债券利率时，收回债券对发行者有利，这种状况使债券持有人面临着不对称风险，即在债券价格下降时承担了利率升高的所有负担，但在利率降低，债券价格升高时却没能收到价格升高的好处。

（5）突发事件风险。这是由于突发事件使发行债券的机构还本付息的能力发生了重大的事先没有料到的风险，包括突发的自然灾害和意外的事故等。

（6）税收风险。主要表现为两种形式：一是面临着税率下调的风险，税率越高，免税的价值就越大，如果税率下调，免税的实际价值就会相应减少，债券的价格就会下降。二是面临着所购买的债券被有关税收征管当局取消免税优惠的风险。例如，1980 年 6 月，美国市政当局发售的债券，在发行时市政当局宣布该债券享有免纳联邦收入税的待遇，但到了11月，美国国内税收署裁定这些债券不能享有免税的待遇。

（7）政策风险。指由于政策变化导致债券价格发生波动而产生的风险。例如，我国在1992年国库券发行的1年多以后，突然宣布给3年期和5年期两个券种实行加息和保值贴补，结果092券和192券价格暴涨；1995年5月，证管部门又突然宣布暂停国债期货交易，使现券市场价格暴跌，特别是092券，跌幅达10%以上。

（四）保险

保险是指投保人根据合同约定，向保险人支付保险费，保险人对于合同约定的可能发生的事故因其发生所造成的财产损失承担赔偿保险金责任。保险通常被用来集中保险费建立保险基金，用于补偿被保险人因自然灾害或意外事故所造成的损失，或对个人因死亡、伤残、疾病或者达到合同约定的年龄期限时，承担给付保险金责任的商业行为。

狭义保险是指投保人根据合同的约定，向保险人支付保险费，保险人对于合同约定的可能发生的事故因其发生所造成的财产损失承担赔偿保险金责任，或者当被保险人死亡、伤残、疾病或者达到合同约定的年龄、期限时承担给付保险金责任的商业保险行为。广义保险是指保险人向投保人收取保险费，建立专门用途的保险基金，并对投保人负有法律或者合同规定范围内的赔偿或者给保险人的一种经济保障制度。我们所说的保险是狭义的保险，即商业保险。

1. 保险的范围和种类

按照保险保障范围分类，保险大致可分为财产保险、人身保险、责任保险、信用保险、津贴型保险、海上保险几个大类别，又可按照保险标的的种类分为若干种类。

（1）火灾保险是承保陆地上存放在一定地域范围内，基本上处于静止状态下的财产，比如机器、建筑物、各种原材料或产品、家庭生活用具等因火灾引起的损失。

（2）海上保险实质上是一种运输保险，它是各类保险业务中发展最早的一种保险，保险人对海上危险引起的保险标的的损失负赔偿责任。

（3）货物运输保险是除了海上运输以外的货物运输保险，主要承保内陆、江河、沿海以及航空运输过程中货物所发生的损失。

（4）各种运输工具保险主要承保各种运输工具在行驶和停放过程中所发生的损失。主要包括汽车保险、航空保险、船舶保险、铁路车辆保险。

（5）工程保险承保各种工程期间一切意外损失和第三者人身伤害与财产损失。

（6）灾后利益损失保险是指保险人对财产遭受保险事故后可能引起的各种无形利益损失承担保险责任的保险。

（7）盗窃保险承保财物因强盗抢劫或者窃贼偷窃等行为造成的损失。

（8）农业保险主要承保各种农作物或经济作物和各类牲畜、家禽等因自然灾害或意外事故造成的损失。

（9）责任保险是以被保险人的民事损害赔偿责任作为保险标的的保险。不论企业、团体、家庭或个人，在进行各项生产业务活动或在日常生活中，由于疏忽、过失等行为造成对他人的损害，根据法律或契约对受害人承担的经济赔偿责任，都可以在

投保有关责任保险之后，由保险公司负责赔偿。

（10）公众责任保险承保被保险人对其他人造成的人身伤亡或财产损失应负的法律赔偿责任。

（11）雇主责任保险承保雇主根据法律或者雇佣合同对雇员的人身伤亡应该承担的经济赔偿责任。

（12）产品责任保险承保被保险人因制造或销售产品的缺陷导致消费者或使用人等遭受人身伤亡或者其他损失引起的赔偿责任。

（13）职业责任保险承保医生、律师、会计师、设计师等自由职业者因工作中的过失而造成他人的人身伤亡和财产损失的赔偿责任。

（14）信用保险是以订立合同的一方要求保险人承担合同的对方的信用风险为内容的保险。

（15）保证保险是以义务人为被保证人按照合同规定要求保险人担保对权利人应履行义务的保险。

（16）定期死亡保险是以被保险人保险期间死亡为给付条件的保险。

（17）终身死亡保险是以被保险人终身死亡为给付条件的保险。

（18）两全保险是以被保险人保险期限内死亡或者保险期间届满仍旧生存为给付条件的保险，有储蓄的性质。

（19）年金保险是以被保险人的生存为给付条件，保证被保险人在固定的期限内，按照一定的时间间隔领取款项的保险。

（20）再保险是以保险公司经营的风险为保险标的的保险。

2. 保险的功能

保险具有经济补偿、资金融通和社会管理三大功能。经济补偿功能是基本的功能，也是保险区别于其他行业的最鲜明的特征；资金融通功能是在经济补偿功能的基础上发展起来的；社会管理功能是保险业发展到一定程度并深入到社会生活诸多层面之后产生的一项重要功能，它只有在经济补偿功能实现后才能发挥作用。对于家庭理财来说，保险主要功能是：

（1）转移风险。买保险就是把自己的风险转移出去，而接受风险的机构就是保险公司。保险公司接受风险转移是因为可保风险还是有规律可循的。通过研究风险的偶然性去寻找其必然性，掌握风险发生、发展的规律，为众多有危险顾虑的人提供了保险保障。

（2）均摊损失。转移风险并非灾害事故真正离开了投保人，而是保险人借助众人的财力，给遭灾受损的投保人补偿经济损失，为其排忧解难。保险人以收取保险费用和支付赔款的形式，将少数人的巨额损失分散给众多的被保险人，从而使个人难以承受的损失，变成多数人可以承担的损失，这实际上是把损失均摊给有相同风险的投保人。所以，保险只有均摊损失的功能，而没有减少损失的功能。

（3）实施补偿。分摊损失是实施补偿的前提和手段，实施补偿是分摊损失的目的。其补偿的范围主要有以下几个方面：投保人因灾害事故所遭受的财产损失；投保人因灾害事故使自己身体遭受的伤亡或保险期满应结付的保险金；投保人因灾害事故依法对他人应付的经济赔偿；投保人因另方当事人不履行合同所蒙受的经济损失；灾害事故发生后，投保人因施救保险标的所发生的一切费用。

3. 选择保险公司

随着我国金融业的发展，各种保险公司如雨后春笋般现身市场，其中既有国有保险公司，又有股份制保险公司和外资保险公司，使得投保人有了很大的选择余地，但同时也面临着更多的困惑。

（1）资产结构。在保险业，能否上市或者能否整体上市是评价一家保险公司整体资产是否优良的标志之一。所谓“整体上市”是指以公司的全部资产为基础上市，如果某家保险公司实现了整体上市，就证明该公司整体结构良好。内地不少保险公司已经上市或者具备了上市条件。

（2）偿付能力。保险公司的偿付能力对保险消费者来说至关重要。2003 年3 月起施行的《保险公司偿付能力额度及监管指标管理规定》对保险公司的偿付能力额度做出了明确的规定，保险公司应于每年 4 月 30 日前将注册会计师审计的上一会计年度的偿付能力额度送达保险监督管理委员会，应根据保险监督管理委员会的规定，对偿付能力额度进行披露。

（3）信用等级。国际上有不少专门对银行、保险公司等金融机构信用等级进行评估的机构，如美国的穆迪公司、标准普尔公司等，它们对保险公司的评级可以作为评价保险公司信用等级的一个参考。

（4）管理效率。保险公司管理效率的高与低，决定着该公司的兴衰存亡。管理效率可从公司产品创新能力、市场竞争能力、市场号召能力、公司盈利能力、公司决策能力、公司应变能力、公司凝聚能力等方面衡量。

（5）服务质量。保险与其他商品不同，不是一次性消费，保险合同生效的几十年间，保险客户经常就多方面的事情需要保险公司提供服务，如缴费、生存金领取、地址变更、理赔等。保险客户能否成为保险公司的上帝，享受上帝待遇，开开心心接受保险的关怀，保险公司的服务质量是关键。

4. 保险费率。又叫保险价格，是保险费与保险金额的比例，通常以每百元或每千元保险金额应缴纳的保险费来表示。

四、现代家庭的投资策略

1. 一般策略

（1）因人制宜的投资策略。根据家庭和自身的资金实力、职业、生命周期所处阶段、需求与目标、个性制订投资策略。

（2）多元化投资策略。基本考虑是用较少的投资风险获取较多投资收益。

（3）制订投资计划的策略。家庭财务状况：家庭成员所从事的工作、固定收入与额外收入、经济环境状况。家庭非财务状况：明确资金因素、对资金投资收益的依赖程度、时间信息因素、心理因素、知识和经验因素。需求与目标：短期目标、长期计划，为实现这些目标、计划应采取什么样的投资策略等。投资计划与实施步骤。

（4）积极面对风险的策略。从家庭的角度来看，投资就必定会有风险，一般来说，风险越大，预期回报也越高。必须正确认识和积极面对风险，衡量风险和其可能产生的报酬并决定是否要进行投资尤其重要。家庭投资者应当正确地看待风险，并采用措施防范和化解投资中所出现的风险，才能从多元化的家庭投资品种中获取收益。

（5）积少成多的策略。投资理财快不得，时间是投资理财的必要条件，家庭投资必须摒弃"一朝爆富"的幼稚观念。"量资金实力而行""量风险承受力而行""量家庭的职业特征和知识结构而行"普遍说法是家庭投资需要重点考虑的。

2. 具体策略

（1）家庭投资应考虑物价因素及其变化趋势。在投资过程中，只有对未来物价因素及趋势有个比较正确的估计，你的投资决策才可能获得丰厚的回报。比如说你定期储蓄三年，到期后所得利率收益，除去利息税加物价通货膨胀部分所留无几，显然你并没有占便宜"讨巧"，而应选择其他投资方式。

（2）家庭投资应考虑经济发展的周期性规律。经济发展具有周期性特点，在上升时期投资扩张，物价、房价等都大幅度攀升，银行存款和债券的利率也调整频繁；当经济下滑，银根紧缩，情况就有可能反其道而行之。如果说你看不到这一点，就可能失去"顺势操作"的丰厚回报，也或者在疲软的低谷越陷越深。时常关注宏观形势和经济景气指标，就可能避免这一点。

（3）家庭投资应考虑地区间的物价差异。我国地域辽阔，各地的价格水平差别很大，如果你生活的地区属于物价上涨幅度较小的地区，就应该选择较好的长期储蓄和国家债券；如你生活的地区属于物价涨幅较高的地区，则应该选择其他高盈利率的投资渠道，或者利用物价的地区价差进行其他商贸活动。否则你的资金便不能很好地保值增值有好收益。

（4）家庭投资应考虑多品种组合。现代家庭所拥有的资产一般表现为三类：一是债权，另一类是股权，还有一类是实物。在债权中，除了国家明文规定的增益部分外，其他都可能因通货膨胀的因素而贬值。持有的企业债券股票一般会随着企业资产的升值而增值，但也可能因企业的萧条倒闭而颗粒无收。在实务中，房产、古玩字画、邮票等，如果购买的初始价格适中，因时间的推移而不断升值的可能性概率也不小。既然三类资产的风险是客观存在的，只有进行组合投资，才能避免"鸡蛋放在同一个篮子里"的不利"悲剧"。

（5）家庭投资应考虑货币的时间价值和机会成本。货币的时间价值是指货币随着时间的推移而逐渐升值，你应尽可能减少资金的闲置，能当时存入银行的不要等到明天，能本月购买的债券勿拖至下月，力求使货币的时间价值最大化。投资机会成本是指因投资某一项目而失去投资其他机会的损失。很多人只顾眼前的利益或只投资于自己感兴趣、熟悉的项目，而放任其他更稳定、更高收益的商机流失，此举实为不明智。因此，投资前最好进行可选择项目的潜在收益比较，以求实现投资回报最大化。

第三节 现代家庭理财方案设计

一、家庭理财方案设计含义

所谓家庭理财规划方案是根据家庭客观情况制订的一系列互相协调的计划，包括职业规划、房产规划、子女教育规划、退休规划、保险规划、金融投资规划、消费规划等，以实现人生各阶段目标。现代家庭理财对于家庭生活质量和家庭成员素质提高至关重要。要想做好家庭理财，做一个理性的理财者，就必须制订家庭理财规划方案，按部就班，系统地开展家庭理财工作。

二、家庭理财方案设计步骤

（1）综合预测或假设。对国内外政治、经济、社会发展形势进行预测，作为家庭理财方案制订的前提和基本假设，一般时期主要是对利率、汇率、税率、通货膨胀率等进行非精确预测。

（2）财务现状分析。对家庭的收入、支出和结余情况做详细统计，实施这一步骤的关键是家庭记账或有详细收支、消费凭证。

（3）理财目标设定。理财目标按理财周期分为长期目标、中期目标和短期目标。每个家庭的理财目标差异性明显，即使同一家庭的不同阶段，其理财目标也变化较大，但应该遵循如下原则：①安全性原则，即要有一定数量的储蓄和保险，应对通货膨胀和意外消费需求。②可度量原则，即理财目标要具体可操作，不能抽象、空泛。③收益性原则，即投资要在一定时期获得预期回报，这是家庭理财投资的根本原则。④时间控制原则，即合理安排和严格控制理财的周期，及每个周期内的操作步骤时间。⑤流动性原则，即家庭理财要保证家庭有一定的现金流。⑥方向性原则，即确定好理财投资方向，并充分估计执行过程中遇到的可能困难。

（4）风险偏好与风险承受能力评估。风险偏好是指家庭对承担风险的种类、大小等方面的基本态度。主要受性格影响，不同家庭对风险的态度是存在差异的，有的喜欢大得大失的刺激，有的更愿意“求稳”，可以分为风险回避型、风险追求型和风险中立型。一般通过生活风险忍受度，即家庭主要收入者或主要收入来源发生故障后家庭能够维持现有生活水平的时间，来评估家庭风险承受能力。家庭投资要有风险防范意识，所谓“投资用闲钱”就是这个意思。

（5）合理配置资产。根据家庭理财目标分配各项投资比重，选择理财项目，实现家庭投资理财收益最大化和风险最小化。

（6）计划执行和跟踪评估。家庭收入、支出和结余经常发生变化，要实时跟踪家庭财务状况，对理财计划执行情况进行评估，实现家庭理财安全、自由、保值增值的效果。

三、现代家庭理财方案设计实训

（一）实训器材

计算机

计算器

纸、笔

（二）实训案例

年轻白领为核心的三口之家理财方案设计：案主吴女士，25岁，教师，年收入4万元，丈夫26岁，建筑设计师，年收入8万元，育有1女，3个月，都有社保和医保。该家庭在市区有一套价值40万元的商品房，月还贷1000元；有价值10万元的轿车一部，月消费2000元。现有定期存款10万元，活期存款4万元，未投资基金、股票、保险。家庭没有其他经济负担。每月家庭固定储蓄2000元，月支出8000元，算上其他收入在内每年可以存3万元左右。

（三）实训要求

请为案例中的吴女士家庭设计理财方案，着重解答以下问题：

（1）如何盘活资金进行投资增值？

（2）规划保险计划。

（3）有更换家用轿车的想法，不知是否可行？

（四）实训结果展示

吴女士家庭理财方案：

1. 综合分析

吴女士家庭为典型的年轻白领家庭，夫妻收入较高且稳定，积蓄能力较强，但家庭金融资产全部为存款这一传统的投资方式，显得过于保守。建议按存款30%、债券30%、基金30%、保险10%比例进行资产组合。

2. 理财建议

在基本经济指标预期和对吴女士家庭进行综合分析的基础上，按照吴女士的理财目标，重点针对吴女士的重点理财计划，做出如下理财建议：

（1）投资计划。从该家庭无投资操作经验，所以建议以中性投资为好。对现有的14万元闲置资金，可按以下比例组合：存款30%、债券30%、基金30%、保险10%。此外，应保持至少1万元的活期存款，这样可以让家庭资金调用有充分的余地。

（2）换车计划。该家庭负担轻，而且每年有稳定可观的收入，具有使用轿车能力。但是，考虑到该家庭刚刚生育小孩支出会增多，同时有投资理财计划和购买商业保险计划，都会用到大笔资金，因此不建议换车。另外，轿车行情走低，建议在2~3年之后换车降低成本。

（3）保险计划。该家庭社会保障齐全，但需适当补充商业保险。购买保险的原则是“保险归保险、投资归投资”，要严格分开，主要应当考虑购买一些保障型保险，如大病保险、意外保险。储蓄类分红保险要少买。

3. 注意事项

一是购买意外险的人应当是产生家庭主要收入来源的人，在本案例中即为吴女士的丈夫。二是小孩永远是理财计划的重点之一，依家庭财务状况，可以为小孩购买有储备长期教育资金功能和健康、意外保障功能兼顾的寿险品种。

[思考与练习]

1. 为自己家庭设计一份理财方案。操作建议：一是取得父母的支持，收集收支票据，汇总结余，为形成家庭财务情况表做好准备；二是与父母讨论，深入了解家庭情况，为制订理财目标做好准备；三是按照文中方法，结合自己查阅的资料，制订方案。

2. 为自己的校园生活设计一份记账表，以月为单位分析自己的收支情况，形成个人生活收支优化建议。

3. 你有理财习惯吗？请为自己制订一份培养自己理财习惯，提高理财能力的计划书。

4. 刚刚完婚的张先生夫妇，张先生29岁，IT工程师，月收入8000元；张太太27岁，护士，月收入3500元。小家庭目前房贷40万元，月还款2500元。工资存款尚有10万元结余，这是夫妻两人目前最大的一笔资金。张先生夫妇计划未来一年要小宝宝。考虑到未来宝宝出生后支出的增加，夫妻二人想进行一些理财投资，使资产得以保值增值，满足孩子未来的抚养费用、赡养父母以及两人养老所需资金，减轻未来生活压力。张先生夫妇的理财需求该如何来实现？

第五章 现代家庭饮食

案例导入

孕期饮食案例

王阿姨的女儿怀孕2个多月了，孕吐比较厉害。因为女婿工作比较忙，王阿姨便把女儿接回到自家照顾。王阿姨按照女儿以前的喜好，每天想方设法给女儿做好吃的，但再喜欢吃的东西，女儿一吃进嘴就想吐。王阿姨看女儿每天吃了就吐，很是担心，生怕女儿摄入的营养不够，影响胎儿的生长发育。那么，王阿姨在安排女儿的日常饮食方面应该注意些什么呢？

孕期饮食解决方式：①膳食应清淡、适口；②食物品种应丰富；③少食多餐；④孕妇可补充维生素B6缓解孕吐；⑤孕妇应多摄入富含叶酸的食物，或在医生的指导下补充叶酸，叶酸可以预防胎儿的神经缺陷；⑥孕妇还要吃一些富含维生素E的食品，维生素E有利于胎儿的大脑发育和预防习惯性流产。

饮食是人类生存的最基本的需要，人们每天都要吃饭、吃菜、喝水，否则就不能生存。人类要生存，首先要解决吃饭的问题。另外，从世界卫生组织提出的健康四大基石“合理膳食、适量运动、戒烟限酒、心理平衡”来看，合理膳食也是健康的重要环节。现如今，越来越多的科研结果表明，危害人类健康的大部分疾病是因饮食不当引起的。人们在平日的饮食中，大多只注重食物口味和方便，但在营养、卫生、健康方面的考虑却不够周全。随着经济的发展，人们的生活质量逐步提升，人们对饮食除了满足于饱暖的低需求外，进而追求优质、卫生、营养等更高要求，“营养”与“健康饮食”正成为人们生活的必需。

第一节 营养素的类别与摄入

营养对于所有活体的生存和发展都十分重要，进食不仅仅是为了满足充饥需要，更重要的是摄取食物中有益人体各种细胞、组织和器官等生存需要的各种必不可少的营养，并为人体的生理活动提供充足的能量。

目前，人类已发现并确定为人体所必需的营养素有数十种，按照它们的化学性质和生理功能，可以分为蛋白质、脂肪、维生素、碳水化合物、矿物质和水6类。由于天然食物所含营养素的种类和数量不同，就构成了食物在营养价值上的千差万别。因此，合理调配和摄入营养素，使之合乎人体生存和发展的营养需求，就显得十分重要。

一、蛋白质

蛋白质是一类极为复杂的含磷、碳、氢、氮、铁等诸多元素的有机化合物，是构成人体的主要组成物质之一。人体中除了2/3是水外，蛋白质的含量最高，约占人体重量的16%～20%。人体中的一切细胞组织，如肌肉、骨骼、血液、神经、毛发等的主要成分都是蛋白质；其他许多与人的生命活动有关的活性物质，如与新陈代谢有关的酶、与增强免疫功能有关的抗体、与某些生理功能有关的激素等，都是由蛋白质或蛋白质衍生物构成的。

氨基酸是组成蛋白质的基本单位。人体需要的氨基酸共有20多种，分为必需氨基酸和非必需氨基酸两种：必需氨基酸是指在人体内不能合成，必须由食物中的蛋白质来提供的氨基酸，共有甲硫氨酸（蛋氨酸）、缬氨酸、赖氨酸、异亮氨酸、苯丙氨酸、亮氨酸、色氨酸、苏氨酸8种，另一种说法把组氨酸（婴儿体内不能合成，需从食物中获取）也列为必需氨基酸共9种。8种人体必需氨基酸的简单记忆方法：“甲携来一本亮色书”。食入的蛋白质在体内经过消化被水解成氨基酸吸收后，重新合成人体所需蛋白质。同时，新的蛋白质又在不断代谢与分解，时刻处于动态平衡中。因此，食物蛋白质的质和量、各种氨基酸的比例，直接关系到人体蛋白质合成的量，尤其是青少年的生长发育、孕产妇的优生优育、老年人的健康长寿，都与膳食中蛋白质的量有着密切的关系。非必需氨基酸是指在人体内合成，由别的氨基酸转化而成的氨基酸。

蛋白质按其营养价值可分为完全蛋白质、半完全蛋白质和不完全蛋白质。

（1）完全蛋白质。是一类优质蛋白质，它们所含的必需氨基酸种类齐全，数量充足，彼此比例适当。这一类蛋白质不但可以维持人体健康，还可以促进生长发育。奶、蛋、鱼、肉中的蛋白质都属于完全蛋白质。

（2）半完全蛋白质。所含氨基酸虽然种类齐全，但其中某些氨基酸的数量不能满足人体的需要。它们可以维持生命，但不能促进生长发育。植物食物中的蛋白质多为半完全蛋白质。

（3）不完全蛋白质。是不能提供人体所需的全部必需氨基酸，单纯靠它们既不能

促进生长发育，也不能维持生命。例如，肉皮中的胶原蛋白便是不完全蛋白质。

蛋白质的主要生理功能：一是构成和修补人体组织，蛋白质的修复人体组织作用有助于伤口的愈合，特别是对于手术后患者的康复和伤口的愈合有着重要作用；二是调节生理功能，如肌肉的收缩、呼吸、消化、血液循环、神经传导、信息加工、生长发音、生殖及各种思维活动都是在各种酶和激素的催化和调节下进行的；三是供给能量，人体的能量主要由脂肪和糖类供给，但当脂肪、糖类供应不足时，蛋白质可经脱羧（suō）、氧化异生为糖或转化为脂肪，为人体提供能量；四是增强抵抗力。

蛋白质的营养价值要从“质”和“量”两方面去评价。

就蛋白质的“量”来说，常用食物中，每500g食物中所含蛋白质：谷类为40g，豆类为150g，肉类为80g，蛋类为60g，鱼类为50~60g，蔬菜为5~10g。豆、肉、蛋、鱼蛋白质含量最多。

就蛋白质的“质”来说，是由必需氨基酸的种类是否齐全，比例是否恰当，消化率是高是低来确定的。一般来说，功能食品中的蛋白质所含必需氨基酸的种类比较齐全，消化率也高于植物性食品，其蛋白质的营养价值比植物蛋白质高。

在植物性蛋白质中，豆类尤其是黄豆，蛋白质的营养价值接近于肉类，且含量高，属优质蛋白质。

在食用含有蛋白质食物时，要注意蛋白质的互补作用。比如，大米中含赖氨酸较少，含色氨酸较多；豆类含赖氨酸较多，含色氨酸较少。那么，用大米和红小豆煮粥，就会起互补作用，比单独用大米或红小豆的营养价值要高。像“腊八粥”这样的食品，就有蛋白质的互补作用，所以营养价值高。我们提倡吃杂食，主要也是从人体合理摄取营养这个角度考虑的。

国际上一般认为，健康成年人每天每公斤体重需要0.8g的蛋白质。我国则推荐为1.0g，这是由于我国人民膳食中的蛋白质来源多为植物性蛋白，其营养价值略低于动物性蛋白的缘故。蛋白质的需要量还与劳动强度有关，劳动强度越高，蛋白质的需要量越大。我国营养学会推荐的供给量标准中，18~45岁男性（体重63kg），从事极轻体力劳动，每日蛋白质供给量为70g；若从事极重体力劳动，则升高至110g。在特殊生理状态下的人群，蛋白质供给量亦有变化。如妊娠4~6个月的孕妇，每日蛋白质摄入量在原量基础上增加15g；妊娠7~9个月的孕妇和乳母，在原量基础上增加25g。对于病人，则应在正常维持量的基础上，考虑其病情特点及抗病力和组织修复需要等，进行调整。应该指出的是，上述的这些供给量标准是在热量充足的前提下提出的，如果热量不足，蛋白质被迫氧化供能而“牺牲”。因此，离开热能而单独谈增加蛋白质，毫无意义。

所谓蛋白粉，一般是采用提纯的大豆蛋白或酪蛋白或乳清蛋白（缺乏异亮氨酸）或上述几种蛋白的组合体，构成的粉剂，其用途是为缺乏蛋白质的人补充蛋白质。对于健康人而言，只要坚持正常饮食，蛋白质缺乏这种情况一般不会发生。奶类、蛋类、肉类、大豆、小麦和玉米含必需氨基酸种类齐全、数量充足、比例适当。只要坚持食物丰富多样，就完全能满足人体对蛋白质的需要，没有必要再补充蛋白质粉。而且，食物带给人的心理享受和感官刺激，是蛋白质粉所不能替代的。蛋白质摄入过多，不但是一种浪费，而且对人体健康也是有危害的。

对于有需要的特殊人群，除了通过食物补充必需氨基酸以外，可以适当选择蛋白质粉作为蛋白质的补充，但是一定要注意蛋白质粉的用量。蛋白质经胃肠道消化吸收后，需要经肝脏加工转化为人体自身物质供人体使用，同时，蛋白质在体内代谢的产物氨、尿素、肌酸酐等含氮物质需要经过肾脏排泄。一个人如果食入过多的蛋白质，会增加肝、肾负担，对人体产生不利影响。因此，蛋白质绝不是多多益善。《中国居民膳食指南》提出的最高蛋白质摄入量是每千克体重 0.92g，如果超过这个量，就有可能损害人体健康。事实上，蛋白质只要能维持人体代谢的需要即可。多余的蛋白质在消化吸收后，肝脏会将它们转变成肝糖原或肌糖原储存起来；如果肝糖原或肌糖原已经足够，则转变成脂肪储存起来；这种转变产生的其他代谢产物必须从肾脏排出来。蛋白质过剩，不但使人肥胖，还增加肝脏和肾脏的代谢负担，久而久之就可能影响它们的功能。

二、脂肪

脂肪是甘油和脂肪酸的化合物，是脂类的狭义称谓；广义的脂肪包括脂肪和类脂质。类脂质是指磷脂、糖脂和固醇等化合物，其基本元素是碳、氢、氟。它广泛存在于人体内，主要分布在人体皮下组织、大网膜、肠系膜和肾脏周围等处。几乎所有的食物，无论是植物性食物还是动物性的食物都含有不同的脂肪。

脂肪的主要功能是：

（1）储存能量。人类自身能量的储存形式为脂肪。因脂肪产热量大，占空间大，可在皮下、腹腔等处储存。人在饥饿时，首先动用体脂，以避免消耗蛋白质。脂肪所含的碳和氢比糖类多，在氧化时可产生较高的热量，是糖类和蛋白质的两倍。

（2）保护肌体。人体的脂肪层，柔如软垫，可以保护和固定器官，使之免受撞击和振动的损伤。脂肪不易导热，可减少热量散失，有助于御寒。脂肪还是内脏器官的保护性隔膜，使器官免受机械性的摩擦和撞击。

（3）构成人体组织的重要成分。如细胞膜就是由磷、糖脂和胆固醇组成的类脂质，在神经组织中类脂含量也很丰富。

（4）促进脂溶性维生素的吸收。脂肪是维生素 A、维生素 D、维生素 E、维生素 K 的良好溶剂，如果吃的饭菜没有脂肪，食物中的脂溶性维生素就不能被吸收。

（5）提供必需的脂肪酸。在多数脂肪酸中只有一种亚油酸是人体本身不能制造的，必须从食物中获取，故称必需脂肪酸。

（6）增加饱腹感。由于脂肪具有抑制肠胃蠕动和消化酶分泌的特点，所以，脂肪在肠胃消化道中时间较长，使人不易迅速感到饥饿。

不过，脂肪尤其是动物性脂肪的摄入量应该严格控制。脂肪摄入过多，容易引起高血脂而导致动脉硬化。高血脂是指血液中的脂类，如胆固醇、脂肪酸等含量过高。血液中胆固醇过多，多余的胆固醇就会在动脉内壁上沉积下来，日积月累，光滑的动脉内壁逐渐出现高低不平的斑块，进而引起动脉壁腔狭小、闭塞、硬化，心血管病的起因就在于此。世界卫生组织已经宣布，现代医学正处在“向非传染病做斗争”的第二次革命时期，心、脑血管等现代文明病已成为导致人类死亡的主要原因。人不吃脂肪不行，但过多摄入脂肪又损害人体健康。故人们在膳食中应作科学的安排。

脂肪广泛存在于动、植物体内。人们食用的动物性脂肪主要来自于猪、牛、羊等各种兽类以及禽类、鱼类脂肪，来自于动物体内的脂肪饱和脂肪酸含量较高，不易被人体消化吸收，营养价值相对较低。植物体内脂肪主要存在于植物的种子及果实中，油料作物的种子其含油量可高达40%～50%，植物细胞中脂肪不饱和脂肪酸含量较多，熔点低，容易被消化吸收，营养价值较高。

三、维生素

维生素是维持人体正常生命活动必需的营养素，在人体内起着催化作用，调节人体内的新陈代谢。目前已知的维生素有20多种，它们的多数不能在人体内合成，必须从食物中摄取。

维生素按其溶解性，可分为水溶性维生素和脂溶性维生素。水溶性维生素主要有维生素B族、维生素C等；脂溶性维生素有维生素A、D、E、K等，它们只溶于脂肪，不溶于水。

一般来说，脂溶性维生素多由动物性食品提供，少量由植物性食品提供或通过其他途径提供。如胡萝卜中的胡萝卜素可转变成维生素A；肠道中的一些细菌可以产生部分维生素K等。维生素A的重要功能是维持正常的视觉，预防夜盲症、眼干燥症与角膜软化症等；维生素D的主要功能是促进钙、磷的吸收与利用，维持儿童骨骼的成长与钙化，保持牙齿的正常发育；维生素E具有抗氧化的功能，能保护红细胞免于氧化破坏，提高血红细胞的寿命，因而，具有抗衰老的作用；维生素K具有凝血功能，又名凝血维生素。

水溶性维生素主要有B族维生素和C族维生素。维生素B大家族最经常的成员有B_1、B_2、B_3（烟酸）、B_5（泛酸）、B_6、B_9（叶酸）B_{12}（钴胺素）。这些B族维生素是推动体内代谢，把糖、脂肪、蛋白质等转化成热量时不可缺少的物质。如果缺少维生素B，则细胞功能马上降低，引起代谢障碍，这时人体会出现怠滞和食欲不振。多余的B族维生素不会储藏于体内，而会完全排出体外。所以，B族维生素必须每天补充。B族维生素（主要是维生素B_1）具有一种特殊的气味，是蚊子最讨厌的维生素，因而，具有一定程度的驱蚊效果。服法为睡前30min口服维生素$B_1$2片，但不要长期大量服用。另外，在洗澡时滴几滴维B液，也可以起到一定程度的防蚊作用。维生素B_1对神经组织和精神状态有良好的影响，维生素B_1的缺乏容易引起各种脚气病，富含维生素B_1的食物包括酵母、米糠、全麦、燕麦、花生、猪肉、大多数种类的蔬菜、牛奶；维生素B_2的欠缺会导致口腔、唇、皮肤、生殖器的炎症和机能障碍，称为核黄素缺乏病。所以，当口角发炎时，医生常常会要患者服用核黄素，也就是维生素B_2。富含维生素B_2的食物包括牛奶、动物肝脏与肾脏、酿造酵母、奶酪、绿叶蔬菜、鱼、蛋类。如在怀孕头3个月内缺乏叶酸（B_9），可导致胎儿神经管畸形，从而增加裂脑儿，无脑儿的发生率。维生素C具有多种生理功能，能促进人体组织中的胶质形成、伤口愈合和铁元素的吸收，还具有防治坏血病的功能，故又称抗坏血酸。

四、糖类

糖由碳、氢、氧三种元素组成，因其氢与氧的结合比例为2∶1，与水相同，故又称为碳水化合物。碳水化合物包括单糖、双糖和多糖三种。单糖是组成糖类的基本单元，具有甜味，易溶于水，可不经过消化液的作用直接被人体吸收。一切结构复杂的糖都必须在体内经过消化变为单糖方被人体吸收。常见的单糖有葡萄糖、果糖和乳糖等。单糖中最重要的与人们关系最密切的是葡萄糖；果糖以游离状态存在于水果和蜂蜜中；乳糖主要存在于哺乳动物的乳汁中。多糖是由许多葡萄糖分子组成的高分子，无甜味，不易溶于水。多糖主要有淀粉、糖原和纤维素等。淀粉是人类最基本的食物。纤维素是一种不能被人体消化吸收的多糖，存在于谷类、杂粮、豆类的外皮和蔬菜的茎、叶和果实中，它虽不能被吸收，但它可促进肠道蠕动，使粪便柔软，易于排泄。

五、矿物质（无机盐）

无机盐是人体内不可缺少的营养素之一，目前已知的无机盐有60多种。无机盐的主要生理功能是构成人体细胞组织，维持体液渗透压，调解电解质与代谢平衡，维持体内环境的相对稳定，以及对各种酶的激活作用。

从现实情况来看，我国家庭膳食中较易缺乏的有钙、铁、碘等无机盐。

1. 钙

钙是人体内含量最多的元素，约占身体总重量的1.5%～2%。钙的主要生理功能是构成骨骼、牙齿，维持血钙的平衡及渗透压；参与神经传导，肌肉收缩；是酶的激活剂与抑制剂；预防心血管病，骨质增生、疏松、软化等疾病。

缺钙的原因主要是摄入量不足，烹调方法不当，食物搭配不合理，病理生理性需要量增加等。

临床现象：缺钙者骨骼、牙齿发育不良，患软骨病、骨质疏松及肌肉痉挛等。

预防措施：食用含钙量多的食物，如乳及乳制品、豆类及豆制品、海产品、菌藻类（木耳、蘑菇）、骨头、麻酱等。

2. 铁

铁在人体内约有4～5g，其中75%存在于血红蛋白中，铁的主要生理功能是形成红细胞，构成活性物质酶，运送氧，提高人体免疫功能等。

缺铁的主要原因是摄入量不足，缺少动物性蛋白质，服用碱性药物，病理生理性需要量增加。

临床现象：营养不良性贫血，免疫功能低下，易感染疾病等。

预防措施：多食禽肉及内脏类食品，以及豆类、芝麻酱、黑木耳、海带、芹菜等。

3. 碘

碘是构成甲状腺素的主要成分。碘的主要功能是促进新陈代谢和人体生长发育，防止甲状腺肿大等。

缺碘的原因主要是地区性缺碘（水、土、生物体中缺碘），长期居住在缺碘区居民，易患缺碘病，即“大脖子”病。

临床现象：甲状腺肿大，胎儿生后易发生克汀病（大脑发育不良，智力低下，呆傻）。

预防措施：多食海产品，如海带、紫菜、海鱼、粗盐以及蛋黄等。地区性缺碘，国家已采用供应碘盐、碘油的方法预防。

六、水

人体对水的需要仅次于氧气。水是人体中最重要的组成部分，约占总重量的55%～70%。当人体内损失水分达10%时，很多生理功能就会受到影响；损失达到20%时，就无法维持生命。水是良好的溶剂，水的流动性有利于体内物质的运输和体温的调节。

现代医学研究发现，水对人体有下列健身功效：

（1）镇静效果。慢慢饮少量水，胜饮好酒，有镇静之效。

（2）强壮效果。水的溶解力大，有较大的电离能力，可使体内水溶性物质以溶解态及电解质离子态存在，有助于活跃人体内的化学反应，增加力气。

（3）促进新陈代谢，降低血液黏度，防胆固醇等黏附在血管壁上引起血管老化与动脉硬化。

（4）防止便秘。

（5）解热。外界温度高时，体热可随水分经皮肤蒸发掉，维持体温。

（6）催眠。睡前0.5～1h，适量饮水有催眠效果。

（7）运送营养。水的流动性可协助和加快消化、吸收、循环，排泄过程中营养物的运送。

（8）润滑效果。水是关节、肌肉及体腔的润滑剂，对人体组织和器官起一定的缓冲保护作用。

（9）美容效果。平时饮用足量水，使肌体组织细胞水量充足，肌肤细嫩滋润富有光泽，可减少褐斑与皱纹，延缓衰老。

（10）稀释有毒物质，减少肠道对毒素的吸收，防止有害物质慢性蓄积中毒。

（11）利尿效果。

第二节　饮食与健康

一、合理膳食

合理膳食又称合理营养、平衡膳食。合理膳食是根据各类营养素功能，合理掌握膳食中各种食物的质和量及合理搭配比例，使人体的营养生理需要与人体膳食摄入的各种营养物质之间建立起平衡关系。如蛋白质、脂肪、碳水化合物作为热能比例的平衡；蛋白质中必需氨基酸之间的平衡，呈酸性与呈碱性食品之间的平衡等。合理的膳食能全面满足人体正常的生理需要，也有利于营养在人体内的吸收和利用。

为了给居民提供最基本、科学的健康膳食信息，中华人民共和国卫生部委托中国营养学会组织专家，制定了《中国居民膳食指南》。为了帮助消费者在日常生活中实践《中国居民膳食指南》，专家委员会进一步提出了食物定量指导方案，并以宝塔图形表示。它直观地告诉居民食物分类的概念及每天各类食物的合理摄入范围，也就是说它告诉消费者每日应吃食物的种类及相应的数量，对合理调配平衡膳食进行具体指导，故称之为《中国居民平衡膳食宝塔》。如图5-1所示。

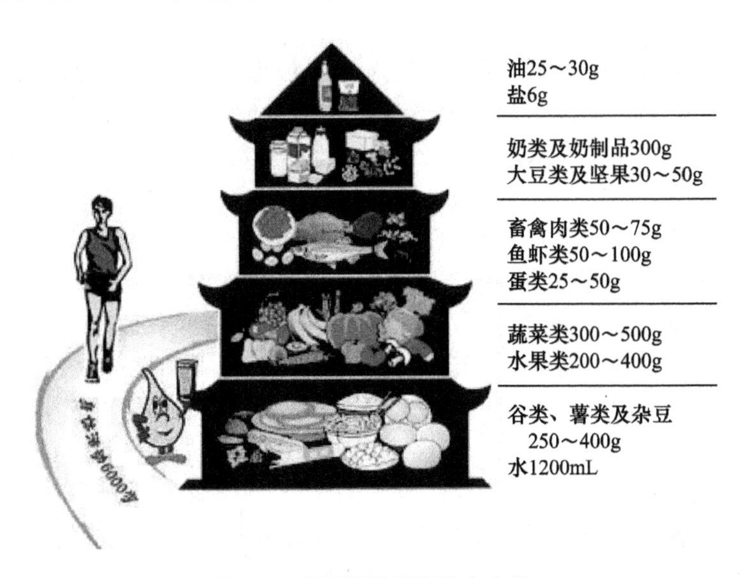

图5-1 中国居民平衡膳食宝塔

第一层：谷类、薯类及杂豆类食物。

谷类包括小麦面粉、大米、玉米、高粱米等及其制品；薯类包括红薯、马铃薯等；杂豆包括除大豆以外的其他干豆类，如红小豆、绿豆、芸豆等。建议摄入50～100g，每周5～7次，建议量是以原料的生重计算。谷类、薯类及杂豆类食物的选择应注意多样化，粗细搭配，适量选择的原则。

第二层：蔬菜、水果类。

蔬菜每日建议300～500g，深色蔬菜最好占一半以上。深色蔬菜是指深绿色[菠菜、油菜芹菜叶、蕹菜（空心菜）、莴笋叶、芥菜、西兰花、西洋菜、小葱、茼蒿、韭菜、萝卜缨等]、深黄色（南瓜）、紫红色（红苋菜、紫甘蓝）、红色（西红柿、胡萝卜等）等颜色深的蔬菜。

水果建议每天吃新鲜水果200～400g。

第三层：肉类、水产品类、蛋类。

肉类每天摄入50～75g，水产品建议每天摄入50～100g，蛋类建议每天摄入25～50g（相当于半个或1个鸡蛋）

第四层：乳类及大豆坚果类。

乳类建议每天摄入300g的液态奶，建议每天摄入30～50g大豆（其中包括5～

10g坚果类食物）。坚果类食物可以选择花生、瓜子、核桃、杏仁、榛子。

第五层：烹调油、盐类。

建议每天摄入烹调油不超过25～30g，食盐每天不超过6g。

膳食宝塔没有建议食糖的摄入量，因为我国居民现在平均吃糖的量还不多，对健康的影响还不大。但多吃糖有增加龋齿的危险，尤其是儿童、青少年不应吃太多的糖和含糖高的食品及饮料。

二、培养良好的饮食习惯

日常生活中，饮食习惯对我们的健康有着不可忽视的作用。好的饮食习惯可以让您健康长寿，坏的饮食习惯则可能招来疾病。只有养成良好的饮食习惯，才能更有利于身体健康以及延年益寿，特别是对于儿童而言，养成一种良好的饮食习惯，对生长发育更能起到很好的作用。那么，正确的饮食习惯应该是怎样的呢？

（一）食物多样，谷类为主

除母乳外，任何一种天然食物都不能提供人体所需的全部营养素，应食用多种食物，使之互补，达到合理营养、促进健康的目的。多种食物应包括五大类：谷类及薯类、动物性食品、豆类及其制品、蔬菜水果类、油脂类食品。

（1）多吃蔬菜、水果和薯类。蔬菜、水果和薯类，对保持心血管健康、增强抗病能力及预防某些癌症，起着非常重要的作用。应尽量选用红、黄、绿等颜色较深的，但水果不能完全代替蔬菜。

（2）常吃奶类、豆类或其制品。奶类是天然钙质的极好来源，不仅含量高，且吸收利用率也高，膳食中充足的钙可提高儿童、青少年的骨密度，延缓骨质疏松发生的年龄；减慢中老年人骨质丢失的速度。豆类含丰富的优质蛋白、不饱和脂肪酸、钙、维生素及植物化学物。

（3）常吃适量鱼、禽、蛋、瘦肉，少吃肥肉和荤油。肥肉和荤油摄入过多是肥胖、高脂血症的危险因素。猪肉是我国人民的主要肉食，猪肉的脂肪含量远远高于鸡、鱼、兔、牛肉等，应减少吃猪肉的比例，增加禽肉类的摄入量。

（二）饮食要适量

我国人民根据长期养生经验，有“食不过饱”的主张，其目的是提倡饮食适量，饥饱适宜，使热量和蛋白质的摄入量与人体的消耗相适应，达到营养适宜的程度，避免身体超重或消瘦。有句俗话说，“多吃少吃，少吃多吃”。意思是，现在吃得多，后面就少吃很多年；现在吃得少，后面就多吃很多年。

科学研究证明，过多地摄入食物，会加重胃肠负担，引起胃肠功能紊乱，使胃肠蠕动较慢，导致人体的消化不良。再加上血液和氧气过多地集中在肠胃，心脏与大脑等重要器官血液相应减少，甚至缺血，人体便会感到疲惫不堪，昏昏欲睡，长期下来就会出现记忆力下降、思维迟钝、大脑早衰、智力减退等症状。相反，如果限制饮食就可以延长寿命。老年人消化功能随着年龄增长而逐渐下降，饮食品种应当多样化，但要少而精，每餐宜吃七八分饱。儿童吃东西也要掌握量，不是越多越好。另外，饮食适量，不仅是节制适量，不可饱食；还要求各餐的食量也不能平均分配，而应根据相应时段所需的热量来科学调试，一般倡导满足早餐，吃好午餐，节制晚餐，切忌过饮饱食等不良饮食习惯。

（三）饮食宜清淡

食盐含钠和氯，它们都是人体必需的营养素。但研究表明，饮食过咸，摄取的钠盐过多容易引起高血压症，而低盐饮食往往有利于血压的下降。适当的食盐摄入量是每人每天不超过10g。

肉类食物虽然营养丰富，但含较多的脂肪酸，吃得太多会增加患心血管疾病的概率。油煎、油炸食物摄取过多，摄取的热量增高而营养素则相对不足。因此，饮食过于油腻不仅不利于消化，也不利于营养的均衡摄入。

清淡的饮食，除了适宜的盐、脂肪外，糖类也应适当满足人体所需即可。甜食吃得太多可以引起龋齿发病率上升，还能增加血液中甘油三酯的含量。因此，饮食中要避免经常食用含有大量糖分的甜食，这对肥胖人来说尤为重要。

（四）合理安排一日三餐

在每一天中，人体所需的热量和营养素并不完全相同，大脑的兴奋抑制和胃肠道对食物的排空时间也有一定规律性，因此，如何把全天的食物定量定时地分配至早、中、晚三餐也是合理营养的内容之一。我国传统饮食认为“早饭要吃好，午饭要吃饱，晚饭要吃少”，这样才能保证人体一天当中的膳食平衡，保持旺盛精力，身体才能健康。

在合理安排一日三餐的定量外，日常饮食要定时，两次进餐时间间隔不能太长，也不能太短。太长可引起强烈的饥饿感和血糖降低，太短则缺乏食欲，并增加消化系统的负担。一般混合食物在胃中停留时间约为4～5h，故两餐间隔保持在5～6h左右为宜。此外，定时用餐还能形成一种条件刺激因素，只要到了用餐时间，机体就会表现出食欲，促进消化液的分泌，保证所摄取的食物能被充分消化、吸收和利用。

三、日常饮食要做到的几个原则

在日常生活中，细菌无所不在，不少的细菌携带多种病毒，是各种各样疾病产生的源头，如果个人不注重饮食卫生，细菌很容易通过饮食进入人体，一旦人体免疫力下降，疾病就开始缠身。因此，在日常饮食中，我们尽可能做到以下原则：

（一）尽量少吃或不吃垃圾食品

在日常生活中，我们常听人说：要少吃烧烤食品，少吃肯德基，这是因为这两种食品都是垃圾食品。那么什么样的食品是垃圾食品呢？垃圾食品又会对人造成什么样的伤害呢？

垃圾食品是指仅仅提供一些热量，别无其他营养素的食品，或是提供超过人体需要，变成多余成分的食品。

这类食品通常都经过炸、烤、烧、熏、腌等加工工艺，使得营养成分部分甚至完全丧失，或在加工过程中添加、生成有害物质或长期过量食用在人体内产生滞留。垃圾食品最显著的特点是两高三低，即高脂肪、高糖；低（或无）蛋白质、低（或无）维生素、低（或无）矿物质。

世界卫生组织公布的十大垃圾食品包括：油炸类食品、腌制类食品、加工类肉食品（肉干、肉松、香肠、火腿等）、饼干类食品（不包括低温烘烤和全麦饼干）、汽水可乐类饮料、方便类食品（主要指方便面和膨化食品）、罐头类食品（包括鱼肉类和水果类）、话梅蜜饯果脯类食品、冷冻甜品类食品（冰激凌、冰棒、雪糕等）、烧烤类食品。

1. 油炸食品（如油条、炸排骨、炸薯条、炸花生、炸黄豆、炸虾等）

这类食品经过高温烘烤，营养元素蛋白质、维生素、矿物质已经被破坏殆尽，剩下的只是淀粉质和大量的油脂，并产生一种有害物质——自由基。自由基对人体的伤害是非常大的，它可以使细胞膜被破坏，血管老化，免疫功能下降，甚至使遗传基因DNA（脱氧核糖核酸）发生突变，导致癌症。

2. 腌制食品（如各种泡菜、咸菜、咸鱼、霉豆腐、豆豉、酸菜、腌腊肉等）

这类食物通常具有几个特点：①含盐过重，在腌制过程中，蛋白质、维生素、矿物质已被严重破坏。经常吃这类食物，很容易造成高血压引发心脑血管疾病。②酸菜、泡菜等食物中所含的一种叫亚硝酸盐的成分，一旦和肉里的胺结合，就会直接导致癌症。③霉豆腐、豆豉等发酵类食物容易造成肠道里的有益菌和坏菌失调，引发便秘、妇科炎症等疾病。

3. 加工类肉食品（肉干、肉松、香肠、火腿等）

此类食品在加工中，均大量添加防腐剂、增色剂和保色剂等。经常食用会造成人体肝脏负担加重。同时，这类食物含有一定量的亚硝酸盐，故可能有导致癌症的潜在风险。还有，火腿等制品大多为高钠食品，大量进食可导致盐分摄入过高，造成血压波动及肾功能损害。

4. 饼干类食品（不包括低温烘烤和全麦饼干）

很多人喜欢选择饼干作为零食或点心，是人们早餐和旅游的必备食品。但是，饼干类食品在提供人们方便、快捷、美味的同时，也对健康带来了一定危害。饼干里含有大量糖分，经常食用多糖分饼干会产生饱腹感，消耗多种维生素和矿物质，影响人体对其他富含维生素、蛋白质、膳食纤维和矿物质食品的摄入，造成缺钙、缺钾、维生素缺乏等营养问题。长此以往，会导致发育障碍、肥胖、营养缺乏等疾病。

5. 汽水可乐类饮料（可乐、雪碧等饮料）

这类食品都不同程度地含有碳酸根、磷酸根、咖啡因、糖、水、色素、防腐剂，经常喝这些饮料，容易造成脂肪肝、糖尿病、高血脂等心脑血管疾病；同时因为色素、防腐剂的关系，容易降低人体免疫功能。

6. 方便类食品（主要指方便面和膨化食品）

这类食物在加工的过程中，维生素、蛋白质和矿物质被严重破坏，剩下的多数是淀粉质了，属于典型的高糖食物。而且方便面在加工过程中，添加了大量的防腐剂和色素，这些物质会降低人体的免疫功能，过量食用此类食物，容易引发糖尿病、肝病和心脑血管疾病。

7. 罐头类食品（包括鱼肉类和水果类）

不论是水果类罐头还是鱼肉类罐头，这些食品都是典型的高糖、高脂食品。在食品中的加工过程中，维生素、矿物质等营养成分几乎被破坏殆尽。另外，罐头食品中的蛋白质常常出现变性，使其消化吸收率大大降低，营养价值大幅度“缩水”。很多水果类罐头含有较高的糖分，并以液体为载体被摄入人体，使糖分的吸收率大为增高，可在进食后短时间内导致血糖大幅攀升，胰腺负荷加重。

8. 话梅蜜饯果脯类食品

这类食品在加工的过程中，添加了大量的防腐剂和色素，可在人体内形成潜在的致癌物质亚硝酸胺；含有香精等添加剂可能损害肝脏等脏器，该类食品无一例外含有较高盐分，可能导致血压升高和加重肝脏、肾脏负担。

9. 冷冻甜品类食品（冰激凌、冰棒、雪糕等）

冷冻甜品类食品通常含有大量的奶油极易引起肥胖，同时，此类食品含糖量过高影响正餐。如果雪糕吃多了，还会对胃不好，一次性吃几根或几盒会影响人体内部运动的流程，极易引起肠胃疾病。

10. 烧烤类食品

这类食物所含的脂肪高、热量高，而高血压、糖尿病、心血管疾病等都与之有很大关系。油在高温作用下会产生化学结构的改变，可能对人的健康有不利影响。美国一研究中心的报告说，吃一个烤鸡腿就等同于吸60支烟的毒性。因为肉在烧烤的过程中会产生一种叫苯并芘的致癌物质，如果常吃被苯并芘污染的烧烤食品，致癌物质在体内蓄积，有诱发胃癌、肠癌的危险。

（二）健康烹调原则

在家庭饮食中，如何科学地烹调与身体健康有着极密切的关系。

1. 尽量食用生鲜蔬菜

并非所有的菜肴都要经过精心煎炒、蒸煮方可食用。很多食物未必保证有效营养成分不在烹制过程中流失，往往提倡生吃。西餐很注意生吃蔬菜，因为生吃蔬菜，可以尽可能地吸收蔬菜里的许多营养物质，如生菜、西红柿、黄瓜、芹菜、白菜心等都可以生吃，对健康也十分有利。

2. 烹调油温别过高

如果在烹调中食用油烧到冒烟，油温温度超过了200℃。在这种温度下，不仅油中所含的脂溶性维生素被破坏殆尽，人体必需的各种脂肪酸被大量氧化，这就降低了油的营养价值。同时，当食品与高温油接触时，食品中的各种维生素，特别是维生素C会被大量破坏。同时，油温过高使脂肪氧化产生过氧脂质，过氧脂质不仅对人体有害，而且在胃肠里对食物中的维生素有相当大的破坏力，对人体吸收蛋白质和氨基酸也起阻碍和干扰作用。如果长期在饮食中摄入过氧脂质，并在体内积聚，可使人体内某些代谢酶系统遭受损伤，使人体未老先衰。

3. 灵活运用蒸、炒、煎、煮、炸烹调方法

灵活运用蒸、炒、煎、煮、炸烹调方法，可以保证饮食的营养元素尽可能少流失。相对而言，蒸比炒、炒比煮、煮比油炸更少流失营养物质。因此，在日常饮食中，能蒸不炒，能炒不煮，能煮不油炸，确保饮食健康与卫生。

（三）遵循健康饮食要诀

1. 膳食强调补钙

缺钙会引起小儿佝偻病、老年人骨质疏松症等。还有一些疾病也是缺钙所引起的，如高血压、过敏、心肌功能下降、性功能障碍、疲劳无力、腿脚抽筋、动脉硬化等。专家认为补钙的最好方法是从膳食中摄取钙，其中牛奶（包括酸奶）、豆浆为首选，应是每天必食的食物。

2. 多吃含纤维素丰富的食品

科学家将食物纤维素推崇为“第七营养素”、21世纪的功能性食品。食物纤维素的主要保健功能：①天然抗癌剂和抗诱变剂，可预防直肠癌。②加强肠蠕动，防止便秘。③能降低血清胆固醇，有助于预防动脉硬化和肥胖症。④促使肠道有益菌群繁殖，减少腐败菌的产生。含食物纤维素的食品主要是水果、蔬菜、谷类、豆类等。

3. 低脂低盐饮食

专家们认为，现代疾病中，心血管疾病、高脂血症、高血压、肥胖症和癌症等都与摄入高脂肪、高盐食品有关。长期食用低脂和低盐膳食，有利于健康长寿，有助于防止和减少乳腺癌、脑中风和心血管疾病的发生。

4. 提倡吃粗粮、吃野菜与吃生菜

国内外专家均提倡吃粗粮，多吃五谷杂粮，如燕麦、豆类、玉米、高粱米、小米、红薯、土豆等，有助于防止脚气病、糖尿病、便秘和老年斑。提倡吃野菜，保持食品的鲜味，而且营养丰富。吃生菜的好处是，食物的营养素和各种酶可以不受烹调的破坏，能够获得更多的营养素和酶类；食物生吃，还可以增强人体免疫力，有抗老防衰的作用。另外，生食对牙齿有益，可以维护牙齿的健康。

5. 多饮清洁白开水，少喝或不喝深加工饮料

白开水是不可替代的最佳日常饮用水，补充人体水分首选煮开的白开水。自来水是经过多次净化处理的天然水，通过煮沸，就可以杀灭水中的细菌、病毒、寄生虫等微生物，同时，将水中的氯等挥发性物质除去。有资料表明，水中的钙、镁等元素有预防心血管疾病的作用。据研究，煮沸后自然冷却至20～25℃的自来水，具有特异的生物活性，它比较容易透过细胞膜并能促进新陈代谢，增强人体免疫功能。习惯于喝温、凉开水的人，体内脱氧酶的活性较高，新陈代谢状态好，肌肉组织中的乳酸积累减少，不易感到疲劳。研究证实，经常饮用温、凉开水有预防感冒、咽喉炎等疾病的功效。日常补充水分还可以辅之以茶水、矿泉水、纯净水等饮用水，牛奶等乳饮，豆浆、蔬菜汁、绿豆汤、芝麻糊等植物饮，葡萄酒、啤酒等酒饮以及骨头汤、鸡汤等，多样化补充水对身体有益。

要保证饮食安全与卫生，尽量少喝或不喝深加工饮料。市场出售的碳酸饮料和功能性饮料等，其包装和炒作的成分较多，不宜经常喝，更不能当作日常饮用水。因为，①碳酸饮料中大多含柠檬酸，在代谢中会加快钙的排泄，降低血中钙的含量。②饮料中的防腐剂、色素等对人体无益，反而加重肝脏解毒和排出体外的负担，长期饮用不利于健康，特别是儿童不能用饮料代替饮用水。③有一些饮料有利尿的作用，

非但不能有效补充机体所缺少的水分，还会增加机体对水的需求，反而造成体内缺水。

（四）遵循食品安全黄金定律

食品安全黄金定律是世界卫生组织专家为确保食品安全于1989年提出的十条黄金定律。内容是：

（1）食物煮好后应立即吃掉，因许多有害细菌在常温下可能大量繁殖扩散，故食用已放置4~5h的熟食最危险。

（2）食物必须煮熟烧透后再食用，家禽、肉类、牛奶尤应如此，熟透指食物的所有部位至少达到70℃。

（3）应选择已加工处理过的食品，如消毒的牛奶或用紫外线照射的家禽。

（4）熟食应在接近或高于60℃的高温、接近或低于10℃（包括食物内部）的低温条件下保存。

（5）存放过的食物必须重新加热70℃后再食用。

（6）生食和熟食应当用不同的切板和刀加工，分别盛放。

（7）保持厨房清洁，烹饪用具、餐具均应当用干净布擦拭干净，抹布不应超过一天，下次使用前必须在沸水中煮过。

（8）处理食品前应先洗手，便后、为婴儿换尿布后尤应洗手；手上如有伤口，应先用绷带包好伤口后再加工食品。

（9）不要让昆虫、兔、鼠等动物接触食品，因为动物大都带有致病微生物。

（10）饮用水和食品用水应纯洁，若怀疑水不干净，应作煮沸或消毒处理。

[思考与练习]

1. 暑假期间，王女士和唐先生的14岁女儿邀请六位同龄的朋友来家庆祝生日，家里还有唐先生的父母一起同住，请根据以上信息，设计一份家庭中餐菜谱。

2. 垃圾食品最显著的特点是两高三低，它们分别是哪两高，哪三低？

3. 为什么说油炸食品是垃圾食品？

4. 什么是垃圾食品？试举例说明。

5. 十岁的乐乐从小胃口就特别好，比同龄的孩子大一圈，经常被邻居们夸奖长得好。乐乐的奶奶一直很宠爱小孙子，经常去超市给他买坚果、牛奶及他喜欢吃的甜点零食。乐乐近期变得只长肉不长个，肚子越长越大，甚至出现了腹痛。请分析乐乐该如何合理饮食？

第六章　现代家庭服装

案例导入

家庭衣柜整理经验

小王在一家家政企业从事家政管理工作。工作期间，他通过自己的努力，考取了整理收纳师职业资格证书，从此走上了衣物整理之路。一天，他接到客户电话：小王，冬季就要来了，外套、大衣……这些大件衣物齐齐登场，而我家里的储藏空间是有限的，感觉很难把衣物整理得井然有序，你说我该如何节省空间呢？

小王依据自己的专业经验，给客户提出了以下解决方式：①总体可采用配套挂衣法：外套和毛衣或裙子搭配悬挂，既可节约空间，也可节省搭配时间，但必须安装一款承重力好的衣通。挂衣服时，男女衣服也可分出男左女右的挂放区域，这样的安排，让衣柜内部更整洁，衣服也一目了然，更重要的是，两个人都可以找到自己储存衣服的独立空间。②西服收纳法：用一个材质优良的西服收纳袋，除了防尘、防潮和防霉外，它还能让西装保持平整，同时让衣柜内变得整齐有序。如果家里的西裤多的话，最好是在衣柜内部再增设一个裤架，它可以让衣柜内分区更清晰明了。

第一节　服装搭配

服装搭配主要是指在款式、颜色上相协调，整体上达到得体、大方的效果。

一、色彩与搭配的关系

（一）色彩三要素

色彩三要素（Elements of color），是指色彩可用色相（色调）、饱和度（纯度）

和明度来描述。人眼看到的任一彩色光都是这三要素的综合效果，其中色相与光波的波长有直接关系，明度和饱和度与光波的幅度有关。

色调，颜色测量术语。它是颜色的属性之一，借以用名称来区别红、黄、绿、蓝等各种颜色。色相，即各类色彩的相貌，常说的红色、黄色、橙色、绿色、蓝色。就是对色相的一个描述。色调是色彩的首要特征，是区别各种不同色彩的最准确的标准。事实上任何黑、白、灰以外的颜色都有色相的属性。

明度是眼睛对光源和物体表面的明暗程度的感觉，主要是由光线强弱决定的一种视觉经验。简单地说，明度可以简单理解为颜色的亮度，可以通俗地理解成，这个颜色加了多少白颜料，加了多少黑颜料。例如黄色就比蓝色的明度高，在一个画面中如何安排不同明度的色块也可以帮助表达画作的感情，如果天空比地面明度低，就会产生压抑的感觉。任何色彩都存在明暗变化。其中黄色明度最高，紫色明度最低，绿、红、蓝、橙等色的明度相近，为中间明度。另外，在同一色相的明度中还存在深浅的变化。如绿色中由浅到深有粉绿色、淡绿色、翠绿色等明度变化。

饱和度通常是指色彩的鲜艳度。从科学的角度看，一种颜色的鲜艳度取决于这一色相发射光的单一程度。人眼能辨别的有单色光特征的颜色，都具有一定的鲜艳度。不同的色相不仅明度不同，饱和度也不相同。

饱和度是说明色质的名称，色彩的饱和度强弱，是指色相感觉明确或含糊、鲜艳或混浊的程度。高饱和度色相加白色或黑色，可以提高或减弱其明度，但都会降低它们的饱和度。如加入中性灰色，也会降低色相纯度。在绘画中，大都是用两个或两个以上不同色相的颜料调和的复色。根据色相环的色彩排列，相邻色相混合，饱和度基本不变（如红黄相混合所得的橙色）。对比色相混合，最易降低纯度，以致成为灰暗色彩。色彩的饱和度变化，可以产生丰富的强弱不同的色相，而且使色彩产生韵味与美感。

饱和度越高，颜色越正，越容易分辨。所以，我们在日常生活中看到的那些一眼看不出是什么颜色的颜色大致就是饱和度低的颜色。

（二）服装色彩搭配技巧

服饰美不美，并非在于价格高低，关键在于配饰得体，适合年龄、身份、季节及所处环境的风俗习惯，更主要是全身色调的一致性，取得和谐的整体效果。“色不在多，和谐则美”，正确的配色方法，应该是选择一两个系列的颜色，以此为主色调，占据服饰的大面积，其他少量的颜色为辅，作为对比，衬托或用来点缀装饰重点部位，如衣领、腰带、丝巾等，以取得多样统一的和谐效果。

总的来说，服装的色彩搭配分为两大类，一类是对比色搭配，另外一类则是协调色搭配。

1. 对比色搭配

对比色搭配分为：

（1）强烈色配合。是指两个相隔较远的颜色相配，如黄色与紫色，红色与青绿色，这种配色比较强烈。

日常生活中，我们常看到的是黑色、白色、灰色与其他颜色的搭配。黑色、白色、灰色为无色系，所以，无论它们与哪种颜色搭配，都不会出现大的问题。一般来说，如果同一个色与白色搭配时，会显得明亮；与黑色搭配时就显得昏暗。因此，在进行服饰色彩搭配时应先衡量一下，你是为了突出哪个部分的衣饰。不要把沉着色彩，例如：深褐色、深紫色与黑色搭配，这样会和黑色呈现“抢色”的后果，令整套服装没有重点，而且服装的整体表现也会显得很沉重、昏暗无色。黑色与黄色是最亮眼的搭配。红色和黑色的搭配，非常之隆重，但却不失韵味。

（2）补色配合。是指两个相对的颜色的配合，如红色与绿色，青色与橙色，黑色与白色等，补色相配能形成鲜明的对比，有时会收到较好的效果。黑白搭配是永远的经典。

2. 协调色搭配

协调色搭配分为两种原则：

（1）同类色搭配原则。是指深浅、明暗不同的两种同一类颜色相配，比如，青色配天蓝色，墨绿色配浅绿色，咖啡色配米色，深红色配浅红色等，同类色配合的服装显得柔和文雅。粉红色系的搭配，让整个人看上去柔和很多。

（2）近似色相配原则。是指两个比较接近的颜色相配，如红色与橙红色或紫红色相配，黄色与草绿色或橙黄色相配等。不是每个人穿绿色都能穿得好看的，绿色和嫩黄色的搭配，给人一种很春天的感觉，整体感觉非常素雅、静止，淑女味道不经意间流露出来。

职业女装的色彩搭配。职业女性穿着职业女装活动的场所是办公室，低彩度可使工作其中的人专心致志，平心静气地处理各种问题，营造沉静的气氛。职业女装穿着的环境多在室内、有限的空间里，人们总希望获得更多的私人空间，穿着低纯度的色彩会增加人与人之间的距离，减少拥挤感。

纯度低的颜色更容易与其他颜色相互协调，这使得人与人之间增加了和谐亲切之感，从而有助于形成协同合作的格局。另外，可以利用低纯度色彩易于搭配的特点，将有限的衣物搭配出丰富的组合。同时，低纯度给人以谦逊、宽容、成熟感，借用这种色彩语言，职业女性更易受到他人的重视和信赖。

（三）服饰色彩的搭配方法

（1）上深下浅：端庄、大方、恬静、严肃。

（2）上浅下深：明快、活泼、开朗、自信。

（3）突出上衣时，裤装颜色要比上衣稍深。

（4）突出裤装时，上衣颜色要比裤装稍深。

（5）绿色颜色难搭配，在服装搭配中可与咖啡色搭配在一起。

（6）上衣有横向花纹时，裤装不能穿竖条纹或格子的。

（7）上衣有竖纹花型，裤装应避开横条纹或格子的。

（8）上衣有杂色，裤装应穿纯色。

（9）裤装是杂色时，上衣应避开杂色。

（10）上衣花型较大或复杂时，应穿纯色裤装。

（11）中间色的纯色与纯色搭配时，应辅以小饰物进行搭配。

（四）服装六大色系搭配技巧

1. 红色系

红颜色搭配象征着温暖、热情与兴奋，淡红色可作为春季的颜色；强烈的艳红色，则适于夏季，深红色是秋天的理想色。

浅红色的长裤或裙子，上身可配以白色或米黄色的上衣，而用深红色的胸花别针来点缀上衣，使之与下身的浅红色相呼应。如果是浅红色的格子花裙，可以和深红色的上衣、外套搭配，帽子可以配浅草黄色的，皮鞋和皮包以白色为主。红色上衣多配白裙白裤，而红裤、红裙子多配白色上衣。艳红色给人一种极为强烈的印象，可以作为背心和领巾的主色，再与白色上衣作为搭配。

此外，艳红色的上衣也常与蓝色牛仔裤配合穿着。大红色的外套大衣可与黑色长裤、长裙搭配，但上衣仍以白色为理想。穿着红色衣服时，脸部的底色最忌泛黄。所以，可以用粉红色的粉底打底，面层与粉底同色或比粉底色稍淡的同色系。眼影膏用灰色，眉笔用黑色，胭脂可用玫瑰色，唇膏和指甲油则用深玫瑰色。

2. 黄色系

黄色属于暖色系，中明度的黄色适合夏季使用，而彩度深强的黄色，则符合秋季的气氛。浅黄色的纱质衣服，很具有浪漫气氛，因此，不妨作为长的晚礼服或睡衣。浅黄色上衣可与咖啡色裙子、裤子搭配，也可以在浅黄色的衣服上接上浅咖啡色的蕾丝花边，使衣服的轮廓更为明显。

浅黄色与白色因为两者色调太过接近，容易彼此抵消效果，所以，并不是很理想的搭配。与浅黄色容易造成冲突的颜色是粉红色，而橘黄色与蓝色也是很犯忌的搭配，应该避免。深黄色较之咖啡色与浅黄色来说，是更为明亮醒目的颜色。所以，不妨选择有深蓝色图案的丝巾、围巾，里面穿上白色T恤或衬衫。

3. 绿色系

绿色象征自然、成长、清新、宁静、安全和希望，是一种娇艳的色彩，使人联想到自然界的植物，不过，绿色本身却很难与别的颜色相配合。以非常流行的那种淡绿色来说，除了配白色之外，就不容易找到更理想的搭配。如果浅绿色配红色，太土；配黑色，太沉；配蓝色，犯冲；配黄色只能说勉强可以。如果穿绿色衣服，可以选用白色的皮包和皮鞋，银灰色的效果次之，其他颜色还是少碰为妙。所以，买绿色的服装时，不可冲动、贪多，尤其要注意自己是否有白色和银色的裙、裤来搭配；反之，买绿裙、绿裤时，也不可忘了配上一件白色的上衣外套。穿着绿色系服装时，粉底宜用黄色系，面层用粉底色或比粉底色稍浅的同色系。眼影膏宜用深绿色或淡绿色（随服装色彩的深浅而定），眉笔宜用深咖啡色，胭脂宜用橙色（带黄的红色），唇膏及指甲油也以橙色为主。

注意，蓝色与绿色虽然同是寒色，但是切勿将深蓝色与深绿色互相搭配，即使浅绿色也不适宜，所以，蓝色的牛仔裤若与绿色上衣相配，就会非常难看。蓝色与紫蓝

色倒可以互相配合穿着，如果是小碎花图案，这两种颜色更可以产生水乳交融的效果。深蓝色与白色、深红色这三种颜色组合成的条形图案，由于鲜明度高，可以作为别致的工作服、运动服。

4. 白色系

白色可与任何脸色搭配，但要搭配得奥妙，也需费一番心计心情。

白色下装佩戴条纹的淡黄色上衣，是柔和色的最佳组合；下身着象牙白长裤，上身穿淡紫色西服，配以纯白色衬衣，不失为一种获胜的配色，可宽裕表示自我特性；象牙白长裤与浅色休闲衫配穿，也是一种获胜的组合；白色褶折裙配淡粉血色毛衣，给人以温柔潇洒的感受。上身着白色休闲衫，下身穿血色窄裙，显得亲近超逸。在强烈对比下，白色的分量越重，看起来越柔和。

5. 蓝色系

在所有颜色中，蓝色服装最容易与其他颜色搭配。不管是黑蓝色，还是深蓝色，都比较容易搭配。而且，蓝色具有紧缩身材的效果，极富魅力。生动的蓝色搭配红色，使人显得妩媚、俏丽，但应注意蓝红比例适当。

近似黑色的蓝色合体外套，配白色衬衣，再系上领结，出席一些正式场合，会使人显得神秘且不失浪漫。曲线鲜明的蓝色外套和及膝的蓝色裙子搭配，再以白色衬衣、白袜子、白鞋点缀，会透出一种轻盈的妩媚气息。

上身穿蓝色外套和蓝色背心，下身配细条纹灰色长裤，呈现出一派素雅的风格。因为，流行的细条纹可柔和蓝灰之间的强烈对比，增添优雅的气质。

蓝色外套配灰色褶裙，是一种略带保守的组合，但这种组合再配以葡萄酒色衬衫和花格袜，显露出一种自我个性，从而变得明快起来。

蓝色与淡紫色相配，给人一种微妙的感觉。蓝色长裙配白色衬衫是一种非常普通的打扮。如能穿上一件高雅的淡紫色的小外套，便会平添几分成熟都市味儿。上身穿淡紫色毛衣，下身配深蓝色窄裙，即使没有花哨的图案，也可在自然之中流露出成熟的韵味儿。

6. 黑色系

自古以来，黑色始终象征着神秘、夜晚、冬天、罪恶、悲伤、污秽等。在服装方面，黑色却不失为各种颜色最佳的搭配色，除了新娘子忌用黑色外，其他时候，黑色都可以单独或配合使用。对于明艳的人，穿上黑色的衣服，立刻加倍的艳光照人。例如在《乱世佳人》电影中，女主人公参加舞会时，就是穿着黑色的礼服，戴上黑色的头纱，结果她成为舞会中最迷人的女性。

对于体型高大肥胖者，黑色更是一种最具收缩效果的颜色，在黑色的伪装下，看起来要比真实的体型苗条许多，不仅如此，黑色与其他颜色混合后仍然具有收缩的效果，如红黑、蓝黑、墨绿等。

从实用方面来说，黑色服装是比较耐脏的颜色，中小学生穿黑裙或黑长裤，无形中减少了衣服的耗损，这也是黑色的特质之一。黑色服装在设计上，线条以简明为主，因为太复杂的剪裁不容易辨认出来，等于是一种浪费。穿黑服装讲究的是它的轮廓形状，必须非常明显才能使造型突出，看起来特别出色。有一种内衣是用黑色的网纱制成的，贴在皮肤上，造成一种极为性感的印象。另外，也有人利用黑的蕾丝纱做成罩衫，在夜幕低垂时穿着，闪烁着一股神秘的气氛，对于中年女性来说，穿着黑纱应该是比穿着白纱更符合成熟美的要求。

喜欢穿旗袍的女性，如果外面搭配一件黑丝绒外套，立刻就让人刮目相看，那是一种端庄与慎重的打扮。

穿黑色服装时，为了避免全身黑色，应以别种颜色的饰件来缓和单调感。例如可以配金黄色的围巾、红色的手镯，皮鞋还是以黑色或深咖啡色比较调和。若是上下两截式的装束，更可以和多种颜色相搭配，如黑色的T恤，外面罩上红色的半袖外套。也可以在黑色的裙子、裤子上配上橘色、白色、黄色等较为强烈对比色的上衣。如果穿全身黑色时，配上有羽毛的胸花，最能表现出羽毛的轻柔感。有一点要注意，那就是黑色与中间色的搭配并不容易讨好。如粉红色、灰色、淡蓝色、淡草绿色等柔和的颜色放在一起时，黑色将失去强烈的收缩效果，而变得缺乏个性。

穿着黑色服装是最需要强调化妆的，因为黑色把所有的光彩都吸收掉，如果脸的化妆太淡，那将给人一种沉闷的感觉。使用化妆品时，粉底宜用较深的红色，胭脂用暗红色，眼影可以随意选用任何颜色（如蓝色、绿色、咖啡色、银色等），注意眼睛需有充分的立体明亮感化妆，而口红宜用枣红色或豆沙红色，指甲油则用大红色。粉红色的口红与黑色衣服互相冲突，看起来不协调，应该避免。脸色苍白者，在穿黑色服装时，特别会显得憔悴。所以，不化妆而穿黑色衣服，很可能产生一种病容，因此，要特别注意化妆的技巧。

二、服饰与体型的关系

人类真正的标准体形是不存在的，它仅仅是人们心目中一种理想状态，是大多数人体数据的平均值。根据人体的线条形状和体型特征，一般将女性的廓形分为四种：X形、H形、T形、A形。

X形：肩围=臀围，有明显的腰部曲线；拥有X形身材的一般多是年轻女性，在服装搭配时，没有太多的限制，收腰的衣服是比较好的选择。

H形：肩围、胸围、臀围尺寸差不大，没有明显的腰部曲线。

T形：肩围或胸围>臀围，T形身材的女性在服装搭配中需要注意上装颜色的运用及服装廓形的选择，一般深色的衣服在视觉上有收缩作用，可以将宽肩进行视觉上的调整。

A形：肩围<臀围，A形身材多出现在成熟女性中，在服装搭配中主要要考虑的是臀部曲线的处理，A字摆的裙子要尽量避免。

实际上，人体的体型是各有差异的，世界上很难找到两个完全相同的人体体型。只有通过观察与测量，再加以比较后才能大致区分为正常体型和特殊体型。所谓正常体型，就是身体发育正常，各部位基本对称、均衡，没有过胖或过瘦，更没有畸形，具备人体的健康美。反之，就是非正常的体型，甚至是特殊体型。特殊体型的人，其体型状况是相当复杂的，有的人仅某一部位不正常或变形，有的则在几个或各个部位都不正常，有的甚至发展到畸形。

正常体型和特殊体型的人都要求服装合体美观，正常体型的人使服装合体已经具备了美观的一些基本条件，选配服装应注意为其提升个人气质和品位以及更好地表现服装的美感。而特殊体型的人在选配服装时应注意扬长避短。

（一）偏胖体型的人

偏胖体型的人对服装的选配应注意以下几点：

1. 选择面料忌讳太厚或太薄

因为厚料有扩张感，会使人显得更胖，太薄的料子又容易凸显肥胖体型。最好选择那些柔软挺括的面料，如呢料、毛料、棉、涤纶等厚薄适中的衣料。

2. 服装款式忌讳花色繁多，条纹重叠的式样

服装款式结构应该简洁、朴实、大方、清雅，不可太多太乱，尤其是分割线不宜过多，服装上的装饰也不能过多过碎。

3. 图案和花型忌讳大花纹、横条纹和大方格

应选择那些小型但不碎的花纹和直条纹的衣料，花型应清晰、简洁，这样可以避免体型宽的视觉差。

4. 选择色彩忌讳黯淡无光的颜色

应以深色为主。因为深色有收缩感，会使人显得消瘦些。以深色而有光泽的黑色、深蓝色、蓝灰色、绿灰色、咖啡色等颜色为佳。但应注意季节，如夏季应以浅色为主。

5. 忌讳穿着关门领式样和窄小领口领型的服装

胖体型的人一般具有脸庞大、头大、脖颈短粗的特征，如果穿着关门领或窄小领口领型的服装，会使脸型显得更大、更突出。因此，最好选用那些敞开而宽大的开门式领型，但也忌讳采用太宽太大的领型，否则会衬得胸部过宽。

（二）身材小巧的人

服装：不宜穿衣领开口很大或夸张肩部的衣服以及长至小腿的长裙，应该选用紧裙或细长的紧身裤，才能显出高大感。细腰者宜穿腰部装饰性强的牛仔裤，这样就不会显得腰部纤细。

装饰品：不可选择那些过大而光彩夺目的胸针或挂件，不然会失去身体的平衡感。

（三）消瘦体型的人

服装：宜穿有花边或褶皱衣领和泡泡袖子的衣服，这样能掩盖细小的脖子和消瘦的肩，使之具有丰满感。选择胸前有横方向或斜方向花纹样式的服装较为恰当，不宜穿贴身衣或暗色纵纹花样及翻领的衣服。若穿牛仔裤，最好选购后面有大口袋、绣花或漂亮缝线的。

色调：应采用有柔和感的浅色调及大花型的服装，尽量使衣服显得华丽。

装饰品：不宜使用细长或长形的装饰物，应采用粗而短的装饰物，如别上一花束型的胸针更能显出丰满的柔和感。

（四）下腹突出的人

不可穿太紧身或太宽松的衣服。适合穿从腰部线约15cm以下部分略为宽松的衣服，穿时注意将上衣略鼓出一些。

（五）脖子粗的人

不宜穿关门领式或窄小的领口领型的衣服；不宜用短而粗的紧围在脖子上的项链或围巾。适合用宽敞的开门式领型，当然也不要太宽或太窄；适合戴长珠子项链。

（六）脖子短的人

不宜穿高领衣服；不宜戴紧围在脖子上的项链。适宜穿敞领、翻领或者低领口的衣服。

（七）脖子长的人

不宜穿低领口的衣服；不宜戴长串珠子的项链。适宜穿高领口的衣服，系紧围在脖子上的围巾；宜戴宽大的耳环。

（八）肩窄的人

不宜穿无肩缝的毛衣或大衣，不宜用窄而深的V形领。适合穿开长缝的或方形领口的衣服；可穿宽松的泡泡袖衣服；适宜加垫肩类的饰物。

（九）肩宽的人

不宜穿长缝的或宽方领口的衣服；不宜用太大的垫肩类的饰物；不宜穿泡泡袖衣服；适宜穿无肩缝的毛衣或大衣；适宜用深的或者窄的V形领。

（十）臂粗的人

不宜穿无袖衣服，穿短袖衣服也以在手臂一半处为宜；适宜穿长袖衣服。

（十一）臂短的人

不宜用太宽的袖口边，袖长为通常的袖长3/4为好。

（十二）臂长的人

衣袖不宜又瘦又长，袖口边也不宜太短。适合穿短而宽的盒子式袖子的衣服，或者宽袖口的长袖子衣服。

（十三）胸小的人

不宜穿低领口衣服。适合穿开细长缝领口的衣服和胸部有褶皱的衣服，或者穿水平条纹的衣服。

（十四）胸大的人

不宜用高领口或者在胸围打碎褶，不宜穿水平条纹图案的衣服或短夹克。适合穿敞领和低领口的衣服。

（十五）腰长的人

不宜系窄腰带，不宜穿腰部下垂的服装。以系与下半身服装同颜色的腰带为好；适合穿高腰的、上有褶饰的罩衫或者带有裙腰的裙子。

（十六）腰短的人

不宜穿高腰式的服装和系宽腰带。适合穿使腰、臀有下垂趋势的服装，系与上衣颜色相同的窄腰带。

（十七）臀宽的人

不宜在臀部补缀口袋，不宜穿打大褶或碎褶的鼓胀的裙子，不宜穿袋状宽松的裤子。适合穿柔软合身、线条苗条的裙子或裤子，裙子最好有长排纽扣或中央接缝。

（十八）臀窄的人

不宜穿太瘦长的裙子或过紧的裤子。适合穿宽松袋状的裤子或宽松打褶的裙子。

三、服饰与脸型的关系

脸面，脸面，也就是说脸就像一个人的门面，人们穿衣戴帽为的就是修饰脸型和衬托肤色，不同脸型的人应有不同的装扮。在服装上，尤以领型的变化设计为关键。而改善脸型的关键在于突出优点，弱化缺陷。

领是服装中变化最多的组件，由于它直接映衬人的脸颊和脖颈，所以对于人的美化效果有着较大的影响，被视为服饰造型设计的第一起点。脸型与领型的搭配原理是：避免形套形，如圆形脸配圆形领的服装。应当用适当的领型，再配上相应的饰品，以便调整人们的视觉，使脸型与服装相互协调，扬长避短，使脸型得以美化和改善。

（一）脸型大的人

不宜穿着有花边、皱褶等过于复杂的领式，更不宜穿着一字领、高领及圆领的领式，以西服领及 V 字领为最佳选择。全身的颜色最好是同类色的搭配，不宜采用对比色的搭配方式。颜色不要超过三色以上，用黑、灰、白的五彩色系可作调整。肩部造型宜选择稍宽阔，有垫肩的为佳，总之，应使外表显出细长感。下身不宜穿宽松的锥形裤、肥腿裤或蓬松的塔裙、百褶裙等，以穿合身的直筒裤、西服裤或西服裙等为宜。不宜佩戴圆形、方形、菱形或偏大的耳环，适合长形、三角形等密贴于耳朵的耳环或耳钉。项链要选择长型，修饰性不宜过强。

（二）脸型小的人

不宜穿大衣领或领口宽大的衣服，中等程度的衣领最恰当。应选择自然肩型的服装。宜佩戴中等大小的耳环、胸针、胸花。项链不宜过长，约至胸部之上即可。

（三）长形脸的人

不宜穿与脸型相同的领口衣服，更不宜用 V 形领口和开得低的领子，不宜戴长的下垂的耳环。适宜穿圆领口的衣服，也可穿高领口、马球衫或带有帽子的上衣。可戴宽大的耳环。

（四）方形脸的人

不宜穿方形领口的衣服；不宜戴宽大的耳环。适合穿 V 形或勺形领的衣服；可戴耳坠或者小耳环。

（五）圆形脸的人

不宜穿圆领口的衣服，也不宜穿高领口的马球衫或带有帽子的衣服，不适合戴大而圆的耳环。最好穿 V 形领或者翻领衣服。戴耳坠或者小耳环。

四、服饰与肤色的关系

标准的黄皮肤：黄中略带橙色，肤色深浅适中，只要避免使用明度、饱和度与黄皮肤接近的色，即可达到良好效果。

较白皙的皮肤：无论什么色彩都合适，尤其是高明度色，如粉红色、浅绿色、浅紫色等。

较黝黑的皮肤：避免与肤色造成同色系，采用高明度或高饱和度的色彩，或鲜艳的色调，强调与肤色的对比。

五、服饰搭配艺术

什么是美的服装？每个人的看法不尽相同。但用一句话可以总结：协调美是美的最高境界。即服装的款式、风格、色彩、图案及服饰配件都应给人以整体和谐之美。一套得体的服装，应该充分突出穿着者体态中优雅的一面，以及弥补和掩饰穿着者身材的不足和缺陷，能使人体本身所具有的内在条件与服装这一外部条件有机结合，和谐统一起来，创造出最佳的形象效果。因此，掌握一些日常服饰搭配技巧是很有必要的。

（一）搭配方法

服装色彩搭配的艺术手法多种多样，主要应掌握以下几种方法：

1. 直接弥补法

这是人们在现实生活中广泛采用的一种弥补体型缺陷的方法，即哪儿缺补哪儿。如圆脸、方脸型者着V形领上衣；肩较窄者可以加垫肩以衬托肩膀；胸部欠丰满者可用加厚定型胸罩使胸部挺拔；身材矮小的人可以穿高跟鞋增加高度等。

2. 视错弥补法

视错弥补法即利用人的视错觉现象，巧妙地运用线条排列的方法，以掩饰形体的不足。利用这种方法进行线条的排列，既可丰富服装的款式造型，又可弥补人体比例上的不协调，达到美的效果。常见的线条排列有水平、垂直、垂直与水平、斜线排列等。水平排列一般给人以娴静、柔和的感觉；垂直分割给人以端庄、挺拔、秀美、严肃的感觉；垂直与水平排列则把两种排列的特地结合在一起，使服装在不同部位产生不同的视觉效果，服装造型显得端庄、稳重又不乏柔和、娴静；斜线排列则带来轻快、活泼的视觉享受。

3. 扬长避短法

扬长避短法即运用对服装款型、颜色、面料、工艺等的选择，突出身材、肤色等在着装方面的优点，把人们的视线吸引到优点上来，从而转移对体型、肤色等不足之处的注意力。如腿较粗短的人，要弱化对下装的装饰，应对上衣，尤其要强化领部、肩部等处的装饰，将人们的视线上移。

4. 呼应法

呼应法即同种色或类似色的彼此照应。若穿粉红色的裙子配白底粉红色圆点上衣，挎粉红色包，着白色鞋子等，则十分和谐统一。

5. 点缀法

点缀法即在主色调基础上加一醒目小块色作点缀，起画龙点睛的作用。如身穿全白色或全黑色的衣裙，胸前别一醒目的胸针、胸花或束一红腰带，效果清新、雅丽，

别具风格。

6. 对比法

对比法即通过色彩的对比来加强服装的美感，可以是上下装的色彩对比，也可以是服装上小面积的对比。如白色衬衣配黑色裤子、蓝色夹克衫上有小面积的黄色块等。

7. 统一法

统一法即取得色调统一的效果。若上下衣着为黄色调，那么鞋、帽等均应为黄色调。

8. 衔接法

衔接法即让对比色通过一种中性色（如黑色、白色、灰色、金色、银色）的牵合，使人产生色彩连接的感觉。如在浅粉红色的上衣与深绿色的裙子中间束一条白色或黑色腰带，那么色彩就自然衔接起来。

9. 分块法

分块法即将不同色彩的面料块加以巧妙的拼接，使服装产生既对比又调和的效果。一般不超过三种色或三种面料。

（二）饰物巧用

现代人着装，越来越注重与服装相配的服饰品。如果说得体的服装是鲜艳的红花，那么附件与饰品就是映衬红花的绿叶。因此，不仅要选择搭配合体的服装，还要巧妙运用多种服饰品来进行装饰，使穿着者的体型、气韵与服饰融为一体，更趋完美。

“女人的衣橱里总是缺少一件衣服”。其实，只要你会妙用服饰品，就会使你整个人显得生动无比。服饰配件的种类除了我们所熟知的纽扣、拉链、饰边、胸针、包袋等以外，从头上戴的、身上挂的到脚上穿的，真是林林总总、花样繁多。而在服饰穿配艺术中，身上穿戴的每一个点，这个点可以是一粒扣子或一个胸针，但都是为穿着者的整体形象说话的，搭配得当就起到锦上添花的作用，否则，给人以画蛇添足之嫌。

1. 鞋

俗话说“脚下无鞋穷半截”，可见鞋在服饰中的重要地位。它虽然只占人们服饰的很小部分，而且处于不为人注目的“最下层”，但是，鞋子的款式风格一定要与所穿的服装式样相和谐，这样可使整体感觉均衡。如穿旗袍则不适合穿旅游鞋；穿休闲类服装时，脚蹬一双精致的高跟鞋，会使人觉得不伦不类。

在配色关系上，鞋往往与上衣的色彩相配。一般深色、中性色调的鞋子比较好搭配服装，但应避免选配色彩过分强烈的鞋子，这样会使人们的视线集中于脚上，难免使人显得矮了三分，打破了形体的整体感。因此，身材矮小和较胖的女性要慎用较跳跃的色彩于脚上，同理，也不要在脚上涂较夸张的指甲油。

在款式造型上，鞋子的品种非常丰富，紧贴时尚的步伐，有钉珠、绣花、搭袢、绳带等装饰，有真丝、缎面、皮革、帆布等材料，有平底、低跟、中跟、高跟、坡跟等不同种类。而鞋子对于修饰人的腿型和脚型是有很大作用的，鞋子的体积和重量不同会产生不同的视觉效果。鞋子越轻巧，造型越简洁，两腿就显得越修长苗条、美丽动人。而笨重的鞋子穿着不当会使细瘦的腿显得更细，粗壮的腿显得更粗，夸大了体型的缺陷。可见，鞋在服饰中具有“举足轻重”的作用。

2. 皮包和手袋

在现代人的服饰观念中，包袋已成为女性生活中的必备品和重要的装饰品，上班、外出都得用它。手提包是整个外表形象中很显眼的一部分，如果与服装、场合不相称，则会破坏一个人的整体形象。

日常生活中，每个人都应拥有几款不同风格、不同色彩、不同材质和不同大小的包袋，以搭配不同造型的服装。在选择包袋时，首先，要考虑其色彩和风格与服装的协调性，其次，要注意包袋的大小、形状与穿着者体型及服装的一致性。对于体型欠佳的女性，选包时应注意：对于稍胖的女性来说，太小的包会与其身材产生强烈的对比，且显得小气，应选择一些大小适中、款式简单、线条流畅的包袋。而对于瘦小体型的人来说，太大的包会显得有些沉重，同时，过长的包带也会使本来就矮小的身材显得更矮，而且累赘、不精神。另外，色彩过于明亮的包袋会打破服装的色彩与体型的统一，不适合体型有缺陷的人，以选择与服装同一色调的包袋较好。

3. 丝巾

丝巾是服饰搭配中不可或缺的饰品，不同色系、不同材质的丝巾在服饰穿配艺术中能收到许多意想不到的装饰效果，同时，丝巾千变万化的系法不仅能衬托服装和脸面，更能增添女性的气质与妩媚。

第二节 服装的清洁与收藏

衣服和吃住一样，是人们日常生活中必不可少的。常言道，“看其衣，知其人”，衣服不仅能表现着装者的人格素养、精神面貌和职业特点，还能反映一个国家、地区、民族的风土人情、文化观念等。身着洁净的外衣，自然会令人心情舒畅，也给人以美的感觉。这就离不开服装的管理。

如何正确地管理服装呢？下面介绍一些必要的一般常识。

一、服装的洗涤

（一）面料的特性及洗涤方法

1. 棉

（1）优点。

1）吸湿力强。棉纤维是多孔性物质，内部分子排列很不规则，且分子中含有大量的亲水结构。

2）保暖性好。棉纤维是热的不良导体，棉纤维的内腔充满了不流动的空气，穿着舒适，不会产生静电，透气性良好，防敏感，容易清洗。

（2）缺点。

1）易皱。棉纤维弹性较差。

2）缩水率大。棉纤维有很强的吸水性，当其吸收水分后令棉纤维膨胀，引起棉纱缩短变形。

（3）洗涤方法。

1）可机洗或手洗，但因纤维的弹性较差，洗涤时最好轻洗或不要用大力手洗，以免衣服变形，影响尺寸。

2）棉织品最好用冷水洗，以保持原色泽。除白色棉织品外，其他颜色衫最好不要用含有漂白成分的洗涤剂或洗衣粉，以免造成脱色。更不可将洗衣粉直接倒落在棉织品上，以免局部脱色。

3）将深颜色衫与浅颜色衫分开洗。

（4）保养方法。

1）忌长时间暴晒，以免降低坚牢度及引起褪色泛黄。

2）洗净晾干，深浅色分置。

3）注意通风，避免潮湿，以免发黄。

4）贴身内衣不可用热水浸泡，以免出现黄色汗斑。

2. 毛

（1）优点。

1）高吸水性。羊毛为非常好的亲水性纤维，穿着非常舒适。

2）保暖性好。因羊毛具天然卷曲，可以形成许多不流动的空气区间作为屏障。

3）耐用性好。羊毛有非常好的拉伸性及弹性恢复性，因此，它也有很好的外观保持性。

（2）缺点。产生收缩的严重。在极度条件下，羊毛可收至原来尺寸的一半（在制衣中，一般缩80%为正常）。

羊毛容易被虫蛀，经常摩擦会起球。若长时间置于强光下会令其组织受损，且耐热性差。

（3）洗涤方法。

1）羊毛不易脏，很容易清洗干净。但最好不要每次穿着后即清洗，可用重点式的方式来清除污垢。羊毛服饰在每次穿着间应给予一段时间休息，较易保持外形。

2）如羊毛服饰已变形，可挂在有热蒸汽处或喷一点水以增加其外形的恢复。

3）不宜机洗，因羊毛遇力后会加速其毡化。

4）用30～40℃的温水手洗。

5）绝不能漂白，因漂白后的毛织品会变黄。

6）洗后轻轻挤去水分，不可用手拧干。

（4）保养方法。

1）忌与尖锐、粗糙的物品和强碱性物品接触。

2）选择阴凉通风处晾晒，干透后方可收藏，并应放置适量的防霉防蛀药剂。

3）收藏期间应定期打开箱柜，通风透气，保持干燥。

4）高温潮湿季节，应晾晒几次，防止霉变。

5）切忌拧绞。

3. 涤纶

（1）优点。强度大、耐磨性强、弹性好，耐热性也较强。

（2）缺点。分子间缺少亲水结构，因此，吸湿性极差，透气性也差。由它纺织成的面料穿在身上会发闷、不透气。由于纤维表面光滑，互相之间的抱合力变差，因此，摩擦之处易起毛、结球。

（3）洗涤方法。

1）用冷水或温水洗涤，不要强力手拧。

2）洗好后阴干，不可暴晒，以免因热生皱。

（4）保养方法。

1）不可暴晒。

2）不宜烘干。

4. 丝

（1）优点。富有光泽，手感滑爽，穿着舒适，高雅华贵；比棉、麻耐热。

（2）缺点。抗皱性差、耐光性差，对碱反应敏感。

（3）洗涤方法。

1）忌碱性洗涤剂，应选用中性或丝绸专用洗涤剂。

2）冷水或温水洗涤，不宜长时间浸泡。

3）轻柔洗涤，忌拧绞，忌硬板刷洗。

4）应阴干，忌日晒，不宜烘干。

5）部分丝织物应干洗。

6）与其他衣物分开洗涤。

（4）保养方法。

1）忌暴晒，以免降低坚牢度及引起褪色泛黄。

2）忌与粗糙或酸、碱物质接触。

3）收藏前应洗净、熨烫、晾干，最好叠放，用布包好。

4）不宜放置樟脑丸，否则白色衣物会泛黄。

5）熨烫时垫布，避免烫光。

（二）污垢的种类和洗涤方法

1. 去渍原则

染上污渍后立即处理；选择适当地去渍剂；去渍方向，由外而内，以免扩散；未能辨认何种污渍勿以热水清洗；去渍后仍要清洗。

2. 去污方法

（1）手搓。先用刷子刷一下，再用手搓，然后再抖落掉。这种方法适于布的表面沾上了土或粉状赃物使用。

（2）溶解于水中洗。用去污棒蘸上水，将污垢去掉，或把脏污处揪起来浸入水里，使污垢溶解后脱落。

（3）溶解于溶液中洗掉。用酒精、汽油或丙酮等挥发性溶剂擦掉。

（4）以中和反应法洗掉。酸性的污垢可用碱性洗涤剂（氨水等），碱性污垢可用酸性洗涤剂，使其发生中和反应而脱掉污垢。

（5）用洗涤剂溶解或分解后洗掉。用可以使污垢溶解的洗涤剂，使其溶解后脱掉。还可把污垢进行漂白，将色素分解后擦掉。这是一种简便的方法，是应用于不易去掉的污垢的最后一种方法。

3. 各种污渍的种类及去除方法

各种污渍的种类及去除方法见表6-1。

表6-1　各种污渍的种类及去除方法

种类		方　法	备　注
分泌物污垢	领垢	汽油→洗涤剂	也可用柠檬汁加盐水洗
	血液	冷水或冷肥皂液→漂白剂	
	汗、尿	温水→温草莓酸液	
食物污垢	酱油、酱汤、辣酱油、咖喱粉	水→洗涤剂或漂白粉	也可用少量藕汁揉搓
	酒、啤酒	用布蘸温水擦洗，污染时间较长的可用醋酸液或氨水擦洗	
	果汁	稀氨水→洗涤剂→过碳酸钠和漂白剂	
	奶汁、牛奶	汽油→洗涤剂或氨水	
	茶、咖啡	水→洗涤液→漂白剂	
化妆品污垢	口红	先用酒精擦洗，然后用温肥皂液，洗不净再用漂白剂	如果只表面一点点，可用橡皮擦掉
	化妆油	用中性洗涤剂、过碳酸钠和漂白剂	
	香水	先用酒精擦洗，如时间久，可用氨水或温肥皂液	
油性污垢	墨水	水洗→洗涤剂→漂白剂→草莓酸	也可用少量浓牛奶搓揉后清洗
	奶油、奶酪	汽油→冷肥皂液→漂白剂	
	机械油、鞋油	用汽油或丙酮擦后再用肥皂液	
其他污垢	泥巴	干燥后，用刷子刷或绒布轻轻擦拭，再用中性洗涤剂洗	用少量马铃薯汁先擦后洗
	霉斑	阴干后用刷子刷掉，刷不掉可用肥皂液或氨水洗	
	口香糖	用小刀等工具刮掉面上的残留物，再用汽油或丙酮擦洗	可放冰箱冷冻
	铁锈	用温草莓酸擦洗，洗不掉时用漂白剂	也可用柠檬汁和食盐调成糊抹在上面

（三）衣物保养的窍门

1. 醋水洗涤可除异味

夏季，衣服和袜子常常有汗臭味。如果把洗净的衣服、袜子再放入加有少量食醋的清水中漂洗一遍，就能除去衣、袜上的异味。

2. 洗衣增艳的方法

（1）洗涤色泽鲜艳的衣物，尤其是棉织品和毛线织品，可在温水中加入几滴花露水，搅拌均匀后，将洗干净的衣服放入再浸泡10min，然后捞出，挂在阴凉通风处晾干，这样会使衣物的色彩更加鲜艳。

（2）洗衣服的水里一般都含有钙、镁等离子，这些离子与肥皂接触，会生成一层盐类物质，附着在有色衣服特别是花衣服上，使其失去鲜艳的色彩。如果在漂洗衣服的水中加点醋，使附着在衣物表面的盐类物质变成可溶性物质，就可以保持衣物鲜艳的颜色。

（3）防衣服褪色六妙法。

1）红色或紫色棉织物，若用醋配以清水洗涤，可使其光艳如新。

2）新买的花布，第一次下水时，加盐浸泡10min，可以防止布料褪色。

3）新买的纯棉背心、汗衫，用开水浸洗后再穿，耐磨且不褪色。

4）牛仔裤洗时易褪色，可在洗前先将其放在浓盐水浸泡2h，再用肥皂洗刷，这样就不褪色了。

5）洗易褪色的衣服时，可先将衣服放入盐水中泡30min，再按一般方法洗涤，就可以防止衣服褪色，此法对黑色和红色的衣服效果更为显著。

6）为使衣料不褪色，应注意洗涤时不要在热水、肥皂水、碱水中泡，不要用洗衣板或毛刷搓刷，要用清水漂洗，这是防止衣料褪色不可缺少的方法。

3. 打扮要从掸刷开始

西服即使仅仅是上班或上学往返时穿着，也容易被赃物、灰尘弄脏。灰尘中除沙子、棉尘外，也包括煤烟、害虫卵等，为了在灰尘侵蚀中保护衣服，每天都要用刷子掸刷，灰尘几乎都会被刷掉，否则，灰尘就会同污垢一起渗到布中，很难刷掉。

嫌掸刷费事的人，可在脱下西服时，握住两肩处抖3～4次，然后再用双手在肩部拍几下，仅仅这样做也有效。

二、服装的保管与收藏

为了保证衣服经久耐用，必须进行精心的保管和收藏。

（一）服装保管中的“三害”及其预防

精心整理好的服装，如保管不当，也会遭受损害。正确的保管能避免衣服受到外界不利条件的破坏，保证衣服能为日常生活服务。衣服保管中的不利因素有很多种，主要有三害：

1. 潮气

衣服过多地吸入潮气，使沾在衣服上的灰尘、汗渍等发生质变，会使纤维变脆、长毛发霉。所以梅雨季节和夏季潮气较大时，一定要晾晒衣服，使其充分干燥。

2. 发霉

衣服上有氧化合物的污垢、潮气，再加上合适的温度，会促使衣物发生霉变。发霉后，因细菌作用会出现黑、蓝、黄、绿等色斑点。发生这种情况后，无任何方法能使其复原，而且会使纤维强度变弱。所以，一定要注意不能使其发霉。预防方法是使衣物存放于低温、干燥的地方，收藏时要去掉污垢，不要残留整理时的药物。

3. 虫害

（1）衣物收藏前，一定要清洗干净。

（2）将易生虫的衣物用直射阳光照射2h以上，使用熨烫、浸泡在60℃以上的热水中或干洗等方法，将虫卵杀死。

（3）将装衣物的箱子密封起来，使虫子进不去，在箱内放入防虫剂。印刷油墨有防虫作用，所以用报纸包衣服也是一种防虫法。但要防止污染衣物，可先用白纸包上。

（二）服装保管注意事项

1. 清洁方面

在收藏前应洗涤干净。服装的污渍最容易引起虫蛀、霉变、脆化。浸湿后及时洗涤，不要浸泡太久。人造纤维类面料和各类绒线水洗时只宜轻轻搓揉，水漂净后，勿用力拧绞，可用洗衣机甩干。合成纤维类面料遇水温过高时，出现收缩、发黏和表面皱巴等，故不可用高于30℃的水温洗涤。棉印染布初次水洗时，如发现染料有浮色，属于正常现象。

2. 干燥方面

从洗衣店取回的服装，不要马上就收藏起来，要晒干后再收藏。洒过香水的服装在保管时，必须将香水味散发去除。收藏服装的箱、柜、橱也应该保持干燥，以防霉菌、蛀虫的滋生。适时地打开箱柜衣橱，让其通风透气。服装干燥剂放置于一透气的小盒内，只要将小盒放入衣柜和箱子内，就能营造一个干燥的收藏环境，简便易行。

3. 存放方面

（1）保管不同面料应考虑不同的影响因素。

1）棉麻服装。放入衣柜或聚乙烯袋之前应晒干，深浅颜色分开存放。衣柜和聚乙烯袋应干燥，里面可放樟脑（用纸包上，不要与衣料直接接触），以防止衣服受蛀。

2）呢绒服装。应放在干燥处，毛绒或毛绒衣裤混杂存放时，应该用干净的布或纸包好，以免绒毛沾污其他服装。最好每月透风1～2次，以防虫蛀。各种呢绒服装以悬挂存放在衣柜内为好。放入箱里时要把衣服的反面朝外，以防褪色风化，出现风印。

3）化纤服装。这种服装以平放为好，不宜长期吊挂在柜内，以免因悬垂而伸长。若是天然纤维混纺的织物，则可放入少量樟脑丸（不要直接与衣服接触）。

4）皮革服装。皮革过分干燥，容易折裂，受潮后则不牢固。因此，皮革服装既要防止过分干燥，又要防湿，不能把皮革服装当雨衣穿着。如果皮衣面上发生了干裂现象，可用石蜡填在缝内，用熨斗烫平。如果衣面发霉，可先刷去霉菌，再涂上皮革揩光浆。

毛、丝和人造纤维类面料存放时要避免受压。深浅不同衣服要分开存放，防止影色或变黄。

（2）收纳程序。

1）衣物收藏前，确保干净、干燥再收藏。

2）衣柜或衣箱底铺一层报纸，因为油墨可防虫。报纸上需再铺一层白纸或月历纸，以免污染衣物。

3）衣物按个人或季节、质料、式样分门别类，并在存放容器上注明清单，以方便取用及存放。

4）怕压（如丝绒）、易皱衣物，放置于上层以免受损。

5）伸长变形的衣物，不可吊挂收藏。

6）毛衣易生蛀虫，收藏时可用纸包一些樟脑丸放在衣箱角。

7）储藏空间不足时，可利用塑料袋或真空压缩袋收藏。

（三）各类服装的收藏方法

1. 西装

西装最好挂起来，挂在衣架上装进塑料袋或牛皮纸袋中，高级的西装应尽量挂在与身体形状相近的衣架上，使用肩部倾斜小的耸肩衣架，否则，衣服的后背容易出现横皱纹，两袖山会留下衣架两端顶出的痕迹。

2. 皮革服装

在收藏前要晾一下，不能暴晒，挂在阴凉干燥处通风即可。为使皮革服装在较长时间内保持光泽，在收藏前可在皮面上涂一层甘油，这样就能长期存放而不变色。

3. 羊毛衫

收藏时不宜用衣架挂，因长时间撑挂容易使羊毛衫变形。只要整平叠好放在箱内，在放入防虫剂就行了。但要注意，不管羊毛衫穿多长时间，哪怕只穿一次，也要洗涤后收藏，因为羊毛纤维是一种高蛋白纤维，汗渍后极易受腐蚀和虫蛀。

4. 丝绸服装

收藏前，要洗涤干净。存放时，不要放入樟脑丸，以免丝绸服装出现黄斑。真丝服装与柞蚕丝服装要分别存放，以免真丝服装变色。在收藏白色丝绸服装时，要用薄纸包好，以免白色丝绸变色。

[思考与练习]

1. 肩窄的人在穿着方面有哪些注意事项？

2. 棉制衣服有哪些优缺点？

3. 李女士，55岁，家住湖南长沙，身材微胖，肩膀略宽，皮肤白皙，5月份即将参加女儿的婚礼，请为她搭配两套合适的服装。

4. 实训项目：请按照整理收纳的要求整理宿舍床铺、书桌和衣柜。

第七章　现代家庭保洁

案例导入

家居保洁计时服务工作范围

按照家政服务员职业资格的要求，家居保洁计时服务工作范围如下：

1. 清洁卧室、客厅、书房包括：（有阳台时先做阳台）、墙壁、玻璃、门窗、空调、家具、书柜、多宝格展柜、沙发、电器表面、地板。空调及电器只做表面除尘。清洁天花板、灯、壁灯在合同中另行约定。

2. 清洁厨房包括：天花板、墙壁、窗户、门、燃气灶、橱柜、微波炉、洗刷池、地面、地漏。抽油烟机、冰箱只做表面除尘。（如有专业要求，合同另行约定）

3. 清洁卫生间包括：天花板、墙壁、玻璃、门窗、沐浴设施、仪容镜、洗脸池、便器、地漏、地面、纸篓。

第一节　家庭保洁物料准备

一、保洁常用工具及使用

家庭卫生保洁，必须辅之以相应的清洁工具才能够完成。清洁工具一般指用于手工操作、不需要电动机驱动的清洁用具。

常用清洁工具有水桶、抹布、扫帚、垃圾铲、百洁布、铲刀、尘推、拖布、尘掸等。

（一）擦拭类清洁工具

1. 水桶

用于装工具或盛水。水桶一般是塑料制品，严禁摔打、重放，随时保持桶内、外洁净。

2. 抹布

抹布应选用柔软并有一定吸水性的布，家中要配备多种不同颜色的抹布进行清洁，便于区分使用。

抹布的使用原则：

（1）抹布以选用柔软、吸水性强、较厚实的棉制品较为理想。

（2）擦拭物品时，抹布应先对折叠好再使用，可将抹布折为六折或八折，以比手掌稍大一点为宜，这样做，可保持抹布的清洁，延长使用寿命，提高工作效率，使保洁对象更为干净。

（3）不可用脏抹布反复擦拭，否则会损伤被擦拭物的表面。

（4）擦拭时，应按照从右至左（或从左至右），先上后下的顺序，将被擦拭物全部均匀的擦遍，不要留下边角，不要漏擦。

（5）擦拭一般家具的抹布，擦拭饮食用具的抹布，擦拭卫生间的抹布等必须严格分别专用。

（6）抹布用后要清洗干净，保持干燥，以免出现异味。

3. 百洁布

用于粗糙的办公桌面、隔板、铝制品等物体表面，配清水或清洁剂一起使用，起到清洁物体污迹的作用。

注意事项：不锈钢制品、瓷面、高档家具等光滑物体表面严禁使用。

4. 鸡毛掸

用于扫去物体灰尘，可配伸缩杆一起使用。

注意事项：严禁用于扫地面和有水的地方，用后清洗干净，并保持干燥。

（二）清扫拖洗类清洁工具

1. 扫帚

扫帚是扫除地面垃圾及灰尘时的常用工具之一，自古以来，扫帚的形状和材料随着时代的发展在不断变化和改进，种类多，各有特点，常见的有：

（1）可转动毛刷式扫帚。由木杆长型毛刷组成杆和刷的连接部分可自由转动，样式美观，而且便于清扫各个角落，扫得干净，不易起灰尘，适用于清扫室内平滑的地面。

（2）老式扫帚。由木杆、尼龙等材料组成，自古以来被广泛使用，特别适用于清扫广场、马路等垃圾较多地面或不平滑的地面。

2. 地拖

（1）圆形拖布。这种拖布为国内大多数人所普遍使用，是将布条或线绳绑扎在木柄上，浸水后拧干，用以拖擦地面。

（2）T形地拖，又称扁平活动式拖布。这种拖布用线绳做拖布头，用木杆或塑料做成拖布架，拆装方便、使用轻便，易于清水压干，便于拖擦边角等，因此被保洁广泛采用。

（3）尘推，可配合牵尘剂使用，用于干式除尘，尘推布头为扁状椭圆形，可套在

金属拖布架上，便于清洗更换，主要用于高档、光滑地面的除尘，它可将地面的沙砾、尘土等带走，以保持地面光亮，减轻磨损。尘推头应根据地面的情况而选用相应的规格，尘推头应经常更换以保证保洁效果及延长使用寿命。尘推头有棉和纸两种，棉的价格稍贵，但可以洗涤而且相当耐用；纸的价格稍低，但不耐用。

尘推分为两个部分：

1）尘推架。由电镀的钢筋弯成形的尘推架套架和铝合金手柄组成。

2）尘推罩。由帆布做成，上面开口，可放入尘推架，下面是绒面与地面接触，以清扫地面。

尘推在操作过程中应注意。①尘推清扫地面时，应分清前后面，无论尘推处于任何一个平面位置，应始终将灰尘和垃圾置于尘推前面。②尘推清扫时应全部着地，悬空于地面会将灰尘、垃圾漏掉。

（三）刷洗、刮洗类清洁工具

1. 钢丝球及钢丝刷

钢丝球主要用于清洁物品表面的污迹，一般配钢丝刷一起使用，用于水泥地面或水磨石地面。

（1）使用方法。钢丝球可直接用手拿着配合水或清洁剂清洁污迹；使用钢丝刷时，右手握柄，左手按住刷背，配合右手来回刷洗污迹。

（2）特点。钢丝球及钢丝刷可分别单独使用。因其本身很粗糙，与粗糙物品接触后，增强摩擦力度，利于清洁表面污迹。

（3）注意事项。严禁用于陶瓷等抛光地面及不锈钢制品，在使用中不要用手去拉钢丝球，以免割伤手指。

2. 地刷

用于清除地面的污迹及边角或槽缝污迹，用后要清洗干净，放于干燥的地方。

3. 厕刷

用于刷洗便池里面污迹和便池的边缝。注意在使用过程中禁止敲打便池，用后清洁干净。

4. 杯刷

用于刷洗口杯，用后要把水挤干，用完要及时清洗干净及晾晒，以免出现异味和变色。

5. 刮水器

主要由铝合金夹板和橡胶刮条组成，具有保洁玻璃、墙面与地面的作用。刮水器通常用于刮去平滑物体表面的水分，不留痕迹。根据工作要求，可选用各种宽度不同的刮头和长度不同的手柄，有的刮水器手柄是伸缩杆，可任意选择长短。刮水器是擦拭玻璃的主要工具之一。

刮水器在操作时要按以下要求进行：

（1）刮水器的刮擦平面应平整，橡胶条无凹口或裂缝。

（2）刮水器刮下的脏水、污垢应及时用擦布擦去，不得滴漏和飞溅到其他部位。

（3）刮水器在刮擦玻璃和其他硬表面时，可采用一刀连续刮擦（曲线刮法）或一刀一刀分别（横—竖—横）刮擦的方式。

（4）刮水器在刮擦时，应一刀接一刀刮擦，不得在玻璃表面留下印迹，刮刀不能在玻璃表面重复刮擦，否则会留下刮痕。

（5）橡胶刮条已经发现凹口、裂缝，应立即更换，否则会产生刮痕。

（6）刮水器的橡胶刮条刮擦平面不能受到外力的冲击，应妥善保管，橡胶刮条受冲击后刮擦平面会产生变形或不平整，则不可使用，否则会产生刮痕。

（7）刮水器使用完毕应及时打开弹簧扣，清洗刮水器和橡皮条，晾干备用。

6. 涂水器

涂水器是将保洁溶液涂抹到建筑材料硬表面和玻璃上的专用工具。涂水器一般与胶刮配套，是现代擦玻璃的主要工具。擦玻璃时，先用涂水器将兑好的保洁剂均匀涂抹在玻璃上，再用胶刮刮净，重渍区可反复涂洗。

涂水器的操作过程：

（1）涂水器在使用前必须干净、无污染。

（2）使用前应先将涂水器放入玻璃清洁剂或其他保洁溶液中浸泡。

（3）使用涂水器将玻璃清洁剂或其他保洁溶液抹在玻璃或建筑物装饰材料的硬表面上，应注意四边和角落，不得漏抹。

（4）涂水器在使用时，保洁剂或抹下的污水均不能产生飞溅，以免造成二次污染。

（5）使用完毕后，应及时清洗涂水器套，晾干备用，并妥善保管收放。

7. 铲刀

铲刀有云石铲刀、玻璃铲刀两种，造型轻巧，使用方便，能够方便铲去地上及墙边的胶水及污垢。锋利的玻璃铲刀一般用来铲除玻璃上的油漆及胶纸；钝的云石铲刀一般用来铲除硬质材料上的水泥和石膏。

8. 伸缩杆

伸缩杆由不锈钢管和铝合金制成，有二节、三节之分，可伸缩，最长可8m，伸长后或缩短后由螺旋或锁紧器锁紧。

使用伸缩杆时的注意事项：

（1）锥体与锥孔的配合一定要紧密，发现松动，不得使用，以免工具坠落伤人。

（2）要检查螺旋锁紧器是否安全可靠，锁紧后上下接杆不得松动，一旦松动则不得使用。

（3）伸长和收缩接杆时要缓慢，尤其伸长到极点时，不要猛烈拉动上下管，以免损坏锁紧器。

（4）旋转锁紧器时，不要过分用力，以免锁紧器旋转过头而损坏。

（5）接杆壁不得出现凹凸现象和不圆，接杆不得弯曲，以免影响伸缩使用。

（6）接杆使用完毕，擦拭干净，收缩复原，旋紧锁紧器，妥善保管使用。

除上述清扫工具，毛巾、灰刀、喷壶、梯子、垃圾桶等其他用品和工具也是人们

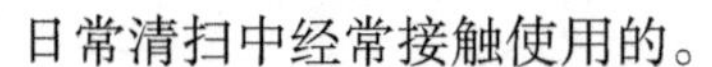

日常清扫中经常接触使用的。

（四）其他辅助类清洁工具

1. 胶手套

用于卫生间的环境清洁工作及使用药水时使用。

2. 梯子

有0.87～2.5m的规格，用于协助保洁员做较高位的环境卫生维护工作。

（1）操作方法。将梯子放在平坦的地面，使梯子与地面呈50°～60°角，可开始清洁工作。

（2）注意事项。

1）梯子不得缺档，垫高使用，使用时下端应采取防滑措施，以免自己或他人的生命财产安全受到损害。

2）禁止两人同时在梯子上作业。

3）用梯子进行2m以上作业时，必须至少有一人固定梯子。比较危险的施工，必须进行现场勘察，确保安全后，方可施工。工作过程中，固定梯子人员不得松手离开。

3. 喷雾器

喷雾器是擦拭玻璃、家具、墙壁饰物和喷药杀虫消毒的工具，清洁保养常用的有两种：气压式小喷雾器和背挂式大喷雾器，前者用于擦拭玻璃、家具、墙壁饰物等，后者用于喷药杀虫、消毒。家庭保洁一般只使用气压式小喷雾器。

二、保洁专用工具及使用

（一）家用自动扫地机

随着国内生活水平的不断提高，原本一直在欧美市场销售的扫地机器人走入平常百姓家，并被越来越多的人所接受，扫地机器人将在不久的将来像白色家电一样，成为每个家庭必不可少的清洁帮手。产品也会由现在的初级智能化向着更高程度的智能化程度发展，逐步地取代人工清洁。

家用扫地机机身为无线机器，以圆盘形为主。使用充电电池运作，操作方式以遥控器或机器上的操作面板。一般能设定时间预约打扫，自行充电。前方设有感应器，可侦测障碍物，如碰到墙壁或其他障碍物会自行转弯，并依据不同设定，而走不同的路线，有规划地清扫地面（部分较早期机型可能缺少部分功能）。因为其简单操作的功能及便利性，现今已慢慢普及，成为上班族或现代家庭的常用家电用品。

机器人技术现今越趋成熟，故每种品牌都有不同的研发方向，拥有特殊的设计，如双吸尘盖、附手持吸尘器、集尘盒可水洗及拖地功能、可放芳香剂，或是光触媒杀菌等功能。

1. 按照清洁方式分类

（1）单吸口式。单吸口式的清洁方式对地面的浮灰清洁效果较好，但对桌子下面久积的灰尘及静电吸附的灰尘清洁效果不理想。（设计相对简单只有一个吸入口，如

图 7-1 所示)

(2) 中刷对夹式。其对大的颗粒物及地毯清洁效果较好，但对地面微尘处理稍差，较适欧洲全地毯的家居环境。对亚洲市场的大理石地面及木地板微尘清理较差。(清扫方式主面通过一个胶刷，一个毛刷相对旋转夹起垃圾，如图 7-2 所示)

(3) V 刷清扫系统。以台湾机型为代表，它采用升降 V 刷浮动清洁，可以更好地将扫刷系统贴合地面环境，相对来说，对地面静电吸附灰尘清洁更加到位。(整个的 V 刷系统可以自动升降，并在三角区域形成真空负压，如图 7-3 所示)。

2. 家用扫地机的重要指标

(1) 带有圆周式的踩空传感器，可以有效防止在台阶上跌落。

(2) 超声波仿生侦测技术，可以做到像鲸鱼一样通过声波判定障碍物。

图 7-1 单吸口式

图 7-2 中刷对夹式

(3) 间隔排程预约，工作时间可以间隔设定。而不是固定清洁时间循环。

(4) 清扫行走系统，直线型、沿边打扫型、螺旋形，交叉打扫，重点打扫“S”形清扫。

(5) 可充电式虚拟墙，从方便、环保的角度来说，虚拟墙比较耗电。

(6) UV 杀菌，特别是有宠物和小孩的家庭，UV 杀菌除螨可更好地保护家人健康。

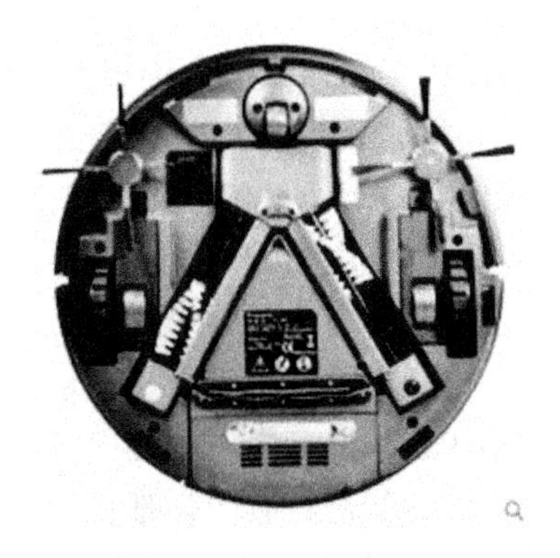

图 7-3 V 刷清扫系统

(7) 电池容量，容量 1800mAh 以下基本属于玩具，真正的扫地机器人的电池容量在 2800 ~ 3600mAh，这个容量才能保证清扫工作有效进行。

(8) 外观材质，最好是磨砂表面而不是烤漆，环保耐划伤。

(9) 工作噪声越小越好。

(10) 吸尘电动机，从声音及使用寿命角度出发，无刷电动机比传统碳刷更持久耐用，相对声音更小。

（11）工作功率，普遍为30～45W，工作功率越大，清洁越彻底。

3. 家用扫地机日常维护

（1）滤网清洗，可水洗，减少后续更换成本。

（2）边刷、主刷用久了后会有卷曲的现象，用80℃的开水烫一下，PET材质的刷毛会自动弹回。

（3）智能型扫地机的尘盒需要3～5天人工倒一次垃圾。

（4）检查吸尘模组；检查拉线与各活动部件的移动自由度；检查真空系统；检查边刷是否损坏及是否平整，如若损坏应及时进行更换调整；检查扫地机过滤网是否完好；对扫地机各轴承润滑点进行加油润滑。

（二）家用吸尘器

目前市场上吸尘器种类繁多，而对于居家的我们来说，对于吸尘器就比较陌生了。如今，吸尘器渐渐走进千家万户，如何挑选一款合适的居家吸尘器已经成为大众所关注的焦点之一。

家用吸尘器是利用风机叶轮在电动机的高速驱动下，叶轮中的叶片不断对空气做功，使叶轮中的空气得到能量，并以极高的速度排出风机。同时，风机前端吸尘部的空气不断补充叶轮中的空气，致使吸尘部内形成瞬时真空，即在吸尘部内与外界大气压形成一个相当高的负压差，在此负压差的作用下，吸嘴近处的垃圾与灰尘随气流进入吸尘器，在吸尘器内部经过过滤器，垃圾与灰尘留在储灰箱内，而空气经过滤后再排出吸尘器进入室内，至此完成了整个吸尘全过程。

1. 吸尘器的类型

（1）卧式吸尘器。它是我们生活中最常见到的型号，其最大的特点是：①机器较大；②性能较好，该类机器操作起来也比较容易，对于一般的家庭来说，是居家最好的选择之一。

卧式吸尘器一般包含以下部分：机器一台，软管一根，地刷一到两个，扁吸一个，沙发吸一个，可能还会包括一些比较实用的小附件（如除螨刷、其他套装等）。

（2）推杆式吸尘器。它在国内不太流行，该品类的吸尘器拥有一个特点——小巧、精致、美观。但该吸尘器不太适用于打扫一些细节地方（如床底、窗户等）。该机器小巧，是打扫地板和地砖的不错选择。

（3）手持式吸尘器。它属于比较低端产品，在低端市场比较流行，该类产品相对于推杆式吸尘器而言更加小巧，用手提着就可清扫手边的灰尘。但该类产品的性能相对较低，用途较少。该品类吸尘器多用来打扫私家车、计算机键盘或一些比较细微的东西产生的灰烬。

该品类机器一般包含以下部分：机器一台，背带一个，软管一根，沙发吸和扁吸各一个。

（4）水过滤吸尘器。水过滤吸尘器的过滤系统是通过水过滤的，优点是出风清洁，缺点是大量的灰尘堆积可能会导致下水道堵塞，造成危险。

（5）干湿两用桶式吸尘器，顾名思义就是在一般吸尘器的功能上还能够吸水，并且集尘容量较大，但自然而然地体积也就庞大。

2. 使用常识

（1）各种不同型号、规格的吸尘器，它们的结构性能、功能特点不尽相同。因此，对所选购的吸尘器在使用前必须仔细阅读使用说明书，避免因使用不当造成吸尘器的损坏和危及人身安全。

（2）吸尘器应在海拔不超过1000m，通风良好，环境温度不超过40℃，空气中无易燃、腐蚀性气体的干燥室内或类似的环境中使用。

（3）使用前，应首先将软管与外壳吸入口连接妥当，软管与各段超长接管以及接管末端的吸嘴，如家具刷、缝隙吸嘴、地板刷等要旋紧接牢。因缝隙吸嘴进风口较少，使用时噪声较高，连续使用时间不应过长。

（4）接好地线，确保用电安全。吸尘器每次连续使用时间不要超过1h，防止电动机过热而烧毁。

（5）装有自动卷线装置的吸尘器使用时，把电源线拉出足够的使用长度即可，不要把电源线拉过头，若见到电源线上有黄色或红色的标记时，即要停止拉出。需卷回电源线时，按下按钮即可自动缩回。

（6）吸尘器一般有两个开关，一个在吸尘器的壳体上，另一个在软管的握持把手上，使用时应先接通壳体上的开关，然后接通握持把手上的开关。

（7）平时使用应注意不要使吸尘器沾水，湿手不能操作机器。若被清洁的地方有大的纸片、纸团、塑料布或大于吸管口径的东西，应事先排除它们，否则易造成吸口管道堵塞。

（8）使用时，视所清洁的场合不同，可适当调节吸力控制装置。在弯管上有一个圆孔，上面有一个调节环，当调节环盖住弯管上的孔时，吸力为最大；而当调节环使孔全部暴露时，吸力则为最小。有的吸尘器是采用电动机调速的方法来调节吸力的。

（9）当发现储尘筒内垃圾较多时，应在清除垃圾的同时消除过滤器上的积灰，保持良好的通风道，以避免阻塞过滤器而造成吸力下降、电动机发热及降低吸尘器的使用寿命。

（10）吸尘器使用一段时间后，由于灰尘过多地集聚在过滤带上，会造成吸力下降。此时，可摇动吸尘器上的摇灰架，使吸力恢复。若摇动摇灰架仍不能使吸力恢复，说明桶内灰尘已积满，应及时清除。这一步就关系到吸尘器的保养，可以多了解一下。

3. 注意事项

（1）如果家中有老人或小孩，在购买机器的时候还需要问一下机器的噪声情况。线长、打扫方式、是否能水洗、HEPA等也应该是大家所关注的一个重点。

（2）如果是在网上购买吸尘器之类的产品，售后服务则是最重要的，建议购买知名度较高的机器。

（3）吸尘器在使用完后，保持机身清洁等，也可以使机器的使用寿命延长。

三、清洁剂介绍及使用

要做好现代清洁工作，必须掌握和熟悉各种清洁剂的性质、用途和方法，针对不

同的污染、材质，选用合适的清洁剂，对症下药，既去除了污染，又保护了表面，这样才能真正达到清洁目的。

（一）家用清洁剂按 pH 值分为三种类型

1. 酸性清洁剂

酸性清洁剂的 pH 值小于 7，多为液体。此类清洁剂有一定的杀菌、去臭功效，还可去除碱性污垢，如物体表面的石灰渍、水泥渍、水垢及卫生间的顽固性尿渍、氧化金属渍等。在家庭保洁中，酸性清洁剂主要用于卫生间的清洁。

家庭常用的酸性清洁剂有过氧乙酸、卫生间清洁剂（洁厕灵、洁厕净、洁厕剂、厕清等）。此类清洁剂一般可直接倒在物体上使用，不用稀释。

特别提示：酸性清洁剂有一定的腐蚀作用，使用不当会损坏皮肤和物体表面。

2. 中性清洁剂

中性清洁剂的 pH 值约等于 7，有液状、粉状、膏状等。此类清洁剂具有除污保洁的功效，因其不腐蚀和损坏任何物品，在家庭中使用较多，但对于顽固性污渍的去除效果不理想。家庭常用的中性清洁剂有用于日常清洁的多功能清洁剂。

3. 碱性清洁剂

碱性清洁剂的 pH 值大于 7，有液状、粉状、乳状、膏状等。此类清洁剂能很好地去除物体表面的各类酸性污垢、机械油污和动、植物油渍等，在家庭保洁中，主要用于厨房的清洁。

家庭常用的碱性清洁剂有碱性洗衣粉、碱面、洗涤剂、玻璃清洁剂等。此类清洁剂使用时，首先要加入一定量的水稀释，然后再直接清洁物品。

（二）家用清洁剂按功能主要分为六种类型

1. 厨房清洁剂

厨房清洁剂顾名思义是专门用于厨房清洁的化学剂，它能去除各种厨具的污渍。大部分厨房清洁剂除了具备普通除油产品无法比拟的清洁效果，还添加了除菌因子，让厨房清洁的高效而健康。厨房清洁剂可直接乳化油污，反应后生成中性液体，腐蚀性弱，去污力强，适合各厨房用具。

（1）适用对象。抽油烟机、电磁炉、厨房电器、油烟排风扇、煤气灶、天然气灶、灶台、锅盖、厨房玻璃、瓷砖上的油污，不锈钢等金属表面油污等。

（2）使用原因。清洗油污可延长抽油烟机使用寿命，清除叶轮及风机内外表面的油污垢、特别是油污等杂质，防止风机锈蚀并有效除味除菌。

（3）主要成分。椰子油、椰子粉、海洋矿物元素、矿物岩晶、芦荟精华；主要原料均采用天然植物萃取液。

（4）产品优点。

1）专为厨房电器而设计的超强清洁配方。

2）快速分解顽固油渍、污垢。

3）无须拆卸、免过水、不留残余。

4）环保原料，中性配方，绝对不损伤电器表面电镀层和油漆。

（5）操作流程及注意事项。用于清洗普通油污时，应先加以稀释，然后倒在要清洗的物体表面或倒在抹布上擦洗；清洁重油污时，先均匀地洒上清洗剂，停留十几分钟，再用抹布、刷子或旧报纸擦洗。

（6）注意事项。肥皂和洗衣粉不能用于洗涤餐饮用具和炊具。

2. 卫生间清洁剂

（1）主要用途。卫生间清洁剂属酸性，含多种高效去污剂和抑菌剂，去污力强，清洁卫生间污渍有特效。还可清除锈渍、水渍、油渍等污渍。有杀菌、消毒、除臭功效，不会伤害物质表面及附件，使用后，留下清新气味。适用于卫生洁具、浴缸、瓷砖、马赛克、水磨石等表面的清洁。

（2）使用方法。视污渍程度兑水使用。一般污渍 1 份清洁剂兑 5 ~ 10 份水；严重污渍 1 份清洁剂兑 2 ~ 5 份水。将本品兑水后，喷于物体表面，用毛刷或布擦拭，然后用水冲净。

3. 玻璃清洁剂

玻璃清洁剂其分子中同时具有亲水的极性基团与亲油的非极性基团，当它的加入量很少时，即能大大降低溶剂（一般是水）的表面张力以及液界面张力，并具有润滑、增溶、乳化、分散和洗涤等作用。玻璃清洁剂在家庭生活及工业生产的清洗中，有着广泛的用途。

（1）特点与功效。

1）含有氨水及去油污溶剂，去污迅速彻底。

2）一抹即净，无须冲洗且不会留下划痕和布痕，大面积清洁更加省事。

3）产品一定要经稀释后使用，一般可按 1∶3 的比例（1 份的透丽加 3 倍的水）稀释。当遇到较难清洁的表面或污渍太厚时，可按 1∶2 或 1∶1 的比例配制以增强清洁效果。

4）产品不适用于电视机或计算机屏幕（这类物品必须按照制造商所指示的方法擦拭）。

（2）主要成分。表面活性剂、溶剂及其他辅助成分，为淡蓝色透明液体，供清洗、擦亮房屋窗玻璃、橱窗和汽车挡风玻璃之用。这种清洁剂的去污性能好，主要含脂肪醇聚氧乙烯醚、聚氧乙烯椰油酸酯、乙二醇丁醚、丙二醇单丁醚及约 0.5% 的氨水。在使用中，手与这些清洁剂长时间接触，可对皮肤造成一定的刺激，只要操作时戴上手套就可保护皮肤。

（3）产品说明。由表面活性剂、杀菌剂、香精以及独特防雾因子经过科学调配而成的清洁产品；具有良好的清洁力、杀菌力、防雾性、防污性和不留水痕等特性，适用于现代家庭、写字楼、酒店及娱乐场所等。

（4）产品特性。

1）防雾性：含有独特防雾因子，可有效保持玻璃表面光亮清晰。

2）防污性：可有效防止灰尘等污垢的再污染。

3）优异的清洁能力：可有效清洗玻璃表面的各类污垢，使表面更加光亮。

4）强效的杀菌能力：可有效杀灭病菌，避免病菌交叉传染人群。

5）芳香性：清洗完后，可持续保持清香。

6）安全性：中性产品且无任何腐蚀性及毒性。

7）绿色环保：不含任何含磷物质以及重金属物质。

（5）运输、储存。

1）运输时应轻装轻卸，防止碰撞。

2）产品应储存于阴凉干燥通风处。

（6）注意事项。勿让儿童接触；请勿吞食；不慎入眼，请用大量水清洗，并即时就医。

4. 衣物清洁剂

随着人们生活品质的逐渐提升，针对不同衣物类型而专门生产的洗衣液也随着人们的需求不断地改进升级。现在市面上各种衣物洗涤剂实在是琳琅满目，花样百出，但最常见的衣物洗涤剂可以从外观上粗略分成三类：块状的如肥皂，粉末状的如洗衣粉、皂粉等，还有就是液体的各类洗衣液、柔顺剂等。那么，这些洗涤产品之间都有着什么不同呢？我们在购买的时候又应该如何选择呢？

（1）肥皂。虽然近年来肥皂已经逐渐被洗衣粉和洗衣液所代替，但其衍生出来的如增白皂、透明皂等洗涤产品仍然占有一定的市场。据资料记载，在肥皂还没有被发明以前，中国古代都用猪的胰脏、板油以及碱，捣一捣，放着晒几天就可以拿来洗东西了，称作“胰子”。也有人用清水浸草木灰，过滤以后，用这种物质来洗衣服，甚至还使用含有皂苷的植物提取物，如皂角等。

1）肥皂的去污原理。肥皂主要是由高级脂肪酸盐构成，如高级脂肪酸钠。在洗涤衣物时，肥皂分子中憎水的烃基部分就溶解进入油污内，而亲水的羧基部分则伸在油污外面的水中，油污被肥皂分子包围形成稳定的乳浊液。通过机械搓揉和水的冲刷，油污等污物就脱离附着物分散成更小的乳浊液滴进入水中，随水漂洗而离去，这就是肥皂的洗涤原理。

2）常用的肥皂类型。日常生活中，我们常用的肥皂种类包括普通肥皂、半透明皂、复合肥皂、增白皂等。普通肥皂的主要成分除了脂肪酸钠之外，还加入泡花碱作为助洗剂；半透明皂的干皂含量比普通肥皂高，碱性低，泡沫丰富，去污力强，比较柔和；复合肥皂加入了钙皂分散剂和一些合成洗涤剂，抗硬水能力强，增强了抗污垢再沉积性；增白皂中加有增白剂等助洗剂。

温馨提示：

①一般肥皂不太适合水质较硬的地区，因为硬水会产生大量钙皂，形成水面一层灰白色的悬浮物，易玷污衣物，造成衣物洗不净的现象，硬水区可适当使用加入了钙皂分散剂的复合皂。

②肥皂能够有效去除衣物上的污垢，使用起来也很方便，对环境污染较小，但一旦存放不当，容易出现冒霜、开裂、酸败等状况。

（2）洗衣粉。洗衣粉是如今最为常用的衣物洗涤种类，各类洗衣粉按泡沫分有高泡的和低泡的，按使用浓度分有浓缩的和普通的，按含有磷酸盐高低分为含磷和无磷，按功能分有普通的、加酶的、漂白功能的等。据介绍，洗衣粉是碱性的合成洗涤剂，相比皂类洗涤剂，洗衣粉具有去污力强、溶解性能好和使用方便等特点。

1）浓缩洗衣粉。浓缩洗衣粉的主要成分和功能大体与普通洗衣粉相同，只是表面活性剂、助洗剂含量比普通洗衣粉高，而填充剂则比普通洗衣粉少或者不加。浓缩洗衣粉去污力更强一些，其使用量为一般洗衣粉的1/4～3/4。

2）无磷洗衣粉。无磷洗衣粉是相对含磷洗衣粉而言的，无磷洗衣粉是通过4A沸石等不含磷的物质作助洗剂，减少了含磷污水排放，有利于生态环境的维持。

3）加酶洗衣粉。加酶洗衣粉就是在洗衣粉中添加了酶制剂，酶能够保持衣物的洁白，并不会让衣物褪色。常见的酶制剂有四类：蛋白酶、脂肪酶、淀粉酶和纤维素酶。其中洗衣粉中应用最广泛、效果最明显的是蛋白酶。蛋白酶用于去除蛋白类污渍，脂肪酶则是用于去除各种油脂类污渍。

温馨提示：

①在使用加酶洗衣粉时要注意水温，一般用40℃左右水温即可，超过50℃则会杀死洗衣粉中的酶。

②使用加酶洗衣粉还要注意保质期，一般超过1年，酶的活力会降低很多甚至失效，影响去垢效果。

（3）洗衣液。洗衣液是由水和表面活性剂、助洗剂、增效剂等组分按一定比例配制成的液体洗涤剂。相对洗衣粉来说，洗衣液更节能、省料、易溶解，而且使用方便。一般洗衣液的碱度相对洗衣粉来说比较低，无磷并且性能比较温和，对环境的污染是最低的。然而，洗衣液也同时存在着一些缺点，比如售价较高，产品区分得过于细化（比如婴儿衣物洗衣液、羽绒服洗衣液、内衣洗衣液等）。因此，洗衣液一般比较适合注重生活品质的家庭使用。

1）漂白洗衣液。漂白剂是通过氧化作用去掉衣物沾染的或自身泛黄形成的各种色素，从而使衣物尽量恢复原有的鲜艳色彩。漂白剂有含氯漂白剂和含氧漂白剂两类，而含氯漂白剂或含氧漂白剂同时也是消毒杀菌剂，比如我们常用的84消毒液，这些漂白剂虽然有不错的杀菌和漂白的效果，但实际上它们只能去除可以氧化成水溶性的有色污垢，不能除去油脂和不可氧化的颗粒状污垢（如对于衣领上的污垢）等，因此，还要配合洗衣粉共同使用才能达到更好的去污效果。

2）专用洗衣液。在各大超市的衣物洗涤剂专区，我们可以看到很多根据不同衣物类型而专门洗涤的洗衣液，比如专门针对丝或者专门针对毛进行洗涤的洗衣液。据了解，因为丝和毛都是蛋白质纤维，对弱酸较稳定，对碱性较敏感，所以，不能使用碱性洗衣液，应选用丝绸专用洗衣液、羊毛专用洗衣液或中性洗衣液，而羽绒服洗衣液会尽量避免对羽绒服表面蜡质的破坏。

温馨提示：

①含氯漂白剂不能与酸性洗涤剂混用，否则会发出有毒气体。

②含氯漂白剂不要洗涤彩色的衣物，即使是白色的衣物，也要注意衣服标签上是否禁止氯漂的标识。

5. 皮革清洁剂

皮革主要有真皮及人造革两类，对人造革制品，可选用一般的轻微型清洁剂清洁。真皮制品也是人们生活常用的，如皮衣、皮手套、皮沙发等。对这类真皮制品的清洁，最好用专门的皮革清洁剂。因为一般的清洁剂脱脂能力较强，清洁后皮革脱脂发干，失去光泽及柔软性。

皮革清洁剂一般由表面活性剂、保湿剂、富脂剂、上光剂组成。通常含有白矿物油、甘氨酸衍生物、烷基苄基氯化铵、AOS、6501、LAS、烷醇酰胺、PVP－碘等。

如何鉴别皮革清洁剂的优劣？

（1）用酸碱度 pH 值试纸检测。酸碱度 pH 值为 1～14，中性为 7、酸性为 1～7、碱性为 7～14，pH 值越小，越偏向酸性；pH 值越大，越偏向碱性。

虽然 pH 值表正确的中性值为 7，但实际上中性的范围可延伸为：pH 值为 6.5～7.5。

把 pH 值试纸放入要检测的皮革清洁剂中 1s 后取出，根据反应颜色对板，即知酸碱度的 pH 值。越红越偏向酸性，越蓝黑越则偏向碱性。

人或动物都稍稍偏向酸性，即人或动物的酸碱度 pH 值为 5～7.5，广告中说的不伤手的洗洁精，其酸碱度 pH 值为 5～7.5。pH 值大于 7.5，对皮革就会有伤害；如果 pH 值大于 9，请不要使用。当然，pH 值小于 4 的也不要用。

pH 值大于 7.5 或 pH 值小于 4，不但伤皮革，还会伤手。

合格的皮革清洁剂，其酸碱度 pH 值为 5～7.5。

酸碱度 pH 值试纸一般在教学化工商店有售。

（2）闻气味、看挥发性。如果皮革清洁剂的气味浓，证明挥发性强，一般含有溶剂，污染空气，会随呼吸进入人体内，不利于人的健康，对人体有害。

浓香一般是“金屋藏娇”，是用香掩盖臭味的方式。大部分化工产品都有不好闻的味道，所以要加香掩饰。当然，喷雾式的皮革清洁剂，使用起来虽然很方便，但是，使用者也会被动吸收，不利于人的健康。

（3）看是水性，还是油性。可以溶于水的为水性，不含毒性，或毒性很低，一般也环保。乳化性的，一般也属水性，如果碱性太强，会伤皮革。油性的皮革清洁剂，采用溶剂方案的，含有的毒性，一般比水性的高且不环保。但新发明的产品，如皮模拟油的皮革清洁剂，不是采用溶剂方案的，不会有毒，故不在此列。

（4）皮革清洁剂不能含有摩擦剂。皮革清洁剂如果采用摩擦剂方案，其清洁原理是通过摩擦磨去污垢的物理法，就像扫地，如果不注意或技术不好，很容易磨花真皮表面。但如果污垢太严重、太特殊，以致没有办法清除，只要方法适当，即做到只磨去污垢，采用摩擦剂方案还是比采用碱性腐蚀真皮内部结构的方案好。

（5）看清洁效果。把皮革清洁剂喷于真皮表面，如果一抹即干净，那一定是清洁力非常强，这却是化学反应作用的结果，具有极强的腐蚀力，用这样的皮革清洁剂清洁真皮，会显得非常干净，但其代价是伤害真皮，而且，在同一部位使用这样的清洁剂三次以上，真皮表面即出现异样。

况且，从毛孔渗入真皮内部的清洁剂，会破坏真皮的内部结构，缩短真皮的使用寿命，对人的皮肤也会有伤害，其酸碱度的pH值一般不可能为5~7.5。好的皮革清洁剂，其清洁力一般不会很强，清洁速度相对慢一点，但也可把真皮污垢彻底清洁干净。

（6）实用检验。实践是检验真理的唯一标准，真皮与皮革清洁剂接触后，立即光亮或干燥后光亮，真皮又不会发硬，而且可以把真皮污垢清洁干净，那一定就是好货，否则，一定就不是好货。对真皮而言，这是最重要的检验标准。

（7）可以降解，对环境没有污染，符合环保要求。

综上所述，好的皮革清洁剂一般满足如下条件：①酸碱度pH值为5~7.5。②没有气味，不挥发。③水性。④不含摩擦剂。⑤清洁力适中。⑥与真皮接触后，立即光亮或干燥后光亮，真皮又不会发硬。⑦具有把真皮污垢清洁干净的清洁力，不会污染环境，符合环保要求。

其中，①、②、③三点会影响人的健康，因此，一定要高度重视——健康比什么都重要；①、④、⑤、⑥四点可以判断皮革清洁剂，对真皮是否有伤害；⑤、⑥两点为实用检验；⑦点可以判断对人类环境的影响。

6. 地毯清洁剂

地毯清洁剂俗称地毯香波，地毯清洁剂的原始配方属于通用的轻垢型洗涤剂，内加焦磷酸四钠，其作用是既增加去污力，又可以使干燥的残渣更加松脆。某些脂肪醇硫酸酯盐的钠盐或镁盐在脱水时，本身也变得很松脆，因此，脂肪醇硫酸钠或镁也是制造地毯清洁剂的合适原料。采用晶型的表面活性剂，作为地毯的基料，例如用磺化琥珀酸半酯或加入胶体二氧化硅，使吸附地毯纤维上的清洁剂更加松脆，干燥时易被刷去或用吸尘器吸走，防止灰尘的再污染。

常见地毯清洁剂有：

（1）通用地毯香波。将铝硅酸镁、汉生胶、月桂硫酸钠、月桂酰肌氨酸钠、苯乙烯马来酐共聚物等原料溶于水中，以氨水调pH值为7~9，再加入香精和色料。产品为透明液体。本品对纤维无损害，润湿力及渗透性好，易于蒸发、干燥。对纯毛及各种合成纤维地毯均可适用。

使用时，每升水中加入本品15g，溶解后喷洒在地毯上，再用刷子刷洗，然后用干布沾干，或用吸尘器把污垢和水分吸去，3~4h后，地毯就可使用。

（2）粉状地毯香波。主要成分是甲醛-尿素树脂泡沫粒载体、杀菌剂、溶剂、抗静电剂、表面活性剂。使用时，脏物被载体吸收后用吸尘器吸净。本品有清洗、抗静电、杀菌作用，清洗后，地毯柔软清洁，恢复原有状态。

（3）气溶胶型地毯清洁剂。主要成分为表面活性剂、溶剂、助剂、聚合物、香精等。一般制成液体洗涤剂，再压入气雾罐中制成气雾剂包装产品。使用时，将泡沫喷在地毯上，干燥后用毛刷除去残留物。

（4）地毯干洗剂。主要成分为空心球状硅石，干纤维素纸浆，加入少量表面活性剂制成。使用时，将干洗剂涂于地毯上，用吸尘器将其吸除，有效地将污染物清除，

清除效果达90%以上，本品对地毯污染较小。真空吸除回收率达94%~96%。

（5）小地毯清洁剂。主要成分为肥皂、表面活性剂、溶剂等。一般制成液体洗洁剂。用于清洁小地毯和室内装饰用品。清洁时产生丰富泡沫可使清洁容易进行。既不会损伤纤维，又可使地毯颜色鲜艳、光亮。使用时，用海绵或软布作擦拭器，吸取清洁剂后，压出吸取的清洁剂，令其表面产生泡沫。而后，用来擦拭地毯表面，使其表面洁净。再用干净的布蘸取温水，除去被清洁表面的皂液。最后，用洁净的干布擦干净。

（三）常用家用清洁剂使用的注意事项

（1）厨房使用的清洁剂不要与卫生间的清洁剂混用。

（2）在使用清洁剂时，不能把几种清洁剂混合在一起使用，以免发生化学反应。

（3）各种清洁剂、消毒剂使用后要放在固定的地方，不要与食品放在一起，特别是家中有小孩时，要放在小孩不易拿到的高处，以免误食。

（4）酸性清洁剂、碱性大的清洗剂、未经稀释的消毒剂对皮肤有刺激和腐蚀作用，应避免接触皮肤，如果溅到皮肤上或溅入眼睛内，应立即用大量清水冲洗。

四、消毒剂介绍及使用

消毒剂是用于杀灭传播媒介上病原微生物，使其达到无害化要求，将病原微生物消灭于人体之外，切断传染病的传播途径，达到控制传染病的目的。

消毒剂常见类型：

（一）过氧乙酸

1. 理化特性

（1）主要成分。含量有35%（以重量计）和18%~23%两种。

（2）外观与性状。无色液体，有强烈刺激性气味。

（3）溶解性。溶于水及乙醇、乙醚、硫酸。

（4）主要用途。用于漂白、催化剂、氧化剂及环氧化作用，也用作消毒剂。

（5）化学性质。完全燃烧能生成二氧化碳和水。

（6）健康危害。该品对眼睛、皮肤、黏膜和上呼吸道有强烈的刺激作用。吸入后可引起喉、支气管的炎症、水肿、痉挛，化学性肺炎、肺水肿。接触后可引起烧灼感、咳嗽、喘息、喉炎、气短、头痛、恶心和呕吐。

（7）燃爆危险。该品易燃，具爆炸性及强腐蚀性、强刺激性，可致人体灼伤。

（8）危险特性。易燃，加热至100℃即猛烈分解，遇火或受热、受振都可起爆。与还原剂、促进剂、有机物、可燃物等接触会发生剧烈反应，有燃烧爆炸的危险，有强腐蚀性。

2. 作用与用途

过氧乙酸是广谱、速效、高效灭菌剂，该品是强氧化剂，可以杀灭一切微生物，对病毒、细菌、真菌及芽孢均能迅速杀灭，可广泛应用于各种器具及环境消毒。用0.2%的溶液接触10min基本可达到灭菌目的。用于空气、环境消毒、预防消毒。

3. 用量与用法

（1）洗手。以0.2%~0.5%溶液浸2min。

（2）塑料、玻璃制品。以0.2%溶液浸2h。

（3）地面、家具等。以0.5%溶液喷雾。

4. 注意事项

（1）“原液”刺激性、腐蚀性较强，不可直接用手接触。

（2）对金属有腐蚀性，不可用于金属器械的消毒。

（3）“原液”储存放置可分解，注意有效期限，应储存于塑料桶内，凉暗处保存，远离可烯性物质。

（二）高锰酸钾

1. 性状与稳定性

该品为黑紫色细长的菱形结晶；带蓝色的金属光泽；相对分子质量为158.04。味甜而涩。密度2.703g/cm³。高于240℃分解，在沸水中易溶，在水中溶解，易溶于甲醇、丙酮，但与甘油、蔗糖、樟脑、松节油、乙二醇、乙醚、羟胺等有机物或易溶的物质混合发生强烈的燃烧或爆炸。该品水溶液不稳定，遇日光发生分解，生成二氧化锰，灰黑色沉淀并附着于器皿上。高锰酸钾溶液是紫红色的。

该品用作消毒剂、除臭剂、水质净化剂。高锰酸钾为强氧化剂，遇有机物即放出新生态氧而起杀灭细菌作用，杀菌力极强，但极易为有机物所减弱，故作用表浅而不持久。可除臭消毒，用于杀菌、消毒，且有收敛作用。高锰酸钾在发生氧化作用的同时，还原生成二氧化锰，后者与蛋白质结合而形成蛋白盐类复合物，此复合物和高锰离子都具有收敛作用。某些金属离子的分析中也用作氧化剂。也用它作漂白剂、毒气吸收剂、二氧化碳精制剂等。

2. 副作用

使用高锰酸钾还应注意，由于高锰酸钾分解放出氧气的速度慢，浸泡时间一定要达到5min才能杀死细菌。配制水溶液要用凉开水，热水会使其分解失效。配制好的水溶液通常只能保存2h左右，当溶液变成褐紫色时则失去消毒作用，最好能随用随配。该品有刺激、腐蚀性。工业应用，该品主要用作氧化剂。

3. 不良反应与注意事项

该品结晶不可直接与皮肤接触，该品水溶液宜新鲜配制，避光保存，久置变为棕色而失效。

过量处理：该品结晶和高浓度溶液，具有腐蚀性，对组织有刺激性易污染皮肤致黑色。该品致死量约为10g。

值得说明的是，高锰酸钾是强腐蚀剂，使用时，不要直接用手接触，以免烧坏皮肤。只有配成合理浓度时，才可直接接触。

4. 危险性概述

（1）健康危害。吸入后可引起呼吸道损害；溅落眼睛内，刺激结膜，重者致灼伤；刺激皮肤；浓溶液或结晶对皮肤有腐蚀性；口服腐蚀口腔和消化道，出现口内烧灼感、上腹痛、恶心、呕吐、口咽肿胀等；口服剂量大者，口腔黏膜呈棕黑色、肿胀糜烂，剧烈腹痛，呕吐，血便，休克，最后死于循环衰竭。

（2）环境危害。该品助燃，具腐蚀性、刺激性，可致人体灼伤。

1）皮肤接触急救。立即脱去污染的衣着，用大量流动清水冲洗至少15min，就医。

2）眼睛接触急救。立即提起眼睑，用大量流动清水或生理盐水彻底冲洗至少15min，就医。

3）吸入急救。迅速脱离现场至空气新鲜处。保持呼吸道通畅。如呼吸困难，给输氧。如呼吸停止，立即进行人工呼吸，就医。

4）食入急救。用水漱口，给饮牛奶或蛋清，就医。

5. 储存注意事项

储存于阴凉、通风的库房。远离火种、热源。库温不超过32℃，相对湿度不超过80%。包装密封。应与还原剂、活性金属粉末等分开存放，切忌混储。储区应备有合适的材料收容泄漏物。

（三）过氧化氢

过氧化氢溶液俗称双氧水，为无色无味的液体，添加食品中可分解放出氧，起漂白、防腐和除臭等作用。因此，部分商家在一些需要增白的食品，如水发食品的牛百叶和海蜇、鱼翅、虾仁、带鱼、鱿鱼、水果罐头和面制品等的生产过程中违禁浸泡过氧化氢，以提高产品的外观。少数食品加工单位将发霉水产干品经浸泡过氧化氢处理漂白重新出售或为消除病死鸡、鸭或猪肉表面的发黑、瘀血和霉斑，将这些原料浸泡高浓度过氧化氢漂白，再添加人工色素或亚硝酸盐发色出售。过氧化氢可通过与食品中的淀粉形成环氧化物而导致癌性，特别是消化道癌症。另外，工业过氧化氢含有砷、重金属等多种有毒有害物质更是严重危害食用者的健康。FAO和WHO根据其毒性试验报告规定，过氧化氢仅限于牛奶防腐的紧急措施之用。中国《食品添加剂使用卫生标准》也规定过氧化氢只可在牛奶中限量使用，且仅限于内蒙古和黑龙江两地，在其他食品中均不得有残留。

1. 浓度

过氧化氢漂白所规定的合理浓度，应该以既能达到一定白度和去除棉籽壳的效果，又要使纤维损伤最小为原则。实践证明，织物白度和过氧化氢浓度的关系不是成正比的。当采用汽蒸工艺时，浓度控制在3～5g/L已能达到一定的白度要求，浓度再高，白度增加不多，相反容易损伤纤维。因此，汽蒸工艺浓度一般为3～5g/L，稀薄织物还应适当低些。具体确定时，应根据使用设备、漂白方式、织物厚薄、退浆煮练状况以及浴比等决定。为了尽可能减少对纤维的损伤，浓度以低为宜，要得到较高的白度，应在煮练上采取措施。

2. 温度

温度对过氧化氢的分解速度有直接的关系。在一定浓度和时间的条件下，织物上过氧化氢的分解消耗是随着温度的升高而增加的，因此，织物的漂白效果是随过氧化氢在织物上分解率的增高而增高的。当温度达到90～100℃时，过氧化氢可以分解90%，白度也最好；但是当温度为60%时，分解率仅为50%左右。

3. 时间

过氧化氢漂白时间的确定与温度有关。如果用冷漂法，要室温堆置10h左右，高温汽蒸漂白时间却可以大大缩短。从测定过氧化氢消耗率看，汽蒸15min已达到70%，汽蒸45~60min，消耗率已达到90%，并趋于平衡。可见，汽蒸时间45~60min就已够了。

4. 碱剂

常规漂白中漂液pH值为10.5~11，加水玻璃尚不能达到要求。因此，要加碱剂调节pH值，最常用的碱剂为烧碱，用量为1~2g/L。它是活化剂，能促进过氧化氢的分解，使过氧化氢生成具有漂白作用的过氧化氢离子，在pH值为10.5~11情况下，过氧化氢以中速分解达到漂白的目的。但在退煮漂与煮漂一浴法短流程工艺中，烧碱的用量均较高，烧碱不仅调节pH值，还兼退浆和煮练的功能。这就使漂浴很不稳定，加速了过氧化氢的分解，不仅浪费过氧化氢，而且可能导致纤维降解使织物脆损。为了控制过氧化氢的分解速率，加入适合的稳定剂，使过氧化氢按工艺要求来分解，并在分解与稳定之间达到平衡，这就是在稳定剂帮助下的“受控过氧化氢漂白工艺”。采用此工艺，既能取得较好的织物白度及去杂效果，又不至于对纤维造成较大的损伤。

5. 健康危害

吸入该品蒸气或雾对呼吸道有强烈刺激性。眼直接接触液体可致不可逆损伤甚至失明。口服中毒出现腹痛、胸口痛、呼吸困难、呕吐、一时性运动和感觉障碍、体温升高等。个别病例出现视力障碍、癫痫样痉挛、轻瘫。长期接触该品可致接触性皮炎。

过氧化氢本身不燃，但能与可燃物反应放出大量热量和氧气而引起着火爆炸。过氧化氢在pH值为3.5~4.5时最稳定，在碱性溶液中极易分解，在遇强光，特别是短波射线照射时也能发生分解。当加热到100℃以上时，开始急剧分解。它与许多有机物如糖、淀粉、醇类、石油产品等形成爆炸性混合物，在撞击、受热或电火花作用下能发生爆炸。过氧化氢与许多无机化合物或杂质接触后会迅速分解而导致爆炸，放出大量的热量、氧和水蒸气。大多数重金属（如铁、铜、银、铅、汞、锌、钴、镍、铬、锰等）及其氧化物和盐类都是活性催化剂，尘土、香烟灰、碳粉、铁锈等也能加速分解。浓度超过74%的过氧化氢，在具有适当的点火源或温度的密闭容器中，能产生气相爆炸。

过氧化氢是一种每个分子中有两个氢原子和两个氧原子的液体，具有较强的渗透性和氧化作用，医学上常用双氧水来清洗创口和局部抗菌。据最新研究发现，双氧水不仅是一种医药用品，还是一种极好的美容佳品。

第二节 保洁作业准备及流程

家庭保洁服务通过专业保洁人员使用清洁设备、工具和药剂，对居室内地面、墙面、顶棚、阳台、厨房、卫生间等部位进行清扫保洁，对门窗、玻璃、灶具、洁具、家具等进行针对性的处理，以达到环境清洁、杀菌防腐、物品保养的目的的一项活动。家庭保洁服务不仅给了他们时间去做其他的事，而且还能给其一个干净整洁的家，为其家庭生活营造良好的氛围。因此，现在家庭保洁服务越来越受到大众的喜爱。虽然每个家庭可能具体的家庭保洁服务的内容不尽相同，但是家庭保洁服务的标准都是一样的。

当房屋装修完毕，在入住之前，都需要先进行一项工作，那就是家庭保洁。家庭保洁也被称作是家庭大扫除，一般是指对将要投入使用或者正在使用的房屋进行的清洁活动。对于一部分家庭来说，家庭保洁这项工作一般都会找专业的家政公司来进行，但也有很多家庭选择自己动手，将自己的新家清洁干净。那么，当人们选择家政公司保洁时，了解家庭保洁流程是很有必要的，因为这样我们便于监督，改正他们没做到位的地方。

一、家庭保洁内容

（1）家庭住宅环境保洁。如庭院、地面、墙面、顶棚、阳台、厨房、卫生间、门窗、隔断、护栏等保洁及室内消毒、室内空气治理、病虫害防治等。狭义上的家居保洁仅指家庭住宅环境保洁。

（2）家庭生活设施及物品保洁，如灶具、洁具、家具、电器、工具、玩具、衣物、窗帘等保洁。

二、家庭保洁流程

（1）准备家庭保洁过程中所需要的工具，比如扫帚、鸡毛掸子、吸尘器、清洁桶、玻璃套装工具、清洁布等。

（2）将房屋内的杂物进行简单的清理，特别是体积较大的垃圾，要先将其清理出房间，为进一步的清洁房屋创造良好的空间。

（3）对房屋进行除尘工作。使用鸡毛掸子将房屋内墙壁上的灰尘清扫下来或者是用吸尘器对房屋内的墙壁从上到下的进行吸尘。然后，在地板上撒适量的水，对地板进行初步清洁。

（4）对玻璃进行清洁工作。此过程具体的清洁流程可以根据玻璃的洁净程度来进行。大体工作就是，先用清洁球或者铲刀等工具，将玻璃上与窗框上的污垢进行清除。然后，用干净的清洁布擦拭玻璃并在擦拭玻璃的过程中适当地对玻璃局部进行喷水或者喷洗洁精溶液，以保证能够将玻璃与窗框上的污垢清理干净。最后，再用干燥干净的清洁布对玻璃与窗框进行一个整体的清洁处理。

（5）如果房屋内部有家具、电器等生活用品，则需要使用合适的工具对它们进行清洁。

（6）对地板进行清洁工作。由于已经先对地板进行了初步处理，此次的清洁过程主要是在地板上洒水，然后使用刮水器将地板清洗干净，并将地板上的污水处理掉。如果有需要，可以使用清洁布对地板进行擦拭，特别是房屋内有家具或者电器的地方需要特别清理。

（7）摆放家具。对于将要入住的房屋来说，将房屋内的地板清洁干净后，剩下的工作就是将已经购置的家具按照自己的需要和要求摆放合适。然后，就可以入住了。

三、家庭保洁服务标准

（1）参与作业的家庭保洁服务人员应掌握清洁工具和材料的使用方法与注意事项。

（2）为了维护家庭安全与合作权益，保洁服务人员严禁在未经身份核实或未持派工单的条件下进入作业现场。

（3）为了保证作业质量、作业安全、作业进度，请勿在不具备作业条件下进行清洁作业活动。

（4）清洁服务人员不得在作业现场从事与本项服务无关的活动或行为。严禁吸烟、吐痰、喧哗、穿拖鞋和高跟鞋，未经同意不得私自动用他人物品或设施，以及擅自离开服务现场。

（5）获取来自服务人员提供的信息需经过客户管理中心核实和备案，否则，服务提供方不承担该信息可能引起的任何后果与责任。

（6）家庭保洁作业顺序一般遵循由里到外，由上到下的原则进行。上一步骤没有完成不得进行下一步骤工序。

（7）严禁将与工作无关人员带入服务现场。离开服务现场应通知客户。

（8）认真完成上级主管临时交办的其他任务。

四、家庭保洁服务验收标准

（1）玻璃。目视无水痕、无手印、无污渍、光亮洁净。

（2）卫生间的标准。墙体无色差、无明显污渍、无涂料点、无胶迹、洁具洁净光亮、不锈钢管件光亮洁净、地面无死角、无遗漏、无异味。

（3）厨房。墙体无色差、无明显污渍、无涂料点、无胶迹、不锈钢管件光亮洁净、地面无死角、无遗漏。

（4）卧室及大厅标准。墙壁无尘土，灯具洁净，开关盒洁净无胶渍，排风口、空调出风口无灰尘、无胶点。

（5）门及框标准。无胶渍、无漆点、触摸光滑、有光泽，门沿上无尘土。

（6）地面的标准。木地板无胶渍、洁净，瓷砖无尘土、无漆点、无水泥渍、有光泽，石材无污渍、无胶点、光泽度高。

说明：本验收不包含恢复自然、施工、使用等因素造成的物面色差、光亮度、损伤等。如哑面物体物面即不作“光泽度”项判定。

总之，随着专业化水平的提高和市场竞争的加剧，家庭保洁服务已不再是数年前人们印象中的清洁游击队了，各个保洁公司有了正规的办公室，有了现代化的清洁设备。

五、常用作业方法及注意事项

（一）清扫

1. 清扫的概念

清扫是指用扫帚将凌乱的垃圾和灰尘清除干净，并集中运走。适合于垃圾多而杂

的区域，或用以消除一些地面上的大垃圾等，是一种最基本的作业之一。

2. 作业方法

（1）保洁的最主要作业方法是从上往下扫。

（2）向前方清扫，不踩踏垃圾。

（3）从狭窄处向宽广处清扫，从边角向中央清扫。

（4）室内清扫时，原则上由里面开始向门口清扫。

（5）将桌下的垃圾向宽广的地方清扫。

（6）清扫楼梯时，站在下一阶，从左右两端往中央集中，然后再往下扫，要注意防止垃圾、灰尘从楼梯旁边掉下去。

（7）随时集中垃圾、灰尘，将其扫入垃圾铲，不要总是推着垃圾、灰尘往前走。

3. 清扫时的注意事项

（1）扫地动作要平滑，（室内）幅度尽量不要太大。

（2）扫地方向要平直，以免有疏漏。

（3）墙根垃圾要扫净，并经常将集中的垃圾装入垃圾铲。

（4）扫完后，应将扫帚上的纸屑、毛发等用软毛刷清除。

（5）经常清洗帚毛，使帚毛保持清洁、平直，尼龙帚毛容易弯曲，可用水浸泡几分钟后，垂直挂好晾干，帚毛就会自然平直。

（二）擦拭

1. 擦拭的概念

擦拭是用抹布去除浮灰和污垢的主要方法，也是保洁的最基本作业之一。

2. 擦拭的作业方法

擦拭作业的方法多种多样，主要有：

（1）干擦。抹布一般是沾湿后使用，但有些表面如家具和器具的高档漆面、钢面、不锈钢面等不宜经常湿擦，可用干抹布擦拭。操作时，就像抚摸式的轻擦，以去除微尘。如果用力干擦，反而会产生静电黏附灰尘。

（2）半干擦。对于不宜经常擦拭的表面，用干擦又难以擦净的，可用半湿半干的抹布擦拭，它比干抹布易于黏附灰尘。

（3）水擦。在去除建筑材料及家具表面的灰尘、污垢时，广泛运用水擦或叫湿擦。湿抹布可将污垢溶于水中，去污除尘效果好。使用时，应经常洗涤用脏了的抹布，保持抹布清洁。另外，要注意抹布不可浸水过多。

（4）加保洁剂擦拭。为去除不易溶于水中、有油脂的污垢，可用抹布蘸保洁剂后擦拭。擦拭后，应再用洗净的抹布，擦去保洁剂成分。

（三）拖擦

1. 拖布拖擦方法

（1）干拖。用干拖布擦拭地面叫作“干拖”，主要用于擦亮地面或擦去地面上的水迹。

（2）湿拖。是将拖布浸湿后，用榨水器榨干，拖擦地面叫作“湿拖”，主要用于清除地面上较轻污物。如果地面很脏，可适当选用中性清洁剂进行拖擦，但拖擦后，应用清水洗净并擦干。

（3）蜡拖。蜡拖是汽车掸子的一种，材质为棉线制作，线质附带细小棉绒，产品本身不带蜡，由于棉线的吸附能力较强，掸子后期使用过程中经多次加喷掸子蜡，使其棉线表层附着蜡，在使用时，吸附灰尘，同时对车漆起到打蜡、上光的作用。也可作拖地使用，一般选用人造丝和聚酯纤维混合制成的拖布头，对尘垢附着力强。

2. 拖地的操作细则

（1）将要湿拖的地方先除去尘土。

（2）将拖布浸入加入适量清洁剂的水桶中，并用榨水器榨干，压干。

（3）用手按在压干的拖布上，仔细擦净踢脚线。

（4）按“S”轨迹左右拖着摆动，边擦边后退，不再踩踏已擦过的地方。

（5）先拖擦角落，后拖擦中央，从里到外拖擦。

（6）注意不要碰到墙壁。

3. 拖擦注意事项

（1）拖布头必须常洗涤，一般每拖 $5m^2$ 洗涤挤干一次并及时更换清水和清洁剂。

（2）移动拖布时，不能扛在肩上或拖在地上，以免碰到他人或墙壁。

（3）厨房、卫生间及其他房间等各处使用的拖布，应分别专用，不可混在一起。

（4）拖布暂不用时，应放在指定的地点，不可随意摆放，以免影响整体美观。

（5）作业结束后，必须将拖布洗净晾干，把布条理顺，吊起或倒立于架子上晾干备用，否则，拖布头因潮湿而容易细菌繁殖、腐烂。

（6）及时更换旧的拖布头，新的拖布头应浸湿后再使用。

（四）尘推

1. 尘推的概念

尘推是拖布拖擦的另一种方式，将少量尘推油渗入尘推罩，然后往前推，作业简单省力，附着灰尘力强，可保持地面光亮。因此，被广泛应用于高档地面的日常清扫保洁。

2. 尘推的操作方法

（1）将已用牵尘剂的尘推放在地上，按直线或横“S”字形推进，尘推不可离地。

（2）尘推沾满尘土时，将尘推放在垃圾桶上用刷子刷净或用吸尘器吸净再使用，直到地面完全保洁为止。

（3）若尘推失去粘尘能力，应重新喷上牵尘剂，才可使用。

（4）尘推变脏后可用碱水洗，干后喷牵尘剂。

3. 尘推的注意事项

（1）选用大小合适的尘推进行推尘，进行中不能抬起尘推。

（2）拐弯时，尘推作180°转向，并始终保持将尘土向前推。

（3）作业结束后，应将尘推布头向上挂起或靠墙竖起存放。

六、居室开荒保洁流程

1. 开荒保洁的概念

开荒保洁一般是指新房装修后的第一次保洁工作，也被称装修后保洁。由于房屋装修或粉刷之后，地面和墙砖上都会残留许多建筑垃圾和装修垃圾，例如水泥块、油漆点、玻璃胶等，橱柜里外也会布满一层灰尘，玻璃上也会留下许多涂料点、水泥块儿等装修垃圾。这些垃圾和污渍都是必须在开荒保洁中清洗干净的。

2. 开荒保洁的一般流程

（1）清理现场留下的建筑垃圾和装修垃圾。

（2）使用大功率吸尘器由上到下全面吸尘。

（3）玻璃窗。先用毛巾把玻璃框擦干净，再用涂水器蘸稀释后的玻璃水溶液，均匀的从上到下涂抹玻璃，有顽固的污渍用铲刀清除干净。重复以上工序，然后用刮子从上到下刮干净。用干毛巾擦净框上留下的水痕，玻璃上的水痕用报纸擦拭干净。

（4）卫生间。坚持由上而下的原则，首先认清卫生间顶棚的材质，是 PVC 做的还是铝塑板或涂料顶的。再根据不同的材质采用不同的清洁方法进行清洁。用板刷清洗卫生间的墙壁，着重清理瓷砖的缝隙和瓷砖表面上遗留的胶迹、涂料点等。用毛巾清洁卫生间的洁具，用不锈钢清洗液针对各种龙头、管件进行清洁。用洗地机对地面进行最后的清洁，尤其是地面的边角，用清洁球对洗地机洗不到的角落进行针对性的除污、去除水泥渍。最后检查无遗漏后，再用干毛巾把水龙头等管件擦拭一遍。

（5）厨房。清洁程序同卫生间。

注意：因厨房里的不锈钢管件比较多，应是清洁重点。

（6）卧室及大厅。墙壁用吸尘器做除尘处理，擦拭灯具、开关盒、排烟装置、空调口、排风口等。

（7）门及框。分清门的材质，将专业清洁剂稀释后，用毛巾擦拭。程序也是从上到下，把毛巾叠成方块后由顶部开始从左到右的擦拭，不能有遗漏，有胶渍的地方可用除胶剂做处理；框的程序同门。一定要做到无遗漏、无死角。

（8）地面的清洗。把以上工作做完以后，就是地面的清洗了，地面也要分材质，是木地板的、还是瓷砖的或是石材的，当分清后就选择专用清洁剂稀释后，开始清洗。地面上的胶渍可用刀片清除，顽固的可用去胶剂处理；最后一道工序做完后，全面检查一遍，确认无遗漏后撤离现场。

（9）踢脚线。用毛巾擦拭，用刀片去掉各种胶迹、涂料点等。

[思考与练习]

1. 抹布的使用应注意哪些方面？
2. 家庭保洁服务验收标准有哪些？
3. 开荒保洁的一般流程有哪些？

第八章　现代家庭保健

案例导入

饮食疗法　吃走亚健康

世界卫生组织将机体无器质性病变，但是有一些功能改变的状态称为“第三状态”，我国称为“亚健康状态”。

注意饮食，远离亚健康，要掌握以下几个原则：

适量饮酒。每天饮用20～30毫升红葡萄酒，可以将心脏病的发病率降低75%，而过量饮啤酒就会加速心肌衰老，使血液内含铅量增加，所以还是少饮为好。

多吃可稳定情绪的食物。钙具有安定情绪的作用，脾气暴躁者应该借助于牛奶、酸奶、奶酪等乳制品以及鱼、肝、骨头汤等含钙食物来平静心态。当感到心理压力巨大时，人体所消耗的维生素C将明显增加。因此，精神紧张者可多吃鲜橙、猕猴桃等，以补充足够的维生素C。

疲劳后多吃碱性食物。疲劳时，不宜大吃鸡、鱼、肉、蛋等，因为疲劳时人体内酸性物质积聚，而肉类食物属于酸性，会加重疲劳感。相反，新鲜蔬菜、水产品等碱性食物能使人迅速恢复体力。

每天至少喝3杯水。清晨，空腹喝下一杯蜂蜜水。蜂蜜有润喉、清肺、生津、暖胃、滑肠的作用。午休以后，喝一杯淡淡的清茶水。清茶有醒脑提神、润肺生津、解渴利尿的功效。晚上睡觉前，喝一杯白开水，能帮助消化，增进循环，增加解毒和排泄能力，加强免疫功能。除了每天3杯水外，日常生活中还应多饮白开水，适当多饮水是预防疾病的基本措施。

第一节　健康概述

导语——马克思说，健康是人的第一权利，一切人类生存的第一前提；德国哲学家叔本华认为，健康的乞丐比有病的国王更幸福。

一、人类寿命

古希腊科学家和哲学家亚里士多德认为："动物中凡生长期长的，寿命也长。"

法国著名的生物学家巴丰指出，哺乳动物的寿命约为生长期的 5～7 倍，通常称之为巴丰系数或巴丰寿命系数。人的生长期约为 20～25 年，因此，预计人的自然寿命为 100～175 年。

（1）细胞论。人体自然寿命与体外培养细胞的分裂周期呈正相关。人体细胞自胚胎开始分裂，平均每次分裂周期相当于 2.4 年。一般人的细胞可分裂 50 次以上，因此，推测人的自然寿命应该在 120 岁左右。

（2）性成熟期论。人的寿命与哺乳动物的寿命具有共同规律，哺乳动物的最高寿命为性成熟的 8～10 倍，人在 14～15 岁左右性成熟，因此，人的自然寿命应为 112～150 岁。

总而言之，剔除意外的死亡，按这三种推算方式，人最低限也应该活到 100 岁，高限就有可能活到 175 岁。所以，如果你很好地对待自己的身体的话，活到 100 岁应该是不成问题。尽管到 64 岁以后，阴阳都已经出现衰退，但是，如果好好养生，保持一个健康的身体，应该能活到 110 岁。

我们惯用的计龄方法称为"日历年龄"，即过一年长一岁。在它面前人人平等，你再会保容驻颜、养生保健，春节一过，你照样长一岁。日历年龄并不能真正反映出一个人的实际衰老程度，故并不科学。基于此，人们一直在寻找更能反映每个人衰老真实程度的、与长寿直接挂上钩的计龄方法。

1）生理年龄，即视身体实际老化程度而言，它与日历年龄并不同步。日历年龄相同的人，其生理年龄可能相差很大，这要看你的保健养生是否得法。

2）心理年龄，即对自己的衰老自我感觉的程度。尽管日历年龄相同，有的人可"白首童心"，有的人却"未老先衰"。

3）外貌年龄，即看上去是否衰老。目前这点在人们的心目中很重要。外貌年龄可焕发青春心理，反过来又可使外貌年轻。

4）社会年龄，即为人处世的老练程度。

二、健康的概念

传统的健康观是"无病即健康"，把健康理解为"无病、无伤、无残、不虚弱就是健康"。

随着社会经济、科学技术的发展和生活水平的提高，人们对健康内涵的认识不断改变。1948 年，世界卫生组织在宪章中指出："健康不仅是没有疾病或虚弱，而是身体上、精神上和社会适应方面的完美状态。"其中社会适应性归根结底取决于生理和心理的素质状况。心理健康是身体健康的精神支柱，身体健康又是心理健康的物质基础。良好的情绪状态可以使生理功能处于最合适状态，反之，则会降低或破坏某种功能而引起疾病。身体状况的改变可能带来相应的心理问题，生理上的缺陷、疾病，尤其是痼疾，往往会使人产生烦恼、焦躁、忧虑、抑郁等不良情绪，导致各种不正常的心理状态。世界卫生组织关于健康的这一定义，把人的健康从生物学的意义，扩展到了精神和社会关系（社会相互影响的质量）两个方面的健康状态，把人同环境联系起来理解健康，是一个进步。

《简明不列颠百科全书》1985 年中文版的定义是：“健康，是个体能长时期地适应环境的身体、情绪、精神及社交方面的能力。”

人类对健康的认识和理解是不断深化的。1990 年，世界卫生组织又进一步深化了健康的概念，认为健康包括身体健康、心理健康、社会适应良好和道德健康四个方面皆健全。目前，世界各国学者公认它是一个全面的、广泛的、明确的和科学的健康概念。健康“四位一体”，即生理健康、心理健康、社会适应健康、道德健康。

（1）生理健康。就是指躯体、器官、组织、细胞等的形态、机能，生长发育良好、生理反应正常。

（2）心理健康。是指在各种环境中能保持一种良好的心理效能状态，内心世界丰富充实，适应外界的变化。

（3）社会适应健康。是指个体与他人及社会环境相互作用并具有良好的人际关系和实现社会角色的能力，这种角色包括职业角色、家庭角色及学习、工作、娱乐、社交中的角色转换。

（4）道德健康。是指不能损坏他人利益来满足自己的需要，能按照社会认可的道德行为规范准则约束自己及支配自己的思维和行为，具有辨别真伪、善恶、荣辱的是非观念和能力。

据研究表明，违背社会道德往往导致心情紧张、恐惧等不良心理，很容易发生神经中枢、内分泌系统功能失调，其免疫系统的防御能力也会减弱，既损健康又折寿。

三、健康的标准

（一）世界卫生组织制定的健康标准

世界卫生组织于 1999 年制定了健康标准，包括躯体健康和心理健康。

1. 躯体健康

躯体健康的标准有以下五点：

（1）吃得快。进食时，有良好的胃口，不挑食，能快速吃完一餐饭，说明内脏功能正常。

（2）走得快。行走自如，活动灵敏。说明精力充沛，身体状态良好。

（3）说得快。语言表达正确，说话流利。表明头脑敏捷，心肺功能正常。

（4）睡得快。上床后能很快入睡且睡得好；醒后精神饱满，头脑清醒。说明中枢神经系统兴奋、抑制功能协调。

（5）便得快。一旦有便意，能很快排泄大小便且感觉轻松。说明胃肠、肾功能

良好。

2. 心理健康

心理健康的标准则是以下三点：

（1）良好的个性。情绪稳定，性格温和，意志坚强，情感丰富，胸怀坦荡，豁达乐观。

（2）良好的处世能力。观察问题客观现实，具有良好的自控能力，能适应复杂的环境变化。

（3）良好的人际关系。助人为乐，与人为善，有好人缘，保持心情愉快。

躯体健康与心理健康是相互影响，相辅相成的，世界卫生组织形成综合性的健康标准。

（二）世界卫生组织衡量个人健康的标准

世界卫生组织对个人健康也提出了衡量的十项标准：

（1）有充沛的精力，能从容不迫地担负日常生活和繁重的工作，而且不感到过分紧张疲劳。

（2）处世乐观，态度积极，乐于承担责任，事无大小，不挑剔。

（3）善于休息，睡眠好。

（4）应变能力强，能适应外界环境各种变化。

（5）能够抵抗一般性感冒和传染病（身体素质好，免疫能力强）。

（6）体质适当，身体匀称，站立时，头、肩、臂的位置协调。

（7）眼睛明亮，反应敏捷，眼睑不易发炎。

（8）牙齿清洁，无龋齿，不疼痛，牙龈颜色正常，无出血现象。

（9）头发有光泽，无头屑。

（10）肌肉丰满，有弹性。

（三）我国传统中医的健康标准

作为我国传统的中医健康标准则是：

（1）双目有神。神藏于心，外候在目。眼睛的好坏不仅能够反映出心脏的功能，还和五脏六腑有着密切的关联。中医认为："五脏六腑之精气皆上注于目。"眼睛是脏腑精气的会聚之所在。因此，眼睛的健康也就反映出了脏腑功能的强盛。

（2）脸色红润。脏腑功能良好则脸色红润，气血虚亏则面容也显得没有光泽，脸色就是人体五脏气血的外在反映。

（3）声音洪亮。人的声音是从肺里发出来，声音的高低自然决定于肺功能的好坏。

（4）呼吸匀畅。"呼出心与肺，吸入肝与肾。"人的呼吸和五脏的关系非常密切，呼吸要不急不缓、从容不迫，才能证明脏腑功能的良好。

（5）牙齿坚固。中医认为："齿为骨之余""肾主骨"，牙齿的好坏反映肾气和肾精的充足与否。

（6）头发润泽。中医认为："发为血之余""肾者，其华在发。"头发的状况是肝脏藏血功能和肾精盛衰的外在反映。

(7) 腰腿灵活。腰为肾之府，肾虚则腰惫矣。灵活的腰腿和从容的步伐是肌肉经络和四肢关节强健的标志。

(8) 体形适宜。中医认为，胖人多气虚，多痰湿；瘦人多阴虚，多火旺。过瘦或者过胖都是病态的反映，很容易患上糖尿病、咳嗽、中风和痰火等病症。

(9) 记忆力好。脑为元神之府，为髓之海，人的记忆全部依赖于大脑的功能，髓海的充盈是维持精力充沛、记忆力强、理解力好的物质基础，也是肾精和肾气强盛的表现。

(10) 情绪稳定。中医认为，情志过于激烈是致病的重要原因。大脑皮质和人体的健康有着密切的关系，人的精神恬静，自然内外协调，能抑制疾病的发生。

(四) 人体健康基本生理指标

人体健康基本生理指标是：

(1) 血压。成人的正常血压为收缩压低于120 mmHg，舒张压低于90 mmHg。

(2) 体温。成人的正常腋下体温为36～37℃。

(3) 呼吸。成人安静状态下，正常呼吸频率为16～20次/min，超过24次/min称为呼吸过速，低于12次/min称为呼吸过缓。

(4) 脉搏。成人正常脉搏为60～100次/min。

四、健康的功能

(一) 健康是个人享受生活、奉献社会的前提条件和基础资源

古语云：失去金钱的人损失甚少，失去健康的人损失极多，失去勇气的人损失一切。从古至今，各个时代、各个民族都把健康视为人生最可宝贵的。世界卫生组织第三任总干事马勒博士指出：健康并不代表一切，但丧失了健康就失去了一切。这就充分说明了健康对于人的价值。西方流传一个故事，10000000，读作一千万，这一长串阿拉伯数字说明人的综合素质和生命价值。由最末位向前每个“0”依次代表人的专业技能、学识、智商、阅历、敬业精神、品行，最高位数“1”代表人的健康。由于“1”的存在，后面的每个“0”都呈现出十倍、百倍……的意义，没有“1”即失去健康，后面所有的“0”都不过仅仅是个“0”而已，事业、成就、财富、友谊、婚姻、家庭、幸福一切都化为乌有。没有健康的身体，一切奋斗成果都将付之东流。对于个人来讲，健康是你享受生活、奉献社会的最基本的前提条件和基础。

(二) 健康是社会进步的标志和动力

卡尔·马克思认为：健康是人生的第一权利，是一切人类生存的第一个前提，也是一切历史的第一个前提。任何社会的发展和经济的繁荣都直接取决于人民的强健和创造性。世界卫生组织总干事布伦特兰曾呼吁：“为了人类的不断发展，为了国家的不断进步，也为了经济的持续增长，改善人类的健康状况是一个关键因素。”

国民健康与社会发展相互影响。国民健康水平高，社会的劳动生产率高，社会医疗消费负担小，社会财富积累，经济繁荣，社会发展；国民健康水平低，社会的劳动生产率低，社会医疗消费负担大，社会财富消耗，经济萎缩，社会停滞。反过来，社

会发展程度对国民健康水平也有影响。社会发展程度高，人民健康水平也高；社会发展程度低，人民健康水平也低。因而，世界公认健康既是社会进步的重要标志，又是社会发展的潜在动力。

（三）人民健康是社会发展目标中的基本目标

人民健康是社会发展和国家繁荣富强的重要前提条件之一。促进人民健康就是发展社会生产力。卫生事业就是维护和促进人民健康的事业。1995 年，世界卫生组织总干事中岛宏在社会发展世界首脑会议上强调："卫生是社会发展的核心"。他指出："没有卫生就不可能有社会发展和经济增长。"世界卫生组织在其《组织法》中指出："不分种族、宗教、政治信仰、经济和社会状况，享有可达到最高水准的健康是每个人的基本权利之一。""政府对其人民的健康负有责任（我国医疗保险），只有通过提供适当的卫生保健和社会措施才能履行其职责"。

我国宪法明确规定，维护全体公民的健康，提高各民族人民的健康水平，是社会主义建设的重要任务之一。

五、亚健康

（一）亚健康的含义

人们对人体状态都停留在"二状态"论的水平上，即人体不是健康，就是疾病，二者必居其一。健康（第一状态）与疾病（第二状态）之间没有一个既非健康也非疾病的中间状态。

过去，人们对健康和疾病的认识是非此即彼，即只要没有疾病，不需要到医院看医生，身体就没病；是静止的、终极的认识。

直到 20 世纪末，人们才发现这种认识并不符合人体状态的实际情况。实际上，的确存在着既非健康也非疾病的"第三状态"，即亚健康状态。

人们习惯上把健康称作是第一状态，患病称作第二状态，因此，把这种非疾病、非健康的中间状态，称作"第三状态"或称"灰色状态"。

医学研究成果表明，人体从健康发展到疾病（特别是慢性病），其形成是一个由量变到质变的动态渐变过程。亚健康状态是介于健康和疾病这个连续过程之间的一个特殊的、短暂的阶段，它既可以因为处理得当，及时调整，而又恢复到健康状态；又可以因为处置不当而发展为各种疾病。

亚健康是机体在内外环境不良刺激下引起心理、生理发生异常变化，但尚未达到明显病理性反应的程度。从生理角度讲，就是人体各器官功能稳定性失调尚未引起器质性损伤，医学检查所有各项生理、生化指标均无明显异常，医生无法做出明确诊断。

国内外研究表明，现代社会完全符合健康标准的人只有大约 15% 左右，属于有疾病在身的人大约 15%，其余近 70% 的人都处在不同程度的亚健康状态。亚健康的特点是感到"不适""不畅"，但到医院却查不出可以作为诊断标准的器质性病变，因此，不能诊断为疾病。但"不适"——躯体上感到不舒服、"不畅"——心理、社交上感到不愉快，一个"亚"字，说明你不健康，又未生病。

（二）亚健康的表现

亚健康可分为四种情况：

(1) 躯体性亚健康：疲乏无力，失眠，高血脂，高血黏度，脂肪肝，头痛，血压偏高，头晕，失眠，胸闷，便秘，口臭，口干，超重，偏瘦，懒散，注意力不集中，理解判断能力下降，以及中风、糖尿病等疾病的潜伏期、先兆等。

(2) 心理性亚健康：焦虑不安，精神不振，易激怒，情绪不稳定，自卑，疲倦（心理疲劳），易受暗示，疑病，欲望过高，无聊感，不快乐，生存挫折，忧郁，心理饱和，压力感，科技压力综合征，挫折感，厌倦，厌世等。

(3) 人际交往性亚健康：处世障碍，孤独，冷淡，自卑感，人际关系不良，猜疑，自闭症，夫妻长期吵闹，婚姻失败症，竞争症，自杀感等。

(4) 性亚健康：性功能障碍，白带、阴道干燥，性交疼痛，阳痿、早泄，性罪错，妒忌妄想，缩阳症等。有了亚健康概念，可及早发现和意识到自己的亚健康，从而可及早寻求摆脱方法。

亚健康概念的提出是医学界的一大进步。可是，亚健康尚属笼统的概念，有着较大的时空跨度，有些亚健康状态的人较邻近健康，有些人则贴近疾病。根据年龄、地域环境、职业、社会文化层次等差异，亚健康的表现也错综复杂。

（三）亚健康的原因

引起亚健康的原因不同，其表现各异，主要原因如下：

1. 过度疲劳

生活、工作节奏加快，竞争的日趋激烈，使人们身心长期处于超负荷紧张状态，造成身体和心理疲劳。表现为疲倦、精力不足、注意力不集中、记忆力减退、睡眠质量不佳、各关节酸楚疼痛、性功能减退等。长期下去，必然引起内脏功能过度消耗、机能下降而出现亚健康状态。

2. 压力过大

由于工作任务重或工作得不到赏识和肯定、人际关系紧张、事业发展不顺、家庭婚姻冲突等，造成人的精神紧张、压力过大，出现焦虑、郁闷、妒忌或生气、筋疲力尽，对自己的能力产生动摇、失去自信，引起自主神经紊乱、肠胃失调、睡眠质量低、头痛等。

3. 人的自然衰老

人体成熟以后，大约到 30 岁开始衰老，到了一定程度，人体各机体器官开始老化，出现体力不支、精力不足，社会适应能力降低等现象。比如女性出现更年期综合征时，出现功能紊乱、精神和情绪烦躁；男性更年期综合症状不明显，但会产生性功能减退、精神烦躁、精力下降等症状。这时，人体各器官系统没有病变，但已不完全健康，也属于亚健康状态。

4. 工作、生活环境

工作环境不佳，比如工作场所嘈杂、工作时间过长、同事之间关系淡漠等，都会引起莫名的烦躁、情绪低落、注意力不集中、工作能力下降等症状；生活环境不佳，

比如住房面积窄小，家庭生活设施不全，就医购物不便等，也会造成亚健康状态。

5. 疾病前期

各种疾病特别如心脑血管疾病、肿瘤等发作前期，都有亚健康症状出现。发作前，人体各器官系统虽然没有明显病变，但已经有功能性障碍，如胸闷、气短、头晕目眩、失眠健忘、无名疼痛、心悸等。各种仪器和检验手段都不能表现出器质性病变和阳性结果，难以有对症下药，也不能合理地解释。

第二节　家庭自我保健

1996年，据美国疾病控制中心报道："应用健康生活方式可使美国人均预期寿命延长10年，而如果应用医疗方法要使美国人均预期寿命延长1年就需要数百亿至上千亿美元。

1998年，世界卫生组织成立40周年时，进行了"未来人类如何获得健康"的专题讨论，指出保障健康、祛病延年主要不是靠医疗卫生机构，而在于采取符合科学的生活方式，并提出"自我保健"这一崭新的概念。

培根说："养生是一种智慧，非医学规律所能囊括，在自己观察和实践的基础上找出什么对自己有益，什么对自己有害，乃是最好的保健药方。"

一、自我保健的原则

（一）终身保健的原则

传统的保健养生重点是老年阶段，常听有人说："到了养生的年龄了""等到退休再养生"。好像只有老年才有个保健养生的问题。保健养生应始于童年，保健养生愈早愈好。童年时期是养成好习惯的重要时期，一方面，易于养成习惯；另一方面，良好习惯一旦养成便有终生效应，即可终生享受。家长可帮助孩子改变坏习惯、建立好生活习惯。当然，养生任何时候都不迟。作为良好的开端，无论开始于何时都不为迟。你既然懂得了习惯的重要，就要立即开始检查自己的习惯，改掉坏习惯、坚持好习惯。

（二）顺时保健的原则

就是一切行为活动都要顺从人体生物钟的运转规律，使这一"生命之钟"始终"准点运行"。因为新兴的生物钟学说确认，生物钟的正常运转是健康长寿的前提与基础，也是21世纪健康的基本要求。若违反生物钟运转规律，即造成生物钟"错点运行"，则会导致虚弱、早衰、易病，乃至疾病、早夭和短命。

什么是生物钟呢？简言之，生物钟就是指挥人体的一切生理指标节律性波动的"预定时刻表"。

顺时健康观要求人们的活动须顺应生物钟的高低起伏。清晨多数生物钟的运转由慢到快，此时须定时起床；夜晚生物钟运转减慢、低潮来临，要求人们定时就寝。

顺时健康的核心是生活规律。为什么要早睡早起？

21—23点——免疫系统（淋巴）排毒时间，此段时间应安静或听音乐。

23 点—凌晨 1 点——肝的排毒，需在熟睡中进行。

1—3 点——胆的排毒，需在熟睡中进行。

3—5 点——肺的排毒，此即为何咳嗽的人在这段时间咳得最剧烈；因排毒动作已走到肺经，不应用止咳药，以免抑制废积物的排除。

5—7 点——大肠的排毒，应上厕所排便。

7—9 点——小肠大量吸收营养的时段，应吃早餐。

（三）体脑并举的保健原则

“生命在于运动”（伏尔泰），“运动的作用可以代替药物，但所有的药物都不能代替运动”（蒂索），但对“运动”要赋予新义，对“生命在于运动”也要全面理解。运动既指身体运动，又指脑力运动，还指心理运动，而且更重要的是体脑的交替运动。我们知道，大脑是全身的“司令部”，指挥着全身的运动，大脑的衰老可导致全身的衰老。而只有防止脑衰才可有效地防止体衰，所以，“世界长寿冠军”的日本明确提出，健身在于健脑。所以，既要进行体力独创性锻炼，也要进行脑力独创性锻炼。还有人认为，脑力锻炼只是知识分子的事，甚至误认为不用脑便是保护脑，从而可延年益寿。

保护脑的最好办法就是适当地用脑，进行脑力锻炼。脑力锻炼第一任务是为了健康，其次才是为了创造，这一点国外的认识要早些，各种老年大学蓬勃发展。实践证明，用脑时，脑部血流量是不用脑时的 2 倍，充足的脑血流量是防止脑衰（脑细胞死亡）的最好保证。当然，脑力锻炼和体力锻炼一样，不可过度，而应适度。

（四）身心并重的保健原则

身形保健和心神保健二者缺一不可。身形是心神得以存在的物质基础，是载体，形体不存，心神就无处依附。但心神对形体又有反作用，心神的良劣可导致身形的健衰。正如约翰·格蕾所说：“身体的健康在很大程度上取决于精神的健康。”乔治·桑则说：“心情愉快是肉体和精神的最佳卫生法。”艾迪夫人也说：“疾病不仅在于身体的故障，而往往在于心理的故障。”我们的祖先对此早有精辟的论述：“日思夜忧，人心易老，养生之戒”与“忧伤损寿，豁达延年”。当今信息时代，竞争激烈，生活节奏加快，尤其应随时避免情志异常，以保持心理稳定，明白和重视养心是养生的重要内容，做到身心保健并举。

（五）主动保健的原则

争取健康不能等待，更不应指望恩赐，而应积极地去争取。主动与被动是有本质区别的，只有主动才可最大限度地挖掘自身的潜力。

（1）自我行为。通过自己的行为以及自己的健康意识、健康知识（这些都要不断地更新采获取健康）。

（2）主动行为。要善于“安排”自己生活的方方面面，国际上养生的新含义是：“经过系统安排的生活方式”“安排”是有目的的行为。

（3）应与医学同步发展，不断吸取医学的成就。

二、自我保健的方法

维护健康有四大基石：平衡饮食、适量运动、健康的生活方式（戒烟限酒）、心理健康。做到此四项，可解决60%的健康问题。

（一）平衡饮食

以谷类为主，多吃蔬菜水果和薯类，注意荤素搭配；经常食用奶类、豆类及其制品；膳食要清淡少盐；食用合格碘盐，预防碘缺乏病；孩子出生后应尽早开始母乳喂养，6个月合理添加辅食。

（二）适量运动

1. 运动可增强肌肉和骨骼的机能

运动——血液流向肌肉——肌肉消耗能量，肌肉和骨骼对刺激产生适应——增强了肌肉和骨骼的强度、密度、硬度和韧性。

2. 运动能改善血压

运动能增强血管壁的弹性，锻炼血管的收缩和舒张功能，加强了血管壁细胞的氧供应，减缓动脉粥样硬化的进程，减少了小运动血管的紧张。

3. 运动能提高机体的免疫力

运动可促进身体的新陈代谢，强化人体的免疫系统，增强机体的抗病能力，降低各种疾病的发病机会。

4. 运动能健脑

运动促进血液循环和呼吸，脑细胞可以得到更多的氧气和营养物质的供应，使代谢加速，脑的活动越来越灵敏。

5. 运动能消除疲劳

休息是消除疲劳的重要手段，休息的方式有静止性休息和活动性休息。运动就是最好的活动性休息，适当的体育活动是消除疲劳的有效方法。

6. 运动能促进心理健康

进行轻松的运动后，会感到精神振奋，头脑轻松，心情愉快。对运动的专注，运动的趣味性、竞技性都有助于对日常精神压力的转移。

7. 运动可以改善心肺功能

运动时，需氧量增加，呼吸加快，促进呼吸系统机能提高；运动增加心率，提高心输出量，使心脏重量增加，容积增大，心肌增厚、有力。

8. 有氧运动与无氧运动

有氧运动是指人体在氧气充分供应的情况下进行的体育锻炼。即在运动过程中，人体吸入的氧气与需求相等，达到生理上的平衡状态。简单来说，有氧运动是指任何富韵律性的运动，心率保持在150次/min的运动量为有氧运动，因为此时血液可以供给心肌足够的氧气。因此，它的特点是强度低，有节奏，持续时间较长（约15min或以上），运动强度在中等或中上等的程度。常见的有氧运动项目有：步行、快走、慢跑、竞走、滑冰、长距离游泳、骑自行车、打太极拳、跳健身舞、跳绳/做韵律操、球类运动如篮球、足球等。

无氧运动是指肌肉在“缺氧”的状态下高速剧烈的运动。无氧运动大部分是负荷强度高、瞬间性强的运动，所以，很难长时间持续，而且疲劳消除的时间也慢。常见的无氧运动项目有：短跑、举重、投掷、跳高、跳远、拔河、俯卧撑、潜水、肌力训练。

9. 最佳运动方式

最好的运动就是有恒、有序、有度的走路。

适量运动是遵循三、五、七原则。“三”指每次步行30min3km以上；“五”指每周至少有5次的运动时间；“七”指中等程度运动，即运动到年龄加心率等于170。医学之父希波克拉底说：“阳光、空气、水和运动，是生命和健康的源泉。”而运动中走路是世界上最好的运动。走路就是使动脉从硬化变软化的一个最有效的办法。

10. 最佳的运动时间

最佳的运动时间是晚饭后30~60min后，跑步最好。

根据美国运动医学会的建议，晚上跑步健身，一周3次以上，每次30~60min；运动强度应掌握在“跑步5min后脉搏跳动不超过120次/min，10min后不超过100次/min”的范围内。

（三）健康的生活方式（戒烟限酒）

生活方式是指人们在日常生活中所遵循的各种行为习惯。包括饮食习惯、起居习惯、日常生活安排、娱乐方式和参与社会活动等。

世界卫生组织（WHO）将良好的行为生活方式归纳为8点，即：①心胸豁达、情绪乐观。②劳逸结合、坚持锻炼。③生活规律、善用闲暇。④营养适当、防止肥胖。⑤不吸烟、不酗酒。⑥家庭和谐、适应环境。⑦与人为善、自尊自重。⑧爱好清洁、注意安全。

美国加州大学公共健康系莱斯特·布莱斯诺博士对约7000名11~75岁的不同阶层、不同生活方式的男女居民进行了9年的研究，结果证实，人们的日常生活方式对身体健康的影响远远超过所有药物的影响。

据此，莱斯特博士和他的合作者研究出一套简明的、有助于健康的生活方式：

①每日保持7~8h睡眠。②有规律的早餐。③少吃多餐（每日可吃4~6餐）。④不吸烟。⑤不饮或饮少量低度酒。⑥控制体重（不低于标准体重的10%，不高于20%）。⑦规律的锻炼（运动量适合本人的身体情况）。

如果能戒烟一定要戒，戒不了烟的，一天不超过5支。抽烟量多1倍，危害多4倍。酒要限制，一般健康人葡萄酒每天不多于50~100mL；白酒每天不多于5~10mL；啤酒每天不多于300mL。

（四）心理健康

1. 心理健康的基本含义

其一，是无心理疾病，这是心理健康最基本的条件；其二，是具有一种积极发展的心理状态，这是心理健康最本质的含义。

心理健康是指在身体、智能以及在情感上与他人心理不相矛盾的范围内，将个人的心境发展到最佳状态。——第三届（1948年）国际心理卫生大会

心理健康是指个人心理在本身及环境条件许可范围内所能达到的最佳功能状态，

但不是十全十美的绝对状态。——《简明不列颠百科全书》

心理健康是指人对内部环境具有安全感，对外部环境能以社会认可的形式适应的这样一种心理状态。——日本学者松田岩男

心理健康应有满意的心境，和谐的人际关系，人格完整，个人与社会协调，情绪稳定。——国内学者钱苹（1980年）

心理健康“是个体内部协调和外部适应相同一的良好状态”。——国内青年学者刘艳（1996年）

心理健康的定义琳琅满目，但仍存在共同点：①基本上都承认心理健康是一种心理状态。②大都视心理健康为一种内外协调统一的良好状态。③都把适应（尤其是社会适应）良好看作是心理健康的重要表现或重要特征。④都强调心理健康是具有一种积极向上发展的心理状态。

第三届国际心理卫生大会关于心理健康的标准：①身体、智力、情绪十分协调。②适应环境，人际关系中能彼此谦让。③有幸福感。④在工作和职业中，能充分发挥自己的能力，过有效率的生活。

心理健康者是有效率的人，他们具有以下的特点：有真切、现实、可实现的行为目标；能控制自己的情绪、行为；能抗拒诱惑和干扰；心理健康者是与人善处者；心理健康者尊重人、容纳人；善于沟通交流。而相当的社会敏感性人有八种心理弱点：疑心病、争公平、应该论、依赖癖、寻赞许、至善狂、自封心、内疚狂。

2. 心理健康特征

心理健康特征表现为智力正常，心情愉快，自我意识良好，思维与行为协调统一，人际关系融洽，适应能力良好。

那如何保持健康的心态呢？需要做到以下几点：

（1）正确对待自己。人生坐标定位要定准，不要越位也不要自卑、知足。

（2）正确对待他人。对他人怀有宽容感恩之心，推己及人。

（3）正确对待社会。客观对待社会，不偏激。

3. 如何判定心理是否健康

（1）时代不同，人们所认同的心理健康的标准也不完全相同。

（2）文化背景不同，判断心理健康与否的标准也不同。

（3）年龄、性别、社会身份、境遇等因素不同，判断其心理健康的标准也不同。

4. 心理健康水平的等级

（1）心理常态。这部分人表现为心情经常处于愉快的状态，适应能力强，善于自我调节，能较好地完成同龄人发展水平应做的活动。

（2）心理失调。这部分人在他们遇到学习、生活中的烦恼时，容易产生抑郁、压抑等消极的情绪状态，人际交往中略感困难，自我调节能力弱，若通过心理教师或专业人员的帮助，可维持心理健康。

（3）心理病态。这部分人表现为严重的适应失调，已影响正常的生活和学习，若不及时进行心理咨询和治疗，就会加重病情，以至难以维持正常的学习和工作。

第三节 家庭保健

家庭是社会的最基本单位，是人们的主要生活场所，家庭是通过生物学关系，情感关系或法律关系联系在一起的一个群体。家庭在预防疾病、增进健康方面起着重要作用。

一、家庭保健的基本条件

一个什么样的家庭可以提供基本的保健功能？也就是说，一个家庭要具备保健功能需要满足那些条件？即家庭保健的基本内容有哪些呢？

（1）提供最基本的物质保证。为家庭成员提供足够的食物、居住地和衣物，以满足家庭成员的基本生活需要，保证其生长发育。

（2）保持有利于健康的生理、心理居住环境。其目的是促进家庭成员健康成长，增加家庭成员的安全感，减少或避免家庭成员的生理和心理创伤。

（3）提供保持家庭成员健康的资源。包括保持环境卫生和个人卫生的资源，如家庭卫生用具，个人洗漱和沐浴用具等。

（4）提供条件以满足家庭成员的精神需要。是指为家庭成员提供书籍、报纸杂志、学习用具和音像娱乐设施等，也包括提供满足家庭成员精神需要的机会，如参加学习和聚会的机会等。

（5）促进健康和进行健康教育。是指家庭通过饮食营养，指导、督促家庭成员参加锻炼，以及传播健康保健知识等措施，提高家庭成员的健康水平，预防疾病的发生。

家庭急救指在家庭发生意外时，给予及时正确地处理，为进一步医治创造条件。用药监督指导和督促家庭成员用药和停药，观察用药的反应，并及时做出处理的决定，包括处方药和非处方药。

（6）确认家庭成员的个人发育、发展问题与健康问题。指家庭识别家庭成员的发育缺陷和社会、心理方面的问题，如偏离行为，青少年犯罪等心理精神健康问题。家庭在其成员患病时，能及时发现问题，并及时做出处理的决定。

（7）康复照顾。家庭对其功能减退的家庭成员提供康复照顾，并实施适当的康复技术和康复护理，以保存家庭成员残存的功能和促进丧失功能的恢复。

二、健康家庭

健康家庭常指健全家庭或有能力的家庭。这种家庭的特点是家庭成员精神健全，相互间有承诺、有感情，并互相欣赏，积极交流，共享时光，同时，家庭有能力应对压力和处理危机。这样的家庭一般具有以下几个方面的特点：

（1）良好的交流氛围。家庭成员能彼此分享感觉、理想，相互关心，使用语言或非语言的沟通方式促进相互了解，并能化解冲突。

（2）增进家庭成员的发展。家庭给各成员有足够的自由空间和情感支持，使成员有成长机会，能够随着家庭的改变而调整角色和职务分配。

（3）能积极地面对矛盾及解决问题。对家庭负责任，并积极解决问题。遇到有解决不了的问题，不回避矛盾并寻求外援帮助。

（4）有健康的居住环境及生活方式。能认识到家庭内的安全、膳食营养、运动、闲暇等对每位成员健康的重要性。

（5）与社区保持联系。不脱离社会，充分运用社会网络，利用社区资源满足家庭成员的需要。

三、青少年家庭保健

青少年是指12～24岁这一阶段，统称青春期。又可分为青春发育期和青年期。从12～18岁为青春发育期，从18～24岁为青年期。

（一）生理和心理特点

青春发育期是人生中生长发育的高峰期。其特点是体重迅速增加，第二性征明显发育，生殖系统逐渐成熟，其他脏能也逐渐成熟和健全。机体精气充实，气血调和。随着生理方面的迅速发育，心理行为也出现了许多变化。他们精神饱满，记忆力强，思想活跃，充满幻想，追求异性，逆反心理强，感情易激动，个体独立化倾向产生与发展。到了青年期，身体各方面的发育与功能都达到更加完善和完全成熟的程度，最后的恒牙也长了出来。青春期是人生发育最旺盛的阶段，是体格、体质、心理和智力发育的关键时期。但是，此时人生观和世界观尚未定型，还处于“染于苍则苍，杂于黄则黄”的阶段，如果能按照身心发育的自然规律，注意体格的保健锻炼和思想品德的教育，可为一生的身心健康打下良好的基础。

（二）养生指导

1. 培养健康的心理素质

青少年处于心理上的“断奶期”，表现为半幼稚、半成熟以及独立性与依赖性相交错的复杂现象，具有较大的可塑性。他们热情奔放、积极进取，却好高骛远，不易持久，在各方面会表现出一定的冲动性。他们对周围的事物有一定的观察分析和判断能力，但情绪波动较大，缺乏自制力，看问题偏激，有时不能明辨是非。他们虽然仍需依附于家庭，但与外界的人及环境的接触也日益增多，其独立愿望日益强烈，不希望父母过多地干涉自己，却又缺乏社会经验，极易受外界环境的影响。师长如有疏忽，往往误入歧途。针对青少年的心理特征，培养其健康的心理素质极为重要，可从以下三个方面着手。

（1）说服教育循循善诱。家长和教师要以身作则，为人师表，给青少年以良好的影响，同时，又要尊重他们独立意向的发展和自尊心，采用说服教育、积极诱导的方法，与他们交朋友谈心，关心他们的学习与生活，并设法充实和丰富他们的业余生活。有事多与他们商量，尊重他们的正确意见，逐渐给他们更多的独立权利，为他们创造一个愉快的、愿意讲话的环境，以便了解孩子的交友情况及周围环境的影响，探知他们的心理活动与情绪变化，从而有的放矢地予以教导和帮助。可以有意识有针对性地提出问题交给他们讨论，通过辩论以明确是非观念，再向他们提出更高的要求。要从积极方面启发他们的兴趣与爱好，激发他们积极进取、刻苦奋斗的精神，培养良好的个性与习惯。要教他们慎重择友，避免与坏人接触。要向他们推荐优秀书刊，取缔不健康的读物。要鼓励他们积极参加集体活动，培养集体主义思想，逐渐树立正确的世界观和人生观，使他们有远大的理想与追求，集中精力长知识、长身体，在实际工作中锻炼坚强的意志和毅力，以求德智体美全面发展。对于他们的错误或早恋等问题，不能采取粗暴、压制及命令的方式，仍要谆谆诱导。

（2）加强自身修养。青少年的身体发育虽已接近成人，可对环境、生活的适应能力和对事物的综合、处理能力仍然很差。青少年应该在师长的引导协助下，在自己所处的环境中，加强思想意识的锻炼和修养，力求养成独立自觉、坚强稳定、直爽开朗、亲切活泼的个性。遇事冷静，言行适度，文明礼貌，尊老爱幼，切忌恃智好胜，恃强好斗。要有自知之明，正确地对待就业问题，处理好个人与集体的关系，明确自己在不同场合所处的不同位置，善于角色变换，采用不同的处事方法，从而有利于社交活动，促进人事关系的和谐，有益于身心健康。

（3）科学的性教育。贯穿于青春期的最大特征是性发育的开始与完成。正如《素问·上古天真论》云："丈夫……二八肾气盛，天癸至，精气溢泄""女子……二七而天癸至，任脉通，太冲脉盛，月事以时下。"男女青年，肾气初盛，天癸始至，具有了生育能力。其心理方面的最大变化也反映在性心理领域，性意识萌发，处于朦胧状态。由于青年人的情绪易于波动，自制力差，若受社会不良现象的影响，常可使某些青年滋长不健康性心理，以致早恋早婚，荒废学业，有的甚至触犯刑法，走上犯罪道路。因此，青春期的性教育尤为重要。

青春期的性教育，包括性知识和性道德教育两个方面。要帮助青少年正确理解正常的生理变化，以解除性成熟造成的好奇、困惑、羞涩、焦虑、紧张的心理。要教育男青年不要染上手淫习惯，如已染上者，则要树立坚强意志，坚决克服掉。女青年要做好经期卫生保健。要注意隔离和消除可能引起他们性行为的语言、书籍、画报、电影等环境因素。安排好他们的课余时间，把他们引导到正当的活动中去，鼓励他们积极参加文体活动，把主要精力放在学习上。另外，帮助他们充分了解两性关系中的行为规范，破除性神秘感。正确区别和重视友谊、恋爱、婚育的关系。提倡晚婚，力戒早恋，宣传优生、计划生育以及性病（包括艾滋病）的预防知识。

2. 饮食调摄

青少年生长发育迅速，代谢旺盛，必须全面合理地摄取营养，要特别注重蛋白质和热量的补充。碳水化合物、脂肪是热量的主要来源，碳水化合物主要含于粮食之中，青少年应保证足够的饭量，增加粗粮在主食中的比例，并摄入适量的脂肪。女青年不应为减肥而过度节食，以致营养不良。男青年也不可自恃体强而暴饮暴食，饥饱寒热无度。对于先天不足体质较弱者，更应抓紧发育时期的饮食调摄，培补后天以补其先天不足。

3. 良好生活习惯的培养

青少年不应自恃体壮、精力旺盛而过劳。应该根据具体情况科学地安排作息时间，做到"起居有时，不妄作劳"。既要专心致志地工作、学习，又要有适当的户外

活动和正当的娱乐休息，保证充足的睡眠。如此方能保证精力充沛，提高学习、工作效率，有利于身心健康。

要养成良好的卫生习惯，注意口腔卫生。读书、写字、站立时应保持正确姿势，以促进正常发育，预防疾病的发生。变声期要特别注意保护好嗓子，还应避免沾染吸烟、酗酒等恶习，吸烟、酗酒不仅危害身体，而且影响心理健康。如吸烟可使青年注意力涣散，记忆力减退，思维不灵，学习效率降低。

青少年的衣着宜宽松、朴素、大方。女青年不可束胸紧腰，以免影响乳房发育和肾脏功能；男青年不要穿紧身裤，以免影响睾丸正常的生理功能，引起不育症或引起遗精、手淫。夏秋两季男女青年穿紧身裤，容易引起腹股沟癣或湿疹，令人奇痒难忍，影响健康。

4. 积极参加体育锻炼

持之以恒的体育锻炼，是促进青少年生长发育，提高身体素质的关键因素。要注意身体的全面锻炼，选择项目时，要同时兼顾力量、速度、耐力、灵敏度等各项素质的发展，重点应放在耐力素质的培养上。力量的锻炼项目有短跑，耐力的锻炼项目有长跑、游泳等，灵敏度的锻炼项目有跳远、跳高、球类运动，尤其是乒乓球。上述有些体育项目关系着几项素质的发展，如游泳，既可锻炼耐力，又可锻炼速度和力量，是青少年最适宜的运动项目。

青少年参加体育锻炼，要根据自己的体质强弱和健康状况来安排锻炼时间、内容和强度。要注意循序渐进。一般一天锻炼两次，可安排在清晨和晚饭前一小时，每次1h左右。锻炼前要做准备活动，要讲究运动卫生，注意运动安全。

四、孕妇保健

环境对我们的影响从什么时候开始？受孕前就开始了，育龄妇女在孕前、孕期长期受噪声、辐射、汽车尾气、抗生素的不当使用、吸烟酗酒、装修污染、卫生习惯或饮食结构不合理等因素，都会通过不同环节、不同方式作用于人体，影响到胎儿，造成多种缺陷。

孕妇保健是使孕妇在孕期得到良好的孕产期保健，保障母亲和婴儿健康，达到母婴安全健康的目的。

（1）孕妇需要充足的睡眠与适当的休息。晚上至少睡8h，中午最好休息片刻。

（2）妊娠以后，应避免重体力劳动，可做些日常家务，但要注意避免腹部受撞击，不提过重物件。

（3）孕妇穿的衣服要宽松，式样简单而寒暖适宜。

（4）孕妇需要增加营养，饮食要均匀，多样化，易于消化，富于蛋白质和维生素，并且应多喝水以及挑选富含纤维素与果胶的蔬菜、水果，像芹菜、韭菜、苹果、梨等，以利通便。妊娠后半期中，比较理想的膳食是每天用粮0.4～0.5kg，肉鱼0.1～0.2kg，蔬菜0.5kg（多品种），鸡蛋2～3个或豆制品0.1～0.15kg，植物油0.25kg，牛奶0.23kg，水果1～2个，每周加食黑木耳、紫菜、海带一次。另外，还需补充一些铁剂、钙剂及维生素D，才能万无一失。

我国每年约有1万名无脑儿出生，叶酸的缺乏是重要原因之一。

（5）怀孕期间，汗腺及皮脂腺分泌增多，阴道分泌物也增多。因此，应当勤洗澡、勤洗外阴、勤换内衣，以及保持体表清洁。

（6）妊娠期间孕妇一定要谨慎用药，尤其是头3个月，正是胎儿各器官发育和形成的重要时期，此时胎儿对药物特别敏感。

（7）孕期要注意卫生保健，预防各种疾病。尤其要预防流感、风疹、带状疱疹、单纯疱疹等病毒的感染，这些病毒对胎儿危害最大，可通过胎盘侵害胎儿，导致胎儿生长迟缓，智力缺陷，各种畸形，甚至引起流产死胎等。因此，孕期预防疾病防止病毒感染非常重要。

（8）保持良好的心理状态。胎儿生长所处的内分泌环境与母体的精神状态密切相连，孕妇保持心情舒畅，乐观豁达，情绪稳定，有利于胎儿生长及中枢神经系统的发育。

（9）远离电磁伤害。

1）X线。孕妇过量接受X光照射，在怀孕的早期会导致胎儿严重畸形、流产及胎死宫内等。

2）电热毯。电热毯通电后会产生电磁场，产生电磁辐射。这种辐射可能影响母体腹中胎儿的细胞分裂，使其细胞分裂发生异常改变，胎儿的骨骼细胞对电磁辐射也最为敏感。孕妇在妊娠头3个月使用电热毯会增加自然流产率。

3）微波炉。微波炉的电磁辐射强度是众多家电产品中最强的，它所产生的电磁辐射是其他家电的几倍。高强度的微波可致胎儿畸形、流产或死胎等严重后果。

4）电吹风。说到家用电器的辐射，大家往往会忽略体积较小的电吹风，其实它是“辐射之王”。电吹风确实是高辐射的家用电器，特别是在开启和关闭时辐射最大，且功率越大辐射也越大。

5）计算机。准妈妈在操作计算机时也不要离得太近、时间也不要太长。

6）手机。手机虽然辐射不高，但是跟人的关系密切，是孕妈咪们不离手的常用设备，使用不当可能会产生不良后果。

五、更年期家庭自我保健

人的一生，从婴幼儿到老年，几十载寒暑，上百个春秋。人生从生理发展看，分为不同的阶段。世界卫生组织定义：45～65岁为中年人，65～74岁为青年老年人，75～90岁为老年人，90～120岁为高龄老年人。人生中不同的阶段有一些标志性的生理特征变化时期，青春期和更年期便是最为显著的标志性时期。更年期是人的部分生理功能从强壮走向衰退的过渡时期，是人生健康管理的关键时期之一。

健康管理就是有计划地经营人一生的健康。就个人而言，就是要做到使自己了解健康的相关知识，掌握自身健康的状态，主动进行健康促进，提前预防和及早治疗相关疾病，始终维护自身的健康，使自己不得病、少得病或晚得病，从而安详平和地度过自己的一生。管理健康既是为自己负责，更是对家庭负责，同时，也是对社会负责。保持自己的健康，不但可以避免身心痛苦，避免自己成为家庭的负担，也可避免

家庭成为社会的负担；保持自己的健康，是人全面发展的需要，也是人生成功幸福的需要，也是建设和谐社会和促进社会全面发展进步的需要。身体是事业的本钱，健康是幸福的基础。智商诚可贵，情商价更高；若要真幸福，健商最重要。

女性 40 岁以后，就开始担心是否快要进入更年期了，但多数女性对于更年期知识了解的并不多。有一份澳大利亚的调查报告，被调查者为更年期女性，结果显示 71.6% 的女性对于更年期保健存在相当程度的误解。国内还没有这方面较权威的调查资料，但估计也不容乐观。了解掌握相关的更年期保健知识是顺利度过更年期的重要前提，有利于个人后半生的健康管理。

（一）女性更年期及常见疾病

妇女更年期的定义：妇女更年期，即妇女生殖的主要器官——卵巢的产排卵功能开始逐渐衰退直到完全消失的变化时期。这段时期通常发生在绝经前后的若干年内，多数妇女在 45～55 岁时都将进入更年期。由于每个人自身情况不同，进入更年期的年龄差别很大，绝大多数是在 45～50 岁左右进入更年期。但近年来有提前的趋势，我国近 10 年来白领女性更年期提前的现象很普遍。澳大利亚有 1% 的女性在 40 岁甚至更早就进入了更年期。

在 45～55 岁的女性中，15%～25% 的女性无明显异常感觉，75%～85% 的女性可出现或轻或重或多或少的临床症状，但有 15% 的人因症状严重需要就医治疗。

妇女由于卵巢功能衰退、导致体内雌激素水平下降，出现月经紊乱和雌激素下降相关症状，所以，更年期的妇女常常会出现种种不同程度的症状。

1. 血管舒缩症状

潮热，表现为无明显诱因所发生迅速蔓延的阵发性面部、颈部、前胸、后背部和上肢多部位的热感，可伴有出汗，出汗后发热感消失，反复出现、短暂，时间小于 1～3min，历时 1～5 年。

1999 年，北京调查 7232 名 40～65 岁妇女，结果潮热、出汗症状百分比：小于 45 岁为 16%；45～54 岁为 39%；大于 54 岁为 46%。人工绝经潮热发生率更高。

凌晨发生的潮热导致睡眠中断是进入绝经期的征兆。性激素低落是造成潮热和夜汗的主要原因。平均每日潮热次数为 5～10 次，约 10%～20% 的人昼夜发生潮热几十次，以致影响睡眠、情绪、体力等，绝经前 1～2 年至绝经后 1～3 年症状最重，大多数人在绝经 5 年时潮热、夜汗等症状自然消失；约 10%～20% 的妇女潮热持续 10～15 年，甚至更长时间。程度判断：轻度的少于 3 次/天，中度的 3～9 次/天，重度的大于 9 次/天。

潮热、出汗处理建议：轻度症状，无须药物治疗，采取自我缓解潮热方法，若效果不满意，可服用大豆异黄酮（大豆、红木薯提取物）40～80 mg 1 次/日，连服数周；黑升麻提取物 20mg，2/次日，连用 6 个月；维生素 E 800 IU/日。中重度潮热，建议到医院进行药物治疗。

自我缓解潮热的方法：

（1）衣着方面。穿棉质、吸汗后易干、易于穿脱的衣服。

（2）饮食方面。避免喝热饮或进食辛辣的食物，身边备有凉的饮料，多吃豆制品。

（3）居住方面。室温尽可能低一些；冬天不要高于22℃，一般在18～20℃为宜。

（4）出行方面。规律运动，避免久坐；潮热时，用凉水洗脸或洗澡；潮热时，做腹式深呼吸，每分钟6～7次。

（5）思想方面。尽量放松心情。

2. 精神神经症状

经常出现失眠、多梦、记忆力减退、注意力不集中，惊悸、血压波动、疲乏、抑郁、不能自我控制等症状，并时常产生疑虑或激动易怒、火爆脾气，但检查结果却未发现器质性疾病。

3. 泌尿生殖道萎缩

因雌激素水平下降，阴道黏膜增殖减慢，细胞数量减少，腺体分泌减少，局部干涩，易出现泌尿生殖道感染；性交时易产生疼痛。对性欲的影响则是心理的因素大于生理的因素。有92.6%的女性认为，更年期后性欲减退。事实上，性行为是一种心理和生理的综合产物，人类的性行为完全可以不与性激素的水平相平行。因此，不少女性在50岁以后性欲反而增强。澳大利亚的研究显示，50%的女性在更年期性欲并未明显改变。

4. 心血管疾病肿瘤发生率增高

雌激素参与脂质代谢，保护心血管系统及免疫功能，抑制动脉粥样硬化发生，激素下降，出现患动脉粥样硬化、高血压、冠心病、糖尿病和结肠癌等肿瘤的风险增加。

5. 骨质疏松

雌激素下降，骨组织吸收速度大于骨组织生成速度，骨代谢负平衡，骨质丢失明显，平均每日丢失50mg钙，骨质疏松发生率明显增高，骨强度减弱，这也是为什么更年期女性易出现腰腿痛、背痛、关节疼痛、身高减低和稍有用力即骨折的原因。

（二）女性怎样才能顺利度过更年期

更年期是自然的生理过程，妇女生命的三分之一甚至更长时间是在绝经后度过的。因此，必须重视和做好更年期不同时期的预防和保健工作。

1. 正确认识，泰然接受

更年期是女性一生中重要的生理现象，不是青春的消失，而是新的人生阶段的开始，消除不应有的恐惧和焦虑。保持良好的生活习惯与愉快的心境。注意参加体育锻炼和娱乐活动，培养美好健康的生活情趣与爱好。注意自我控制情绪稳定，遇事不要着急、紧张，不要胡思乱想，保持心理平衡，调整好自己的心态，保持乐观情绪。同时，要学习和了解相关的医学保健知识。

2. 营造和谐的家庭氛围，感受亲情的温暖

要向家庭成员说明自己的身体情况和心理感受，家庭所有成员也要对更年期妇女的异常心态和表现予以关心与体谅，帮助她顺利度过更年期。健康和睦的家庭，不但

使更年期妇女心情舒畅、消除烦恼，而且可以化解来自工作中和生活中的不良刺激，树立起生活的信心。

3. 合理营养，劳逸结合

由于更年期妇女生理和代谢等方面发生一定变化，胃肠功能吸收减退。同时，更年期妇女由于雌激素水平降低，导致体内钙质大量缺乏，容易发生骨质疏松引起的骨折，合理的膳食非常重要。应限制糖、热量、动物脂肪、胆固醇和盐的摄入，注意多补充优质蛋白（牛奶、奶制品、鱼类、豆类、豆制品、瘦肉、香菇、海产品、黑木耳等）、维生素、微量元素、钙和纤维素。特别注意每天要喝牛奶，临睡前喝牛奶更好，以防止骨质疏松，维持人体的正常代谢。

根据年龄及身体的状况不同，应选择适当的运动，如慢跑、散步、太极拳、健康操等，并持之以恒。适当的运动不仅可以促进血液循环、增加新陈代谢、降低骨质疏松症的发生，还可以消除忧郁的心情，使身心愉悦。坚持适宜的运动和适当的身体锻炼，可以减慢体力下降，使自己有充足的精力和体力投入工作和生活中。

更年期保健应当注意劳逸结合，工作、生活应有规律，睡前不饮酒，不喝茶，不看惊险和悲惨的影视节目，以保持良好的睡眠。

4. 适当补充雌激素

妇女进入更年期后，体内雌激素减少，出现了种种身体症状，在补充植物类雌激素后很多女性的症状明显改善。10% ~15% 的女性需补充雌激素来缓解，激素替代治疗，缓解症状及改善泌尿生殖道萎缩，预防骨丢失和骨折，延缓结缔组织和上皮萎缩，临床上可能对心血管和神经系统有保护作用。目前应用比较多的是尼尔雌醇片（维尼安）。它服用方便，价格较便宜，但需在专科医生指导下合理使用。

5. 更年期避孕与方法

更年期妇女的月经周期将出现不规则的状况，排卵也将随之不规则，只要有排卵，就有可能怀孕。进入更年期的前几年，包括绝经后的一年之内，还是可能会怀孕的，合理适度地安排性生活，有益于心身健康。因此，还是要做好避孕措施，以免不必要的麻烦。常用的避孕方法可选用避孕套，可在上面涂少量避孕膏或润滑剂；女用外用避孕膜和避孕栓等；原来放置宫内节育器的妇女，仍可继续留用，绝经一年后可以取出。

6. 定期查体和自我监测

更年期为常见肿瘤的高发年龄，常见的有子宫肌瘤、宫颈癌、卵巢肿瘤等。同时，也是心脑血管疾病和代谢性疾病的高发年龄。如能早些发现，早治疗，可提高治疗效果及患者生存率。因此，每年一次全身体检很有必要，特别要重视妇科专科检查，警惕肿瘤特别要警惕宫颈癌、子宫内膜癌、卵巢癌的发生。

每月一次的自我乳房检查就能及时发现乳腺的异常。

妇科检查通常包括妇科查体、B 超和化验。近年采用计算机细胞扫描（ CCT）和薄片技术（TCT）检查，是早期发现肿瘤的敏感方法。宫颈刮片细胞学检查，常用的有巴氏染色：Ⅰ级正常；Ⅱ级炎症；Ⅲ级可疑癌；Ⅳ级高度可疑癌；Ⅴ级癌细胞阳性。

在此，特别提示，女性在妇科检查前的24h内不要清洗下身，以保证妇科化验取材和检验的有效性和准确性。

下列六类女性易患宫颈癌：①性生活过早的妇女。②多孕早产的妇女。③自身有多个性伴侣或配偶有多个性伴侣的妇女。④曾经患有生殖道人乳头瘤病毒（HPV）、艾滋病毒感染或其他性病的妇女。⑤吸烟、吸毒、营养不良的妇女。⑥有宫颈病变（长期慢性宫颈炎、宫颈癌前病变等）的妇女。

高发年龄：50～60岁；主要症状为不规则阴道流血；诊断方法主要是B超和诊断性刮宫；高危因素为肥胖、高血压、糖尿病、不孕、绝经延迟。卵巢癌患者缺乏早期症状，无法像宫颈癌那样做涂片检查或像子宫内膜癌的患者有不正常阴道出血。发现卵巢癌时，常是晚期，五年存活率只有10%～20%。卵巢癌发生的危险因素的肥胖、饮酒、脂肪摄取太多、未曾生育过、有不孕症、连续使用排卵药物，特别是家族有卵巢癌或乳腺癌病史。宫颈癌有年轻化的趋势。

如何预防卵巢癌发生，目前卵巢癌并没有一些有效的筛查方法。女性生活习惯要科学，且勿暴饮暴食及酗酒，提倡适龄生育。如果更年期前后有腹部不适症状，应及早妇科检查。每年可做阴道超声和测血中CA－125。

7. 保持理想体重和关注美容

调查发现，一半以上的受访者认为更年期的女性体重会增加。事实上，并不是所有女性都会在这个时期“发福”。女性绝经期后体内的能量代谢率下降，消耗掉的能量的确比以往要少，但从年轻时就坚持每天进行一定量的规律锻炼，加强形体锻炼，并坚持有意适当控制饮食，不吃过多的高能量食物，更年期女性的体重完全可以保持如少女一般。

一般超过正常体重15%～20%者为肥胖，更年期是女性发胖的主要时期，尤其是腹部及臀部等处的脂肪最容易堆积起来。进入更年期后，有不少人，特别是脑力劳动者喜欢安静，不愿运动，这对健康是很不利的。适当的体育锻炼和体力活动，不仅可以促进新陈代谢，活跃脏器功能和增强体质，而且能对抗焦虑、忧郁、烦躁等不良情绪，有利于保持生理和心理健康。

更年期女性须常保持乐观情绪，对生活充满信心和追求，其中枢神经系统就会常常处于兴奋状态，有利于刺激性激素的分泌，从而保持青春的活力和女性的妩媚，更年期的不适症状也会随之减轻和消失。此外，还应注意皮肤的保养，可以选择适合自己的营养保健食品和美容品并坚持使用，坚持面部的皮肤按摩，完全可以达到延缓皮肤的衰老，保持美丽的容颜。

（三）男性更年期保健

首届亚太男科学论坛报告，男性更年期综合征已成困扰男性健康的严重疾病，且有低龄化趋势。一项临床实验结果显示：原先作为老年人特征的更年期现象，现在正向中年人袭来，其中年龄最小的仅39岁。

李某是一家合资企业的高层管理人员，42岁的他正值年富力强、事业有成的黄金年龄，近来却常常出现无来由的沮丧、忽然浑身燥热潮红、困倦、疲乏、注意力不集中等现象，坐着直打盹，躺下睡不着。无奈之下，李某来到泌尿外科男科就诊，最终被确诊为“男性更年期综合征”。在对症下药补充睾酮治疗后，李某病情大为好转，家庭重新找回了和谐的氛围。

专家指出，男性更年期易造成就诊错误的原因主要在于人们心理上的误区，即通常一说起“更年期”，大多数人只会想到女性，而相比女性而言，男性更年期由于没有明显迹象且程度因人而异往往被忽视。

男性更年期的主要表现有以下几个方面：

（1）性功能减退。生理上，由于睾丸功能衰退，产生的雄激素逐步减少，因而，性欲降低，性功能减退，勃起功能下降，但不会完全丧失性功能。

（2）情绪和认知功能障碍。身体上，由于年龄增大，各种脏器和“零部件”机能逐渐老化，加之社会环境、工作压力和家庭负担，体能上出现一些力不从心现象，如乏力、疲倦、失眠、食欲降低、骨骼疼痛、眼睛发花、记忆力减退、思维速度下降、注意力难以集中等。过去历来性暴刚强、雷厉风行的人，可能变得优柔寡断，缺乏主见；过去一直好学要强的人，可能变得懒得动身，不思进取；过去待人、处事容忍大度，现在变得容易激动、发脾气。工作能力下降。

（3）血管、神经、功能紊乱。出现潮热、出汗、心悸等一些常见症状。其他有肥胖、前列腺增生的男性会出现排尿不畅现象。

（4）生理机能症状。如失眠、记忆力下降，腹胀、便秘、骨骼关节疼痛，疲乏无力等。

每个男性的更年期症状不尽相同。出现这些症状主要是由于睾丸、脑垂体、下丘脑和大脑皮层之间的相互作用失去了平衡。进入更年期，男士的雄激素分泌量开始下降，位于脑垂体上部的下丘脑处于兴奋状态，导致不安、烦躁、心悸、呼吸困难、手足麻木和头痛等症状反复出现。此外，不健康的生活方式（如吸烟、酗酒等）、慢性病、恶劣的生存环境等也容易诱发更年期提前到来。从事脑力劳动而很少锻炼身体的人，或者以前从事过激烈的体育运动却突然终止者，都容易提前诱发更年期。相反，那些外出机会较多或经常活动身体的人，更年期来得较晚。

男性40岁后雄激素分泌下降，雄激素减少，神经内分泌功能改变，相关的临床症状出现。1994年，奥地利泌尿外科学会提出：中老年男子部分性雄激素缺乏综合征俗称男性更年期综合征。江苏省13个县、市3551例40～69岁，男性体检的最新调查显示：有男性更年期症状的占35.8%，（其中65岁以上发生率达69.1%）。国家计生委2000年提出：每年10月28日为“男性健康日”。上海市的相关资料显示：男性平均寿命比女性低6岁，看病频率比女性低28%，生活质量明显低于女性。

世界卫生组织和联合国人口组织调查显示：男性平均寿命比女性短5～10年，而且在一些国家，差别还在逐年上升。中华医学会男科学分会调查发现，困扰我国中老年男性健康的重要慢性疾病主要为高血压、血脂异常、冠心病、糖尿病和骨质疏松。

40～70岁男性，血清总睾酮约每年下降1%，是否出现临床症状与体质、患病、生活习惯及方式和敏感程度有关。国外一份调查报告：40～70岁男性中，40%的人至少有2种以上症状，60~70岁没有症状者只占29%。

男性更年期综合征的诊断第一步：有无症状、症状多少，诊断确切方法：测定有效睾酮（Bio-T），低于正常，即可做出诊断。主要有以下4大类症状：①精神心理症状：焦虑、烦躁、易怒、敏感、抑郁、记忆力减退、神经质、缺乏自信、无原因的恐惧等。②生理机能减退症状：精力不足、体力下降、容易疲劳、失眠、骨骼关节疼痛、腹部脂肪堆积等。③血管舒缩症状：如多汗、潮热、心悸等。④性功能减退。

由于男性更年期综合征并不影响生活和工作，所以，应该重在预防和调理，主要体现在建立健康的生活模式、保持良好心境和均衡饮食几个方面。如果能注意好身心保健，正确、均衡地处理饮食，大部分中年男性都可以顺利平稳地应对更年期所带来的变化。

男性更年期怎样做好保健？对于多数人来说，男性更年期表现不很明显，也不很典型，这完全没有必要产生忧虑。当然，男性也不能藐视更年期带来的心理和生理上的变化，应该通过加强生活方式、情趣爱好、心理调整、环境适应、饮食合理等综合性自我保健。

男性更年期保健要做到以下几点：

（1）保持良好的心情和正常的生活规律。更年期是人生的必经之路，更年期过后还有很长的人生路要走。因此，要在这个时期走好走稳。充满信心地投入于自己的工作，保持愉快乐观情绪，保持生活的乐趣和正常的规律，家人、同事多关心理解，这些是治疗所有更年期症状的最好良方。

（2）保持适当和谐的性生活。更年期的性生活能给夫妻双方带来一种亲密感和伴侣感，达到减少疾病、促进身心健康和延缓衰老的目的。适度的性生活以第二天不感到疲劳为准。中老年性生活可避免生殖器的早衰，防止勃起功能障碍；可防止大脑的老化，使血流量增加，神经兴奋，促进食欲旺盛，睡眠香甜，精力充沛，增强抗病能力，延年益寿；可使夫妻双方焕发青春，肌肤比较滋润。总之，更年期协调和谐的性生活可谓“美丽的晚霞，余味无穷”。

（3）保持良好的生活习惯。不酗酒，不抽烟，不暴饮暴食。多吃黄豆、芝麻、红薯、西红柿等长寿食品，多吃鱼虾、羊肉、羊肾、韭菜、核桃，提高性腺功能。忌辛辣，尽量避免过多的盐、糖和脂肪食物，少吃油炸食品。

（4）加强养生保健。加强锻炼，保持一定的运动量，控制一定工作量，不过劳，生活讲规律，不熬夜，劳逸要结合；坚持适应的体育锻炼和文化休闲活动。

（5）药物疗法。对于部分男性更年期综合征症状明显的男士，可以服用调节自主神经功能的药物，如：谷维素、维生素 B_1、维生素 B_6 等；也可以在营养师的指导下进食一些传统的补品和营养保健食品。严重者可以在医生指导下进行睾酮替代治疗，效果是肯定的。

美国保健专家约翰·莱斯博士在《男性的危险线始于40》一书中，向年过40岁男性呼吁：少一小时忧虑，多一小时欢笑。少一次午餐会，多一次松弛时间。少一星期紧张生活，多一次休息。少一晚的社交聚会，多一晚用于阅读有趣的图书。少参加

一次酒宴，多一次与家人共进晚餐。少一小时在灯光下，多一小时在日光下。少一小时在汽车里，多一小时步行。少一小时工作，多一小时去医院体检。少吃一份肉食，多吃一份蔬菜。少一次酒会，多一小时睡眠。

保健的许多情况：不是不知道，而是没做到；不是做不到，而是没想到；不是没想到，而是不知道。

六、老年人保健

2015 年，我国 60 岁以上老年人口已达到 2.16 亿人，约占总人口的 16.7%，年均净增老年人口 800 多万人，超过新增人口数量。2015 年，我国 80 岁以上的高龄老人已达到 2400 万人，约占老年人口的 11.1%，年均净增高龄老人 100 万人，增速超过我国人口老龄化速度。到 21 世纪中叶，我国人口中将有 1/3 达到 60 岁或者更大。与之相比，美国是 26%。预计那时我国的 4.38 亿老年公民将超过美国的人口总数。

为引起各国对人口老龄化问题的重视，1990 年 12 月 14 日，联合国大会通过决议，决定从 1991 年起每年的 10 月 1 日为“国际老年人日”。

1992 年，第 47 届联合国大会通过《世界老龄问题宣言》，并决定将 1999 年定为“国际老年人年”。

老人将如何养老？怎样保证老年生活质量？养老的方式有哪些？老人普遍认同的养老方式就是家庭养老，对家庭提出了新的要求与挑战。

（一）健康老龄化

世界卫生组织（WHO）于 1990 年提出实现“健康老龄化”的目标。“健康老龄化”应该是老年人群的健康长寿，群体达到身体、心理和社会功能的完美状态。目前老年人普遍重视自身的身体健康状况，逐渐认识心理健康和参与社会的重要，开展丰富多彩的健身和娱乐活动，关心国家和社会发展，为实现健康老龄化而努力。

健康老龄化是指个人在进入老年期时在躯体、心理、智力、社会、经济五个方面的功能仍能保持良好状态。从广义上理解健康老龄化，应包括老年人个体健康、老年群体的整体健康和人文环境健康三个主要方面。一个国家或地区的老年人中若有较大的比例属于健康老龄化，老年人的作用能够充分发挥，老龄化的负面影响得到抑制或缓解，则其老龄化过程或现象就可算是健康的老龄化。

健康老龄化和健康长寿相似，但不相同。健康老龄化提出了“健康预期寿命”的概念，而不仅仅是平均预期寿命。平均预期寿命反映的仅仅是生命的长度，并不能反映生命的质量。“健康预期寿命”则更加关注生命的质量。

“健康预期寿命”的衡量指标包括三个层次：

（1）日常生活指标。仅包括简单的生命指标，如呼吸、吃饭等。

（2）自理能力指标。主要包括衣、食、住、行指标等，如能否自己上街买菜？是否有正常的识别能力？和家庭成员的沟通能力？

（3）社会生活自理能力指标。主要指参与社会生活的程度与能力。如与人交往有无障碍？是否经常独处？是否参与社会团体的活动？

只有以上三个层次全部具备，才能说明个体是健康的。比如，一个卧床十年，生活不能自理的人，那么，他的健康预期寿命就比他的平均预期寿命短十年。也就是说，生命只有在健康预期寿命里才更有价值。

（二）老年保健原则

（1）早睡早起。晚间10点，生物睡眠期，早起6点，适当活动锻炼。

（2）合理调节膳食。宜清淡、消化，饭菜温热，食味宜减酸养脾气。少食油煎炸食物、生冷食品，多食鸡、鱼、蛋、瘦肉、猪肝、豆制品及新鲜蔬菜、野菜、水果、红枣等，提高抗病能力。

（3）保持良好心情和精神状态。心胸开阔，心情开朗，乐观愉快；悲忧或思虑过度等伤及身体；老年人结伴外出游，心情饱满，保持体力充沛，才能祛病延年。调整好自己的角色，人一辈子都在学习，学习如何面对生活。

（4）加强锻炼，增强机体免疫力。“流水不腐”“生命在于运动”，这些都是强调运动的重要，中医也强调：“凡人闲则病，小劳转健，有事则病却。”（见《世补斋医书》）“小劳”即是指适量的运动。所以，老年人应坚持参加一些力所能及的体育运动，如长期坚持做广播操、打太极拳等，通过运动可以使全身的气血流畅，增强机体的抗病能力和减缓衰老。

（三）老年人健康饮食原则

1. 饥饱适度

老年人消化酶分泌的相对减少，对饥饱的调控能力较差，往往饥饿时会发生低血糖，过饱时会增加心脏负担。吃素食老年人，耐饥性差，一日三餐，中间增加两三次副餐，可选豆奶、松软糕点、水果等食品。每餐八九分饱为度。

2. 蛋白质宜精

黄豆、鱼肉的纤维短，含脂肪少，是老年人获得蛋白质的理想食物。老年人的饮食里，正餐要一份蛋白质食品（如瘦肉、鱼肉、蛋、豆腐等），吃素食者，更要从豆类及各种坚果类（核桃、杏仁等）食物中获取蛋白质。

3. 脂肪宜少

老年人易选用植物油和饱和脂肪酸少的瘦肉、鱼、禽，不宜多吃肥肉及猪油、牛油。

4. 摄取高纤维的食物

芹菜、香菇、青菜、水果、豆类、薯类等食物，都含有丰富的纤维，纤维对油脂有一定的吸附作用，随排泄物排出去。

5. 主食宜粗不宜细

老年人应适当选用粗粮，如小米、玉米、燕麦、红薯，含维生素 B_1 较多，有助于维持老年人良好的食欲和消化液的正常分泌。同时，所含的食物纤维可刺激肠道使其增加蠕动，防便秘等。

6. 提高机体代谢能力

老年人应多食用富含钙、铁及维生素A、维生素 B_2、维生素C的食物。虾皮、芝麻酱和乳制品，新鲜绿叶菜及红、黄色瓜果类（如胡萝卜、南瓜、杏子等）含丰富的

维生素 A、维生素 C，也宜多食用。海带、紫菜中，钾、碘、铁的含量较多，对防治高血压、动脉硬化有益。经常食用淡菜、海带、蘑菇、花生、核桃、芝麻等则可增加必需微量元素锌、硒、铜等的摄入量，也有助于防治高血压和动脉硬化 。

7. 低油低盐、少味精酱油

尽量以蒸或煮的方式来烹调，以减少油脂的摄取。如果是在外面用餐，可要一杯白开水将菜稍微过一下。少吃加淀粉后经油炸或炒的东西，淀粉容易吸油，像炒面、炒饭、水煎包、葱油饼等。味觉不敏感很容易吃进过量的钠，导致高血压病的发生。

（四）老化情绪

研究发现，人类 65% ~ 90% 的疾病都与心理上的压抑感有关。老年人中，有 85% 的人或多或少存在着不同程度的心理问题，对老年人而言，老化情绪是形成心理压抑的一个重要方面。

老化情绪是老年人对各种事物变化的一种特殊的精神神经反应，这种反应因人而异，表现复杂多变，严重干扰和损害老年人的生理功能、防病能力，影响神经、免疫、内分泌及其他各系统的功能，从而加速衰老和老年性疾病的发生和发展。影响老年人心理健康的因素大致有三个方面。

1. 衰老和疾病

人到 60 岁以后，会引起一系列生理和心理上的退行性变化，体力和记忆力都会逐步下降。这种正常的衰老变化使老年人难免有“力不从心”的感受，并且带来一些身体不适和痛苦。尤其是高龄老人，甚至担心“死亡将至”而胡乱求医用药。在衰老的基础上若再加上疾病，有些老年人就会产生忧愁、烦恼、恐惧心理。

2. 精神创伤

老年人退休后，会面临各种无法回避的变故，如老伴、老友去世，身体衰老、健康每况愈下等。精神创伤对老年人的生活质量、健康水平和疾病的疗效有重要的影响，有些老年人因此陷入痛苦和悲伤之中不能自拔，久而久之必将有损健康。

3. 环境变化

最多见的是周围环境的突然变化，以及社会和家庭人际关系的影响，老年人对此往往不易适应，从而加速了衰老过程。

（1）心明豁达，知足常乐。在长期的医疗实践中发现，长寿老人往往都能做到胸怀开朗，处事热情，善解人意，他们与世无争，感到自己生活很充实、满足。

（2）面对现实，走出误区。作为老年人本身，应端正心态，接受现实，不论遇到什么困难，一定要对生活抱一种现实的积极态度，自己关心自己，宽慰自己，设法保持心理平衡。老年人应积极而适量地参加一些社会活动，培养广泛的兴趣爱好（如书法、音乐、戏剧、绘画、养花、集邮等）。人老了，空闲时间多了，老年人可借此多学一些东西，培养多种兴趣和爱好，以陶冶情操，处理好各方面的人际关系（包括家庭成员、亲朋好友等），做到与众同乐，喜当“顽童”。

（3）结交知音（包括青少年朋友、异性朋友），经常谈心。老年人难免会遇到一些不愉快的事，常在知音好友中宣泄郁闷，互相安慰，交流怀古，有助于心情舒畅，对保持心理平衡起到重要的作用。

（五）智能化监测辅助居家健康养老

随着老龄化社会的到来，养老问题日益凸显，大量居家养老的老年人，因术后康复、失能程度增加等原因，迫切需要在家中也能得到专业的照顾。智能化健康监测产品通过持续、长时间获取老人在床时的各项身体数据进行监测，第一时间监测到异常情况，并立即通过手机发出预警信息，子女可及时查看老人是否异常。监测到的各项身体数据后通过大数据算法，形成健康日报，便于子女了解老人身体或病情的变化趋势，发现异常时可及时就医。同时监测到的数据也会在后台存档形成个人档案，方便及时调取查看，从而对老人进行专业化、系统化的健康管理。运用这种专业化、系统化的智能监测方法照顾老年人能减轻家庭照顾压力，让老年人安心养老。

[思考与练习]

1. 家庭保健基本条件是什么？

2. 体育锻炼对人体健康有哪些重要作用？

3. 为进一步提高社区居民健康素养水平，让健康的生活方式走进家庭，以健康家庭促进家庭成员健康，更好地推动健康社区的建设。XX社区将举行“健康家庭”评选活动，请设计活动方案，方案要求包括：活动的主题、活动的目标、活动的时间和地点、活动的对象、活动的内容和流程、注意事项、活动可预见的困难和对策、所需物质及预算等。

4. 案例分析：李大爷，今年60岁，大学本科毕业，担任市委干部多年，刚刚退休在家，子女都不在身边。请问：怎样指导老人进行自我保健？

第九章　现代家庭文化

案例导入

梁启超对子女的爱国主义教育

梁启超的九个子女中，先后有七个曾到外国求学或工作，他们在国外都接受了高等教育，学贯中西，成为各行各业的专家学者，完全有条件进入西方上流社会，享受优越的物质待遇。但是，他们中却无一人移居国外，都是学成后即刻回国，与祖国共忧患，与民族同呼吸。抗战期间，梁启超的长子、著名古建筑专家梁思成和夫人林徽因在四川过着清贫的生活且都疾病缠身，却仍然顽强地坚持在自己的工作岗位上。当时美国一些大学和博物馆都想聘请他们到美国工作，这对他们夫妇治病也大有好处。但是，他们却一一拒绝了。梁思成说："我的祖国正在苦难中，我不能离开她，哪怕仅仅是暂时的。"

新中国成立后，梁启超的家人以极大的政治热情投身于新中国的建设事业，虽历尽磨难而无怨，以一腔热血报效祖国。他们全家人在梁启超夫人王桂荃和长女、时任中央文史研究馆馆员梁思顺的主持下，将梁启超遗留下来的全部手稿都捐赠给北京图书馆，并把北戴河一座别墅捐献给了国家。1978 年，梁启超的次女、著名的图书馆学专家梁思庄又代表全家将梁启超坐落在北京卧佛寺的陵园和几株白株树捐献给了国家。1981 年，梁思庄组织在京的弟、妹集体自费回广东新会探望乡亲父老。他们带去了梁启超的亲笔字卷和战国编钟，赠送给广州和新会博物馆。至此，梁启超和他的子女们将他们所能献出的一切全部奉献给了祖国。

第一节 现代家庭文化概述

一、文化内涵

什么是文化？这是一个看似容易而实际很难回答的问题。文化是社会的一个重要组成部分，它的内涵复杂而多元。

人是社会的产物，也是人类文化的产物。人类创造了文化，但文化也创造人类，人类通过劳动和实践，通过协调人与自然的关系和人与人的关系创造了人的自我，实现了人的本质化社会化。人类在劳动实践中，为了满足自身的需求，再创造自我的同时也创造出多种多样的物质和精神财富，这就是人类文化。

我国古代，文化的原意是“文治教化”，即以德、书、礼、乐、道德伦理教化世人。在西方，“文化”一词，是由拉丁文“culture”转化而来，本意是“耕种、居住”的意思。到16世纪，则引申为树木、禾苗的培养，进而又指教化人类心灵、知识、情操和风尚，由物质生产引申到精神生产。

“文化”的本质是“人化”，即自然的“人化”或思想、精神的“物化”。因此，文化既是主体又是客体。大家知道，一切自然环境和资源，一定要经过人类有意识、有目的地改造，即客体主体化后，才能成为精神化了的“物质”，才能纳入文化范畴，否则，他就纯属自然状态。

人类的一切物质产品固然是自然界的一部分，但因其包含了人类的智能活动，因而是主体化了的自然，是人类知识的物化。又因文化是有意识，有目的的人类劳动的对象，他一经被创造，就独立于人的意识之外，成为不以人的意志为转移地客观上存在，并对社会人类产生制约与影响，故此，它又是客体性的东西。人类创造文化是一种连续不断的知识物化活动，人类创造了文化，但文化也创造了人。人是劳动的产物，但人也是文化的产物。过去我们对文化创造人类的命题的意义和实践强调不够，应引起注意。

文化的内涵十分丰富，其分类也纷繁多绪。

若以层次结构划分，可分为最高层次的“世界文化”，第二层次的民族文化和第三层次的阶级文化；

以内容划分，可分为第一层次的物质文化，第二层次的制度文化和第三层次的精神文化，与之相对应的又可称为表层文化、中层文化和深层文化。

以人类把握世界的不同的方式来分，可分为认知文化、审美文化和价值文化；以时间顺序划分，可分为古代文化、近代文化和现代文化。

以空间范围划分，可分为本土文化和外来文化，又可分为大陆文化和海洋文化；以生产方式来划分，可分为农业文化、工业文化和信息文化。

以考古学的角度划分（指同一历史时期的、不依分布地点为转移的遗迹、遗物的综合体），又分为仰韶文化、龙山文化等，不胜枚举。

但就一般而言，文化可归纳为广义与狭义两大类。所谓广义文化，就是指人类在社会历史实践过程中所创造的物质财富与精神财富的总和；所谓狭义文化，就是指社会的精神文化，即思想道德、科技、教育、美术、文学、宗教、传统习俗等，及其制度的一种复合体。

二、家庭文化内涵

家庭是社会的细胞，是人类再生产的基本单位。家庭的基本社会功能是进行人的生命的再生产，以及对新的劳动主体在生产的期待。从本质上说，家庭就是为明天再生产劳动主体生命和生活的结合体。换言之，家庭就是人类通过劳动主体的生产（出身）——发展（培养）——维持（生命与生活的再生产），来维持自身与社会的生存。人的生命的生产和生活资料与方式的生产实际上就是一种文化生产。当然，家庭进行文化生产的同时，文化也产生了家庭。就这个意义上来讲，家庭同文化有着共同的内涵。然而，家庭同文化毕竟是两个概念，各自有其本质的含义。

我国古代，虽没有家庭文化这个概念，但家教、家训、家规、家诫、家礼、家书、世范等有关家庭文化的著作却很多。从这些著作中可以看到，作者的家庭文化视野很开阔，家庭文化所涉及的内容也相当广泛。如我国南北朝时期著名的教育思想家与文学家颜之推所著的《颜代家训》所涵括的家庭文化的内容就有“教子、后娶、治家、风操、勉学、文章、涉务、止足、养心、音辞和杂艺”等共二十个项目。清朝学者朱柏庐的《朱子家训》（《治家格言》）篇幅虽短，但涉及的内容也很广泛，如修身、治家、做人、家教、家规及家人与国家的关系等。

若把我国古代家庭文化做一概括，其主要内容有：①居住、服装、饮食。②修身齐家。③教子做人（重道德教育、文化教育）。④家庭礼仪。⑤道德行为规范。⑥文章与杂艺等。

从现代文化学的观点看，古代的家庭文化所涵括的内容是很广泛的，至于有缺乏系统性、理论性的缺点，那是因为还没有形成一门完整的学科的缘故。

现代的家庭文化是指家庭的物质文化和精神文化的总和。家庭文化属于社会科学范畴，指的是一个家庭几世代承续过程中形成和发展起来的，较为稳定的生活方式、生活作风、传统习惯、家庭道德规范以及为人处世之道等。家庭文化是建立在家庭物质生活基础上的家庭精神生活和伦理生活的文化体现，既包括家庭的衣、食、住、行等物质生活所体现的文化色彩，也包括文化生活、爱情生活、伦理道德等所体现的情操和文化色彩。

家庭文化有明显的时代性。受时代的影响，每个家庭都带有强烈的时代烙印。比如中国封建社会的家庭，就带有浓厚的封建主义色彩，在封建的宗法制度下的家庭，是由家长管制一切，而作为家长的，只能是男人。比如大家都很熟悉的，巴金先生的名著《家》就是一个具有浓厚的封建主义色彩的家庭。这个家庭的一切，都是由其家长——高老太爷决定，在那个时代，女人连继承权都没有。在宗族方面，女子出嫁等于永远被开除出宗族。《礼记》上说，嫁女之家，三夜不熄烛，思相离也。意思是说，嫁女儿的家庭，三个晚上都点着蜡烛，让女儿和家人互相多看几眼，因为他们要永远分别了。《列女传》《女诫》成为封建社会规范女子行为的准则。家庭文化还具有明显的社会性。东方社会和西方社会的家庭就有明显的民族、区域差别，从思想方式、行为方式、服饰、饮食到家居布置等，都明显地存在差异。比如西方社会比较注重对孩子个性和独立能力的培养，尊重孩子自己的意愿和选择。而东方社会更注重对孩子的关心，有些时候甚至是包办代替。家庭文化还具有自发性和凝聚性的特点。家庭成员之间有着密切的联系，他们根据各自的爱好和不同的特点，自发地开展活动，如摄影、观赏戏剧、音乐、郊游等，自得其乐，有利于家庭成员之间融洽感情，增强家庭的凝聚力家庭文化的形式多样、灵活，家庭成员的年龄、文化、职业、兴趣等，决定了家庭文化的形式，这种形式可以随着家庭成员年龄、兴趣的改变而改变。

家庭文化的内容大致包括11个方面：

（1）家庭的组建。不同的家庭、不同的家庭成员有不同的择偶条件。在过去，家庭主要成员的择偶观念对家庭成员的影响最大，甚至可以起决定性作用。随着时代的进步，自主择偶已经比较普遍。我们倡导把感情建立在平等、互助和共同的理想之上，把志同道合作为择偶的基本条件。

（2）家庭成员的关系。一个家庭，除配偶外，还有父母、子女、兄弟姐妹和亲属。如何处理好家庭成员之间的关系，是家庭文化的一项重要内容。

（3）家庭教育。在家庭教育、学校教育和社会教育这三大教育中，家庭教育是最先起步的，也是最基础的教育。父母是孩子的第一任老师，家庭教育对孩子的一生都将产生巨大影响。

（4）对老人的赡养。对自己和配偶父母的赡养是每个家庭成员的义务。

（5）邻里关系。我国老百姓中有一句俗话叫“远亲不如近邻”它说明邻里之间互帮互济，礼尚往来一直是我国的优良传统。现在，人们的居住环境改变了，邻里之间的交往接触比过去少了，但是邻里之间仍然应该保持互相体谅、互相谦让、和睦相处的优良传统，主动承担公共责任，营造宽松友善的邻里关系。

（6）家庭的饮食、环境卫生。饮食是人类维持生命的基本条件。随着人民物质生活水平的不断提高，家庭饮食正从吃得饱向吃得好、吃得科学、营养方面发展，这就需要人们掌握一些关于营养、烹饪、食物选购、贮藏等方面的知识，以提高家庭饮食质量。家庭的环境卫生包括自然环境卫生和心理环境卫生两个方面，对家庭每个成员的健康影响都很大。创造一个良好的卫生环境，使家庭成员能在工作、学习之余得到调整，感受到家庭的温暖。

（7）家庭成员的服饰，家庭的设施和装潢。服饰包括衣服、鞋帽的穿戴及首饰、皮包、手表等小饰物的佩戴；家庭的设施和装潢，体现了家庭成员的文化修养和审美情趣、生活习惯等。家庭的设施、装潢要量力而行，以实用、美观、舒适为原则，切不可盲目地效仿别人。

（8）家庭气氛的营造。家庭气氛的营造，是一门学问，也是一种艺术。人的一生有三分之二的时间是在家庭中度过的。实践证明，在一个宽松、和谐的家庭气氛中长大的孩子，一般都具有健康的心理和开朗随和的性格，相反，如果家庭气氛很紧张，不协调，孩子的性格容易变得孤僻、暴躁、多变。因此，营造和谐、宽松、健康的家庭气氛，对每个家庭成员都是很重要的。为了营造良好的家庭气氛，每个家庭成员都应该多动脑筋。比如适当地组织一些形式多样、内容丰富的家庭娱乐活动，不仅使家庭充满了生机，而且可以提高家庭的凝聚力，有利于家庭成员的身心健康。

（9）家庭的经济管理。勤俭节约是中国人的传统美德，善于理财，才能丰衣足食。但是，家庭经济管理，也要具有时代特色。一方面要遵循量入为出的原则，减少不必要的浪费，不攀比。另一方面，要学会用科学知识指导消费。

（10）家庭的民主平等。家庭成员之间，应该平等相处，首先是男女平等。男女平等是我国的基本国策，在家庭中，要形成尊重女性、保护女性的风气，不搞大男子主义。还有家庭成员之间的平等，要互相尊重，不论大人还是孩子，都有权参与家庭事务的决策，不要搞一言堂、家长作风，要充分发扬民主，建立民主、平等的家庭人际关系。

（11）家庭的法律法规。没有规矩不成方圆。每个家庭都有自己的家规，比如如何对待老人，如何教育子女，如何为人处世等。

三、重视家庭文化建设

家庭是社会的细胞，家是人生的港湾。人的一生，有大半时间是在家里度过的。可见，家在人的一生中该是多么重要，家对于每一个人的人生影响又该是多么的重要。家庭文化则是家庭的“精神世界”，是传播文明、传播文化的“第一课堂”，无时无刻不在熏陶着影响着、培育着、丰富着、充实着人们的精神世界，潜移默化地影响着人们的精神道德、价值取向、文明素质和行为举止，乃至影响着人们的人生道路、人生价值。可以说，家庭文化对每个人，尤其是对青少年的人生有着至关重要的影响；良好的家庭文化氛围，能有效抗衡各种消极不良社会现象对人们的诱惑与腐蚀；同时，重视家庭文化建设，提高家庭精神文明水平，也是促进社会主义精神文明建设，提高国人文明水平和国民素质的重要环节与基础性工作。但不能不看到，在诸多“环境文化”中，家庭文化是相对比较薄弱的，这种现象，应该引起注意。

（一）家庭要有“书香气”

家庭书香气是一种书卷文化气息与环境氛围，也是一种“文脉气场”，直接影响着家庭及其家庭成员的精神世界、精神境界与文明素质；一个家庭有没有“书香气”，其效果大相径庭。要看到，当下城市不少家庭，看重家庭物质文明建设，舍得投资，这当然没有错；但却轻视与忽视家庭精神文明建设，其中一个突出表现，便是不愿花钱买书。有社会调查资料显示，我国人均购书消费水平偏低且又呈下降趋势。在一些家庭，“物质丰富，精神苍白”现象非常突出，有的家庭甚至看不到一本有价值的书籍。这种家庭建设“一手硬一手软”的现象亟待改变。人们啊，重视培育家庭“书香气”吧，让家人沐浴在书香气息中吧，沉浸其中，天长日久，不但会丰富知识学养，积淀文化素养，更会熏陶出一种美好的精神修养与精神气质，这是弥足珍贵的人生精神财富。

（二）传承民族优秀传统文化

民族优秀传统文化是我们中华民族的文化宝藏。民族传统文化的内涵非常丰富，积淀十分厚重。家庭则要珍重和传承民族优秀传统文化。对于家庭而言，民族优秀传统文化，最重要、最宝贵的，便是家庭伦理观念、伦理道德。毋庸置疑，在现代社会，我们仍然应该继承和发扬传统的家庭伦理观念、伦理道德，因为这是一种家庭美德。在现代社会、现代家庭，家庭伦理道德主要应该体现在家庭伦理道德观念、家庭责任意识、对家庭的忠诚、长幼有序、尊老爱幼、孝敬赡养老人、抚养培育孩子、家庭和气和睦和谐、家人之间宽容谦让、邻里之间谦和礼让互助、崇尚勤俭持家清明处世、戒除贪图享乐奢侈慵惰、知廉耻明是非、远离丑陋丑恶邪恶罪恶等。当然，在传承民族优秀传统家庭文化方面，要有所扬弃，注意摈弃一些封建愚昧消极的东西，如愚孝、男尊女卑、包办婚姻、家庭暴力等。

（三）崇尚现代先进科学文化

家庭文化建设一个重要方面，是树立现代文明理念，崇尚现代先进科学文化。概括地说，家庭要具有现代观念、现代意识、现代精神。具体地讲，家庭应该注意培育这样一些理念、精神、品质：与时俱进精神、科学精神、文明精神、时代精神、进取精神、奉献精神、法制意识、民主意识、平等意识、社会权利与社会责任义务意识、社会公德意识、社会主义荣辱观、现代社会家庭观等。

相信，只要大多数家庭重视家庭文化建设，那么，不仅会有效地提升家庭成员及其家庭文明水平，也会提升国人现代文明素质与国民素质，促进社会主义精神文明建设与社会和谐。

第二节　家庭文化结构与功能

一、家庭文化结构

家庭文化结构是指家庭文化品种、层次及其相互关系结合状态。家庭文化结构的优劣，直接制约和影响着家庭文化功能的发挥，如果家庭文化结构残缺或架构不合理，那么家庭文化功能就会相应地残缺或发挥不正常，其直接后果就是家庭成员特别是儿童，在被家庭文化塑造心灵、人格的过程中，就会出现思想道德、价值取向、知识技术和行为模式上的扭曲、变态、残损和伤害等错误或非文明的文化行为。现在，不少家庭屡屡出现家庭暴力、青少年犯罪、自杀、少年出走或家庭的黄色文化、黑色文化等现象，不少人把它归结为家庭教育失误。其实，事情并不那么简单，若从更深的层面去分析，上述的家庭问题，从根本上讲，并不是教育自身的问题，而是家庭文化的问题，即家庭文化残缺，或家庭文化功能扭曲的问题。

那么，家庭文化到底应该有个什么样的科学结构呢？我们认为，家庭文化结构应当是分层次、互相关联、相互渗透的，既有起导向作用的核心文化，又有起辅助作用的周边文化的综合体。

家庭文化结构分为三个层次：

（1）表层文化，又称有形文化，包括衣、食、住、行等物质层次的有形之物，即所谓形而下者谓之物的有形之物。

家庭的物质文化，不是一种孤立的物质存在，而是家庭文化的一个有机组成部分。家庭物质文化受制于制度文化，特别受制于精神文化。换言之，一个家庭的物质文化，体现和反映了家庭成员特别是家庭主要成员的文化品格、思想道德和价值观念及个性特点。反过来说，家庭主人的个性，思想、知识、爱好、兴趣及价值观念的物化物就是家庭的物质文化。当然，家庭物质文化也不是被动存在的，家庭物质文化的结构、形态、风格一旦形成，反过来，它就会反作用地去影响家庭的制度文化和家庭精神文化，并推动制度文化与精神文化向更高的层次发展。

当然，家庭物质文化也有与制度文化、精神文化不相称或相反的情况，如家庭物质财富很丰富，但家庭制度文化、精神文化很贫乏或滋长出一种反家庭文化的黄色文化与黑色暴力文化等。我国古代的政治家、思想家管子说："仓廪实，则知礼节；衣食足，则知荣辱。"若从"物质文明是精神文明的基础"的命题议论，是正确的，但也不尽然。在现实生活中，"仓廪实"者不讲礼节或违背礼节者大有人在；"衣食足"者，不知荣辱，甚至以耻为荣者也屡见不鲜。根本的问题还是要一个正确的道德观。唐朝诗人孟郊诗"残月色不改，高贤德常新"，说出了家庭文化与社会文化关系的真谛，月亮虽残缺不全，但它的光华依然四射；贤德高尚之人，其德性情操永远常在常新。

（2）中层文化，就是制度文化，又称行为文化，包括家训、家庭礼仪、道德规范、行为准则、理财原则和风俗等。

家庭制度文化是治家思想在制度层次上的反应，是家庭精神文明建设的一项重要内容，也是我国家庭文化建设的一个薄弱环节。

作为制度，它是规范家庭成员行为的工具，是齐家修身的尺度和标准。俗话说，"家有家规，国有国法。"家规虽不是法律，但它具有法律的含义与效能，家庭的每个成员都必须严履谨行，否则，家庭就失去法度，将成为一个长幼无序、是非颠倒、混乱腐败的"王国"。

作为文化，它是一种意识和思想，家庭的规范、制度一旦内化为人的思想和意识，就会形成一个家庭的家道和家风，如此，家庭制度文化便会"以风风人，以雨雨人"地对家庭成员的思想和行为进行影响和规范，家庭成员的行为规范也就成为一种自觉的行为。

（3）家庭精神文化，包括道德观、世界观、价值观、宗教信仰和家风等精神领域的东西。

家庭精神文化，是一个家庭主要成员的世界观、价值观的反映，是一个家庭的精神风貌和思想品德的外向展示。

家庭精神文化，引导着家庭成员的思想和行为，凝聚着和整合着家庭成员之间的心志和情感。家庭制度文化是家庭精神文明在制度行为上的反映，家庭物质文化则是家庭精神文化的外化和"物化"。也就是说，一个家庭，有什么样的精神文化，就一定会有与之相适应、相匹配的家庭制度文化和家庭物质文化。换句话说，一个家庭的制度文化和物质文化都是在家庭精神文化的指导下形成和发展起来的。

二、家庭文化的功能

家庭文化的功能是家庭文化结构要素能量的体现。从家庭文化的结构来看，家庭文化有如下功能：

1. 导向功能

家庭文化的导向功能是家庭精神文化功能，特别是世界观、价值观对家庭成员的教化和影响，致使家庭成员的思想意识和行为趋于统一和一致，并向着精神文化指引的方向移动和发展。一个家庭的生活沿着什么方向发展，不靠家庭成员的个性，而是靠家庭成员统一的价值观的引导。

2. 陶冶功能

我们说，家庭是一个染缸和熔炉，主要是指家庭文化对家庭成员的熏陶而言。家庭文化有陶冶情操、铸造品格、塑造灵魂的功能。一个家庭有了上乘的家庭文化，特别是有了家风、家训、家教等家庭精神文化，家庭成员就会有好的思想品格，好的精神风貌和好的道德规范。相反，家庭就会出现家风败落，甚至会出现各种腐败和败家子等。

3. 凝聚功能

家庭文化的凝聚功能主要表现在家庭成员对家庭价值观的认同，对价值观念一旦认同，家庭所有成员之间的关系就会被一根无形的线连在一起，大家想在一起，做在一起，团结在一起。如此，家庭成员之间就会和睦相处，同甘共苦。

4. 品位功能

一个人有文化修养，就会在精神、气质上凸现出一定品位和品格；家庭也一样，它的文化内涵越丰富，文化修养越高尚，其品格、品味就越是上乘。

家庭的品位一般是通过家庭成员品德及家庭的内、外部环境的面貌表现出来的。一个家庭的文化品位一旦形成，它不但会进一步地影响家庭成员的思想行为使之趋于高尚，而且还会像产品的品牌一样，向公众和社会展示其高文化品位的家庭形象。

第三节 现代家庭文化构建

梁漱溟先生说："任何一处文化，都自具个性，惟个性之强度不等耳。中国文化的个性特强，以中国人的家之特见重要，正是中国文化特强的个性耳。"梁先生指出中国文化中的家庭文化的核心地位。

一、和谐家庭文化的特征

家庭是构成人类社会最基本的组织生活单位，是人们生活、从事生产和社会赖以存在和发展的基础。家庭的变革无不反映着社会政治、经济、文化的变化，人们的家庭关系、家庭生活状况、生活质量如何无不直接关系到家庭的稳定、社会的发展和文明建设。因此，重视家政建设，充分发挥家庭的社会职能，创建健康、和谐的现代文明家庭既是现代社会文明建设的内容和要求，又是提高人们生活质量的途径和保证。我们知道，现时代家政建设的内容是十分广泛而多层面的，我认为：必要的、丰裕的物质条件和物质生活是家政建设的基础；丰富、积极高尚的精神需求和精神生活却是家政建设的核心，同时也是衡量人们生活质量高低的标准。而在人们家政生活的精神需求和精神生活中，家庭文化需求是健康、和谐文明的家庭生活不可缺少的、非常重要的内容。满足家庭文化需求，就必须重视家庭文化建设，努力营造家庭文化氛围，其中心就是要倡导所有家庭及家庭成员购好书、藏好书、读好书、与书结伴、以书为友不懈地学习。因为书是人类生活经验的积累，实践经验的总结，凯勒说："一本新书像一艘船，带领着我们从狭隘的地方驶向生活的无限广阔的海洋。"爱上读书是一件幸福的事，读书不仅使人增长知识、开阔胸怀、活跃思想、陶冶情趣，而且往往决定一个人的未来命运以及生活道路。正是由此，高尔基语重心长告诉我们："读一本好书，就像对生活打开了一扇窗户。"喜欢读书就等于把生命中寂寞的时间变成了巨大享乐的时光。对于非常繁忙的人来说，读书是一种休息，对于十分闲暇的人来说，读书又是一种工作。读书对人人来说是一种生活乐趣，而对家庭来说，可以说是一种休闲教育。因此，现代社会任何一个文明家庭都应支持并带头做好"以读书为重点"的家庭文化建设工程，全社会都要把"重视家庭文化建设与弘扬家庭美德"紧密结合起来，并把它作为推进社会精神文明建设的基础工程来抓紧、抓好、抓出成效。

现代文明家庭，至少应具备以下几个方面的特征：

（1）构筑了浓厚的家庭观念，家庭成员具有强烈的家庭责任感。

（2）建立了民主、平等的家庭关系。

（3）重视并加强了以"文化、道德、情商"为核心的家庭精神文明建设，家庭生活丰富，且富有品位。

（4）具有和睦和谐健康的人际关系。

（5）学习和工作成了家庭生活内容，家庭成员学历层次高。

（6）十分重视家庭教育，教子有方，效果好。

（7）家政管理科学，具有良好的家规家风。

二、和谐社会中家庭文化的构建

（一）家庭文化的构建要符合和谐社会的要求

构建社会主义和谐社会，贯彻落实科学以展观，必须大力推进和谐文化建设，弘扬民族优秀文化传统，借鉴人类有益的文明成果，倡导和谐理念，培育和谐精神，进一步形成全社会共同的理想信念和道德规范。同时，按照民主法治，公平正义，诚信友爱，充满活力，安定有序，人与自然和谐相处的总要求和共同建设、共同享有的原则，以改善民生为重点，解决好人民最关心、最直接、最现实的利益问题，努力形成全体人民各尽其能，各得其所而又和谐相处的局面。

和谐社会的家庭文化构建必须是和谐的家庭文化。和谐的家庭文化必须是家庭价值观必须是积极向上的，家庭内部关系是和谐共处的，家庭中的行为规范是平等互利的。

（二）家庭文化的构建

1. 构建积极向上的家庭文化

构建积极向上的家庭文化，就是要构建乐观、向上、学习型的家庭。当前，我国的现代经进程日新月异。社会在转型中急剧的变革，在变化中的家庭显露出一系列新的特质，这些新的特质对家庭教育产生着深刻的影响。社会变迁带来家庭的变革，这种变革已不再是普遍意义上的变化，而是结构是的改变，结构上的重组与功能变迁相辅相成。

放眼世界，教育理论与实践不断拓展与深化，教育的时代精神表现为人的主体性呼唤对教育的实践意义的反复追寻。透过家庭成员的相互学习，共同创造新知识，并且透过知识的运用和转化，进而能持续家庭整体的生命力与适应力（成长与发展）。以提高家庭的社会适应能呼和生活质量为目的的家庭成员共同学习，相互学习，自我改变，自我完善，共同成长的过程。

构建学习型家庭的策略：

（1）家庭成员观念的更新，不断增长的学习需求，是建设学习型家庭的根本动力。社会通过各种方式让人们接受终生教育的观念，使每个人都知道学习不仅仅局限于学校教育阶段，人生的每个教育阶段都有不同的学习任务，不断充实知识追求知识是现代人生活不可缺少的内容，也是个人生命的基本条件。

（2）学校实施素质教育，培养学生终生学习的动机及能力，是学习型家庭形成的战略措施。家庭成员学习动机与学习能力是创建学习型家庭两个重要的因素，其中家长的学习动机和能力，则是重中之重。

（3）家庭教育资源的充分开发是学习型家庭的物质保证。台湾嘉义大学廖永静教授在《构建学习型家庭》一文中，将学习型家庭归纳为两大要素：即学习的家庭和家庭的学习，学习的家庭指的是有利于学习的环境，家庭的学习指的是家庭成员的共同活动。

（4）建立新型家庭关系是学习型家庭的生命力。现代社会，家庭应建立一种新型人际关系，家庭成员在人格是独立平等的，家庭关系是亲密、相爱、接纳、宽容，家庭成员间容易使子女建立自信心，获得良好的自我概念，为自身的发展奠定良好的基础。

2. 构建和平共处的家庭文化

要构建和平共处的家庭文化，就要营造一个其乐融融的家庭环境。家庭不仅是休息、吃饭的场所，更重要的职能是回到家中有一种归属感，在这个场所里面可以呼吸自由的空气，可以随意地放松自己。就如同进入大自然，这里没有别人，只有自己，在这里，你可以随心所欲地“为所欲为”。

3. 构建平等互重的家庭文化

家庭文化中的平等不是打破家庭中的血缘关系，否定家庭内部正常的关系，造就绝对的平等，这就走向了另一个极端，对和谐家庭文化的建设是没有好处的。要知道，世界上并不存在绝对的平等，绝对的平等就容易造成不平等。这里所说的平等，是指在人格上平等的，上一代人应该充分尊重下一代人，同时，下一代人也应该理所当然地给予上一代人以尊敬。尤其是上一代人不能过分地按照自己的意志来教育孩子，应给予他们以充分的自由权利，这对于孩子人性的发展与完善有着重要作用。而实际中，根据自己的意志来教育孩子的人数不少。

一个和谐的家庭文化不是一朝一夕就可以建成的，它就像建设和谐社会一样，也是一个长期的过程。并且家庭文化需要一个不断积淀的过程，一代人构建的家庭文化不一定就是完美的，它需要不断地改进，只要可以让我们生活变得更好的因素（当然是积极方面的），我们都可以吸收，正所谓“择其善者而从之，择其不善者而改之。”和谐家庭文化没有最好的，只有最适合的，只有找到一种适合自己的文化模式才可以真正构建和谐的家庭。而以上的建议则是所有和谐家庭文化都应具备的要素，它就好比一个基础，只有在这个基础上才可以建造大厦；只有在这个基础上，和谐家庭文化的大厦才可能完工。

[思考与练习]

1. 什么是家庭文化?

2. 如何构建和谐型家庭?

3. 围绕“家庭、家教、家风”，通过社区和妇联组织等，策划讲、演、唱等群众喜闻乐见、便于参与的家庭文化活动，深入挖掘、宣传展示“最美家庭”故事，让群众在传播过程中当主人、唱主角儿，以身边人、身边事，可亲可学的方式带动更多家庭在学习感悟中付诸行动，在全社会广泛传播家庭文明正能量。

4. 选择以下活动完成：

（1）探一探家谱源。全家通过拜访长辈或查找文献或网上收集资料，了解家谱文化起源、家族姓氏来源、发展历史、中国姓氏的有趣故事等，探寻家族源头。

（2）读一读百家姓。邀请父母长辈开展一次家庭读书活动，一起了解《百家姓》的成书背景，知晓《百家姓》姓氏排序的原因。

（3）画一画家谱树。了解家谱的基本含义、基本记述格式，清楚自家史、家族亲戚后，手绘或电子制作家族近五代家谱树。

（4）晒一晒家族事。在认真寻根问祖、家谱探源过程中找出家族中你认为最典型的一位名人，撰写一篇家族名人故事，并主动向家长征询意见，一起修改完善。

第十章　现代家庭礼仪

案例导入

家庭礼仪教育的重要性

涛涛今年8岁，学习成绩挺好，只是有些不懂礼貌。例如，家里来客人从不主动打招呼，从不会说“谢谢”。父母有时也想批评孩子，但觉得孩子只要学习好，其他的不过是小事，不想“委屈”孩子，仍然对涛涛宠爱有加。

一天，父亲带涛涛去参加一个比较正式的晚宴，才发现孩子站没站相，坐没坐相。别人还没入席，涛涛先一屁股坐在正中位，旁若无人地吆喝服务员要可乐。菜一上桌就伸筷子去夹，等到上龙虾这道菜时，因为是涛涛最爱吃的，他竟然整盘端到自己面前，就像在家里一样。虽然来客们都说“没关系，没关系”，但父亲还是看到了鄙夷的目光，觉得如坐针毡，难堪得要命，觉得很丢脸。

“养不教，父之过。”父母如果不想“委屈”孩子，那么孩子就会让父母委屈。

第一节　礼仪概述

礼仪是人们在社会活动中的言行规范和待人接物的标志，是人类为维系社会正常生活而要求人们共同遵守的最起码的道德规范、行为规范的总称。

家庭礼仪是整个社会礼仪的基础元素，在现代社会生活中发挥着重要的作用。一方面，能使家庭成员之间建立和谐的关系，是家庭生存和实现幸福的前提；另一方面，重视家庭礼仪对整个社会良好风气的形成有着积极的作用，能有力地推动和谐社会建设的进程。

一、礼仪的含义

汉字中的“礼”，“礼，履也，所以事神致福也。从示从豊，豊亦声。”（许慎《说文解字》）最初的意思是敬神，随着人类文明的发展，“礼”逐渐被引申为表达对他人的尊重与敬爱之意。

礼仪是表示礼节和仪式。而“礼仪”中“礼”字就是表示敬意、尊敬、崇敬之意，多用于对他人的尊重；“礼”，多指个人性的，像鞠躬，欠身等，就是礼节。

“仪”是“礼”的形式，它包括礼节、仪式。“仪”是指仪容、仪表和举止，是体现出来的思想、道德和情操。

“仪者，度也”。也就是要符合法度、规则。在仪式进行过程中，要严肃认真、循规蹈矩。同时更要注意把握好分寸。

“仪”，通“宜”，即适宜、合适之意，一个人合适得体的举止称为宜，体现在恰当端庄的仪表、仪容和形式方面。“仪”，则多指集体性的，像开幕式、阅兵式等，就是仪式。

“礼”和“仪”合在一起，就是以审美的方式表达崇敬之意。

所谓礼仪，是指人们在社会交往活动过程中形成的、应共同遵守的行为规范和准则，涉及穿着、交往、沟通、情商等内容，具体表现为礼节、礼貌、仪式、仪表、仪俗等。

（1）礼节。礼节是人们表示尊敬、祝颂、哀悼之类的各种惯用形式。如介绍、握手、鞠躬、亲吻、脱帽、名片、通联、宴会、舞会等礼节。

（2）礼貌。言谈、举止行为的礼貌。主要指个人的仪表、言语、行为，更带有约定俗成的性质。

（3）仪表。仪容、仪态、服饰、化妆等。

（4）仪俗。民俗礼仪、外国礼仪、风俗习惯等。

（5）仪式。是在指定场合举行的、具有专门程序、规范化的活动。如成人仪式、结婚仪式、开业仪式、签字仪式、剪彩仪式、奠基仪式、洗礼仪式、捐赠仪式等。

二、礼仪的起源

礼仪作为人际交往的重要的行为规范，它不是随意凭空臆造的，也不是可有可无的。了解礼仪的起源，有利于认识礼仪的本质，自觉地按照礼仪规范的要求进行社交活动。对于礼仪的起源，研究者们有各种的观点，可大致归纳为以下几种。

有一种观点认为，礼仪起源于祭祀。东汉许慎的《说文解字》对“礼”字的解释是这样的：“履也，所以事神致福也。从示从豊，豊亦声。”意思是实践约定的事情，用来给神灵看，以求得赐福。“礼”字是会意字，“示”指神从中可以分析出，“礼”字与古代祭祀神灵的仪式有关。古时祭祀活动不是随意地进行的，它是严格地按照一定的程序，一定的方式进行的。

有一种观点认为，礼仪起源于法庭的规定。在西方，“礼仪”一词源于法语的“Etiquette”原意是“法庭上的通行证”。古代，法国为了保证法庭中活动的秩序，将印有法庭纪律的通告证发给进入法庭的每个人，作为遵守的规矩和行为准则。后来，

“Etiquette”一词进入英文，演变为“礼仪”的含义，成为人们交往中应遵循的规矩和准则。

另外，还有一种观点认为，礼仪起源于风俗习惯。人是不能离开社会和群体的，人与人在长期的交往活动中，渐渐地产生了一些约定俗成的习惯，久而久之，这些习惯成了人与人交际的规范，当这些交往习惯以文字的形式被记录并同时被人们自觉地遵守后，就逐渐成了人们交际交往固定的礼仪。遵守礼仪，不仅使人们的社会交往活动变得有序，有章可循，同时也能使人与人在交往中更具有亲和力。

1922年，《西方礼仪集萃》一书问世，开篇中这样写道：“表面上礼仪有无数的清规戒律，但其根本目的在于使世界成为一个充满生活乐趣的地方，使人变得和易近人。”

三、礼制和礼俗

中华礼仪按性质和作用来分，由两部分组成，一为礼制，二为礼俗，这种分化大致从春秋战国开始，《管子·牧民》篇的注疏有“大礼”“小礼”之说，即“礼之大者在国家典章制度，其小者在平民日用居处行习之间。”显然，所谓“大礼”就是礼制，是国家制定的礼仪制度，现代礼仪中的政府礼仪，外交礼仪等当属此列；所谓“小礼”，可理解为礼俗，是民间人际交往习惯形成的礼仪习俗，现代礼仪中的人生礼仪、交际礼仪等当属此类。

周礼中的“五礼”：

（1）吉礼。“以吉礼事邦国之鬼神祇”，即祭祀之礼，祈神赐福，求吉祥如意。

（2）宾礼。“以宾礼亲邦国”，即接待宾客之礼。

（3）嘉礼。“以嘉礼亲万民”，即与百姓日常生活、人际交往息息相关的互相沟通，联络感情的礼仪。

（4）军礼。“以军礼同邦国”，即军队的操演、检阅、征伐之礼，以威慑各邦国，并使之服从规矩。

（5）凶礼。“以凶礼哀邦国之忧”，即对他人遭遇不幸的慰问、吊唁、抚恤之礼。

四、礼仪的本质

近现代著名学者辜鸿铭认为：礼貌的本质是什么呢？这就是体谅、照顾他人的感情。中国人有礼貌是因为他们过着一种心灵的生活，他们完全了解自己这份情感，很容易将心比心，推己及人，显示出体谅照顾他人情感的特性。中国人的礼貌是令人愉快的，是一种发自内心的礼貌。

（1）得体。要使大家都感到舒适，不是拘谨，更不是难堪。

在施礼、讲礼时，要把握好“度”，要求适中，不能过分，过犹不及。古语道：“礼过盛者，情必疏。”耐人寻味。

要看场合，要求言谈举止符合自己的身份、地位；要看对象，对上级、长辈、宾客应尊敬些，对下级、晚辈应稳重点，对同事、同辈、朋友应随和点。

《礼记·乐记》：“礼者，天地之序也……中正无邪，礼之质也。”礼体现了符合自然规律的秩序，引申为人际关系中的“人”之定位，以防“过制则乱，过作则暴”

之后果。

每个人都要明确自己的身份、地位，都要守本分，遵守规章制度，不可做出越轨之事。不偏不倚，怀着正直之心，做正事，走正道，才是礼的本质要求。

（2）真诚。苏格拉底曾言：“不要靠馈赠来获得一个朋友，你须贡献你诚挚的爱，学习怎样用正当的方法来赢得一个人的心。”可见，在与人交往时，真诚尊重是礼仪的首要原则，只有真诚待人才是尊重他人，只有真诚，方能创造和谐愉快的人际关系。

对人不说谎、不虚伪、不骗人、不侮辱人，所谓“骗人一次，终身无友”。

礼仪应是习惯而又自然地流露，是待人真心实意地友善表现。

“著诚去伪，礼之经也”，真诚才是礼仪的真谛。

“诚于中，形于外”，真正的礼仪应是发自内心对人真诚的尊重关心、爱护，并用自然得体的言行表达出来的行为。

（3）尊重。首先你必须自尊，更应懂得尊重他人。一切礼仪的规则都是围绕着自尊和尊人这个核心而制定的；自尊是赢得他人尊敬的前提，一个不懂自尊的人必然被人鄙视；尊重他人是传统美德，更是礼仪的基本要求；注意“上交不谄，下交不骄”，既要锦上添花，更应雪中送炭。

（4）敬爱。“治礼，敬为大”“守礼莫若敬”。这是中国古训，也说明礼的核心就是尊敬。

爱人者，人恒爱之；敬人者，人恒敬之。——《孟子·离娄下》

《礼记·曲礼》开宗明义就是“毋不敬”。把“敬”作为礼的不容忽视的本质内涵予以强调。“君子之于礼也，有所竭情尽慎，致其敬而诚若，有美而文而诚若。”

（5）宽容。礼之用，和为贵。各人生活的环境不同、性格有异、见解有别，就需要互相讲礼，理解、宽容以期达到和谐相处的境界；一个注重礼仪修养的人应具有宽阔的心胸、坦荡的襟怀和善解人意的心灵；“己所不欲，勿施于人”“推己及人”“严于律己、宽以待人”。

五、礼仪的特点

（一）民族性

由于长期共同生活而形成的民族，自然有自己特色的民族文化及其习俗。礼仪作为民族文化的重要组成部分，必然对自己的民族产生深远的影响。

从某种意义讲，礼仪是一个民族、国家的象征。春节时的拜年，清明节的祭扫祖墓，拱手作揖也是世界上龙的传人所独特的行礼动作。礼仪融进了民族传统精神（葬礼、婚礼）。

（二）时代性

不同的时代具有不同的礼仪。社会的进步，文明的发展及其政治的变革，经济的发展，思想观念的变化，科技的应用必然导致礼仪在民族传统的基础上注入新的内容。扬弃那些不合时宜的部分，礼仪文化也就具有了时代的特征。

（1）原始社会。祭天、敬神（即“图腾”）为主要内容的“礼”。

（2）奴隶社会。礼成为阶级统治的工具，成为社会等级制度的表征，成为区分贵贱、尊卑、顺逆、贤愚的准则——阅兵、出师的“军礼”（傩舞）、成人仪式“冠礼”、婚礼、饮酒礼、祭祀礼等。

（3）封建社会。形成“礼制”——“君君，臣臣，父父，子子”及“三纲五常”（董仲舒）、忠孝节义、清朝的三跪九叩等。

（4）民国。现代礼仪的逐渐兴起——“握手礼”由西方传入并流行。

（三）差异性

礼仪的差异性体现在群体的差异（包括不同的亚文化群体）及地域的差异（包括不同的国家和地区）。

“十里不同风，百里不同俗”。由于人们的生活环境不同，传统习惯有异。因此，某些礼仪，尤其是习俗礼仪、团体礼仪、宗教礼仪就有地域、群体的局限性和差异性，只能在有限范围内通行。礼仪这种局部共通的差异性，使它在内容方面博大精深，形式上多姿多彩。

（四）共通性

礼仪是基于人类共同生存、生活、相处、交往的需要而产生、发展、完善的，因此，礼仪必然带有共通性。

特别是随着现代科技的进步，地球变得越来越小，国际之间、人与人之间交往越来越频繁，为适应这些交往的需要，人们就必须共同遵行某些交际的行为规范，这就形成了现代礼仪的共通性。比如，表达关怀与尊重是世界通行的礼仪的真谛。微笑表达友善、接纳。

共通的国际性礼制，比如，在国际性运动会上，只能为竞赛成绩名列前茅的运动员举行升国旗仪式，只能为获得冠军的运动员奏国歌，这也是无可争辩的世界通行礼仪。

（五）对等性

礼仪不能“人人平等”，那就不是有序，而是混乱，也不是公正公平，而是无情无理。门口过道总是较狭小的，应该有秩序地依次进出而不能蜂拥般地挤进挤出。主席台的位子有限，必须按身份地位有次序地安排就座，而不能讲平等谁想坐就坐在主席台正中。

《荀子·礼论》：“礼者……贵贱有等，长幼有差，贫富轻重，皆有称也。”

礼仪讲究对等性，应注意以下三点：应承认礼仪有等级，礼仪强调“尊者优先”“长幼有别”，毫不讳言人的等级性；要讲究礼仪的对应，“礼尚往来”；应注意“自我定位”。人贵有自知之明，在人际交往中更应如此，要有角色意识，自我定位。

无论是家庭生活，还是职业活动的人际交往，都必须有主客、长幼、上下、主从的身份、地位、职责意识。不能反客为主、没大没小、上下混淆、主从不分而贻笑大方。

六、礼仪的功能

礼仪是在人际交往中以约定俗成的程序方式来表现的律己敬人的手段和过程。涉及仪容、仪表、穿着、言谈、交往、沟通、情商等内容。从个人修养的角度来看，礼仪可以说是一个人内在修养和素质的外在表现。从交际的角度来看，礼仪可以说是人际交往中适用的一种艺术、一种交际方式或交际方法，是人际交往中约定俗成的示人以尊重、友好的习惯做法。从传播的角度来看，礼仪可以说是在人际交往中进行相互沟通的技巧。

（一）个人层面

礼仪是为人处世基本规矩。《礼记·冠义》谓：“凡人之所以为人者，礼义也。”古人把是否有礼视为人与禽兽的本质区别。

礼仪是为人处世基本规矩，是一个人起码品格教养的直观表现，在某些关键场合“不矜细行，终累大德”，会引起无谓的麻烦，导致社交及事业的失败。

礼仪是文明的重要标志，礼貌是人品教养的外在表现，也是形成“第一印象效应”的关键。

洛克指出：“礼仪是儿童与青年所应该特别小心养成习惯的第一件大事。”

在人际交往中，恰如其分的礼貌，和蔼可亲的态度是最好的介绍信。礼仪可以有效地展示一个人的教养、风度和魅力；还体现出一个人对社会的认知水准、个人学识、修养和价值；礼仪是一种潜在资本，如果能够恰当地运用，人们就能取得丰硕的成就；家庭礼仪是家庭成员之间的相互尊重，是一种爱的表达。

（二）社会层面

礼仪是构成社会精神文明的基本要素。它在维护社会秩序、美化社会环境、净化社会风气、协调社会交往、增强社会活力等方面发挥着不可替代的作用。

“礼者，天地之序也。”说明礼仪有序化社会的功能。礼仪犹如社会润滑剂，可以帮助人们妥善处理各种关系，避免许多矛盾摩擦，促进社会秩序的稳定。“礼之所兴，众之所治也。礼之所废，众之所乱也。”

礼仪是古代和谐社会秩序的基本手段，也是现代稳定社会秩序有效方式。

“礼貌是文明社会的一部分，礼貌是第一美德。”

七、礼仪的种类

（一）人生礼仪

人生礼仪是指人在一生中几个重要阶段上所经历的不同的仪式和礼节。主要包括诞生礼仪、成年礼仪、婚姻礼仪和丧葬礼仪。此外，标志进入重要年龄阶段的祝寿仪式和一年一度的生日庆贺举动，也可视为人生礼仪的内容。

1. 诞生礼仪

诞生礼仪是人一生的开端礼。在人生诸礼仪中占有重要位置，而且持续的时间也较长，其中经历许多有趣的环节。从内容上看，大体包括求子仪式、孕期习俗和庆贺生子三个阶段，而以第三个阶段为中心部分。

2. 成年礼仪

成年礼，又叫成丁礼或冠礼。它是一种古老习俗的传承，在人的一生中具有重要的意义。一个青年男女只有通过成年礼仪，才能取得一定的社会地位和权利，才能被社会成员认同，同时也应当履行一定的义务。

3. 婚姻礼仪

婚礼，是人生礼仪中的又一大礼，历来都受到个人、家庭和社会的高度重视。人们之所以重视成人礼仪，一个重要的功利目的，是与婚姻联系在一起的。人类自身要发展，社会要进步，都少不了人类的延续，从这一点来说，婚姻礼仪受到人、社会的重视是一点也不奇怪的。

4. 丧葬礼仪

丧葬礼仪，是人的一生当中最后一项“脱离仪式”。它是指人死后，亲属、友人、邻里为之举行殓殡、祭奠、哀悼的习俗惯制。它涉及的范围非常广泛，内涵也极其复杂。另外，葬礼的形式多种多样，从葬法上来看，主要有土葬、火葬、天葬、风葬、水葬、塔葬、悬棺葬等。

（二）个人礼仪

人是礼仪的行为主体，所以讲礼仪首先应该从个人礼仪开始。个人礼仪主要包括言谈举止、仪表服饰等方面的礼仪要求。包括个人仪表仪容仪态的恰当体现，言谈举止的得体表达以及一般礼节的正确运用等基本功，是个人素质教养、待人处事态度的反映。

个人礼仪是社会个体的生活行为规范与待人处世的准则，是个人仪表、仪容、言谈、举止、待人、接物等方面的个体规定，是个人道德品质、文化素养、教养良知等精神内涵的外在表现。其核心是尊重他人，与人友善，表里如一，内外一致。

我们今天所提倡的个人礼仪是一种文明行为标准，其在个人行为方面的具体规定，无一不带有社会主义精神文明高尚而诚挚的特点。讲究个人礼仪是社会成员之间相互尊重、彼此友好的表示，这也是一种德，是一个人的公共道德修养在社会活动中的体现。“行为心表，言为心声”是众所周知的，个人礼仪如果不以社会主义公德为基础，以个人品格修养、文化素养为基础，而只是在形式上下功夫，势必事与愿违。因为它无法从本质上表现出对他人的尊敬之心，友好之情，因而，也就不可能真正地打动对方，感染对方，增进彼此间的友谊，融洽彼此间的关系。那些故作姿态，附庸风雅而内心不懂礼，不知礼的行为，或人前人后两副面孔的假文明、假斯文行径均属“金玉其外，败絮其中”者所为，众人将对此嗤之以鼻。“诚于中则形于外”，只有内心具备了高尚的道德情操，才能有风流儒雅的风度，只有有道德、有修养、有文化、有学识的人才能“知书达礼”，才能严于律己，宽以待人，自觉按社会公德行事，才能懂得尊重别人，就是等于尊重自己，懂得遵守并维护社会公德，就是为自己创造一个文明知礼、轻松愉快的生活环境的道理，才能真正成为明辨礼与非礼之界限的社会主义文明之人。

（三）家庭礼仪

家庭内部和家庭之间有关礼仪。家庭成员、亲戚亲族之间的称谓，相互问候、贺庆、拜访、待客、家庭应酬等方面的礼仪。反映了民族传统和地方习俗以及家庭教养、家风家规。根据家庭礼仪的这一些特性，我们可以看出家庭礼仪的内容无外乎如下几个方面：

（1）成员礼仪。家庭成员是家庭活动的主体，也是家庭礼仪的具体操作者，其地位相当重要，可以说，家庭礼仪在某种程度上即成员礼仪。成员礼仪主要指成员之间的礼仪规范，如夫妻之间的礼仪、父母子女之间的礼仪、兄弟姐妹之间的礼仪等。

（2）称谓礼仪。一个人的姓名称谓其实是一种约定俗成，并得到了大家公认的符号，所以称谓存在着很强的适应性和广泛性。它紧紧伴随着家庭成员之间的人际交往。对于称谓礼仪主要着重研究两点：一是礼貌性，二是规范性。

（3）仪式礼仪。家庭活动中离不开某些仪式，如婚礼、葬礼等，这一些仪式都有各自不同的一套行为准则与活动规范，举办者与参加者由于所处的地位、立场不同，其行为都应遵从或符合一定的礼仪规范和要求，如庆贺和祝贺礼仪、馈赠礼仪等。

（4）待客与应酬礼仪。礼仪作为行为准则，不仅制约实施者一方，同时也要求另一方遵守规则和规范。在家庭礼仪中就涉及主人的待客与客人的应酬的问题，这一问题从其内容来说，因为涉及的大多是家庭生活，故属于家庭礼仪的研究范畴；从其形式来看，它也是与个人礼仪、社交礼节密切相关的。

（四）社交礼仪

社交礼仪是指社会成员之间交往时的规范与准则。包含生活中的方方面面，致意、问候、介绍、交谈、拜访、接待、宴会、舞会、聚会、馈赠、探病等社会活动的礼仪。社交礼仪是一种道德行为规范。规范就是规矩、章法、条条框框，也就是说社交礼仪是对人的行为进行约束的条条框框，告诉你要怎么做，不要怎么做。如你到老师办公室办事，进门前要先敲门，若不敲门就直接闯进去是失礼的。社交礼仪比起法律、纪律，其约束力要弱得多，违反社交礼仪规范，只能让别人产生厌恶，别人不能对你进行制裁。为此，社交礼仪的约束要靠道德修养的自律。

（五）公共礼仪

公共礼仪是人们在社会活动尤其在公共场所中所应遵行的言语和行为规范 。与活动内容及场所相适应的仪表仪容、言谈举止和饮食、居住、旅行、观光、娱乐、通信等活动及在公共场所的礼仪 。一个人在公共礼仪方面的表现在很大程度上反映其人格与教养。公共礼仪体现社会公德。在社会交往中，良好的公共礼仪可以使人际之间的交往更加和谐，使人们的生活环境更加美好。公共礼仪总的原则是：遵守秩序、仪表整洁、讲究卫生、尊老爱幼。

（六）职业礼仪

职业礼仪指从事一定职业的人在职业活动中应遵循的行为规范、准则以及行业的规范动作及仪式。如商业礼仪、教师礼仪、医生礼仪、演员礼仪、公务员礼仪、军队礼仪、体育礼仪。职业礼仪在维持社会秩序，纯正社会风气，促进社会进步方面具有无可替代的作用 。

（七）政务礼仪

政务礼仪是指国家政府为维护自身尊严，协调各方面关系而推行的某些方式、措施。升国旗仪式、节日及重大事件庆典、纪念大会、重要的追悼大会、公务接待、对灾荒事故等的救济、慰问、抚恤等。外交部礼宾司安排的外交活动礼节，外交礼仪；体现政府施政水平，关系国家的权威声誉，关系民心的向背。

（八）习俗礼仪

习俗礼仪是与各民族传统风俗习惯有关的礼仪 。节日庆贺、婚丧嫁娶、祭祖扫墓、敬神娱乐、迎来送往等礼仪及各种生活禁忌等，是一个民族，一个地域历史传统的重要内容。

第二节　现代家庭礼仪

家庭礼仪是整个社会礼仪的基础元素，在现代社会生活中发挥着重要的作用：一方面，能使家庭成员之间建立和谐的关系，是家庭生存和实现幸福的前提；另一方面，重视家庭礼仪对整个社会良好风气的形成有着积极的作用，能有力推动和谐社会建设的进程。

一、家庭成员的个人礼仪

一个人的仪表、仪态，是其修养、文明程度的表现。古人认为，举止庄重，进退有礼，执事谨敬，文质彬彬，不仅能够保持个人的尊严，还有助于进德修业。古代思想家曾经拿禽兽的皮毛与人的仪表仪态相比较，禽兽没有了皮毛，就不能为禽兽；人失去仪礼，也就是不成为人了。在与他人的交往中，30s 第一印象的构成 =7% 的谈话内容 +38% 的举止 +55% 外貌，由此可见，举止外貌在交往中是多么重要。

（一）服饰礼仪

服饰礼仪是人们在交往过程中为了相互表示尊重与友好，达到交往的和谐而体现在服饰上的一种行为规范。

服饰是一种文化，它反映着一个民族的文化水平和物质文明发展的程度。服饰具有极强的表现功能，在社交活动中，人们可以通过服饰来判断一个人的身份地位、涵养；通过服饰可展示个体内心对美的追求、体现自我的审美感受；通过服饰可以增进一个人的仪表、气质。所以，服饰是人类的一种内在美和外在美的统一。

（二）言语礼仪

言语礼仪分为有声语言和无声语言。

有声语言表达的基本元素有语音、语调；语气、语速；停顿的技巧；重音的表达；节奏的把握。

无声语言借助非有声语言来传递信息、表达感情、参与交际活动的一种不出声的伴随语言。主要以体语为主：如用眼睛传情、用身体姿势表意等。美国心理学家阿伯特·梅哈拉说："在感情交流上，无言的举止往往比语言更传情。"

常见的无声语言有：

（1）表情语。通过面部肌肉的运动来传递喜、怒、哀、乐等。在人际交往中，微笑被认为是人类最美好的语言。

（2）目光语。目光微妙的变化，准确、迅速地反映着人深层心理情感的变化。如仰视，有尊敬或崇拜之感；俯视，一般表示爱护、宽容与傲慢、轻视之意；而正视则体现平等、公正或直信、坦率。言谈中，目光应以温和、大方、亲切为宜，多用平视的目光语；礼貌的做法是：用自然、柔和的眼光看着对方双眼和嘴部之间的区域；注视时间占交谈时间30% ~60%；凝视的时间不能超过四五秒。

（3）界域语。是交际者之间以空间距离所传递的信息。交往中注意与人保持一定的距离。如夫妻、情侣（0 ~ 0.45m）；朋友、熟人（0.45 ~ 1.22m）；社交、谈判（1.22 ~ 3.17m）。

（三）站坐的礼仪

培根说："标准而适度的仪态使人放松和信任，相貌的美高于色泽的美，而秀雅合适的动作美高于相貌的美，这是美的精华。"

1. 坐姿——坐如钟

坐姿的基本要求是"坐如钟"。入座时，应以轻盈和缓的步履，从容自如地走到座位前，然后转身轻而稳地落座，并将右脚与左脚并排自然摆放。

（1）基本要求。端正、稳重、温文尔雅、自然亲切——"坐如钟"。

（2）基本要领。入座时，应轻、缓、稳，动作协调 、柔如、神态自如。从椅侧入座走到椅前转身，右脚后退半步，然后轻稳坐下。女性入座时，要用手把裙子向前拢一下，坐下后上身要伸直，胸微挺，头正目平嘴微闭，臀部坐在椅子中央，两腿自然弯曲，小腿与地面基本垂直，两脚平落地面。起立时，右脚先向后收半步，然后起立。

女性不良坐姿：脚尖相对成"内八字"——不优雅；两脚张开摆成"人字"形式——不斯文；两脚交叉，给人印象不良；足尖翘起，易招人非议。

男性坐姿要求上半身挺起，背部和臀部成以直角，双膝稍分开一个拳头距离，两腿自然弯曲，双脚平落地上，双手自然放在双膝上。

（3）禁忌。半躺半坐，前仰后倾，歪之斜之，两腿过于分开，颤脚，摇腿等。

2. 站姿——站如松

站立是人们生活交往中的一种最基本的举止。站姿是人静态的造型动作，优美、典雅的站姿是发展人的不同动态美的基础和起点。优美的站姿能显示个人的自信，衬托出美好的气质和风度，并给他人留下美好的印象。

（1）基本要求。端正、自然稳重、亲切、精神饱满、力求——"站如松"。

（2）基本要领。头正颈直，双眼平视，嘴唇微闭，面带微笑，下颌微收，挺胸直腰收腹，两臂自然下垂，腿膝伸直，重心在两脚中心，肌肉略有收缩感。

（3）禁忌。探脖、弓背、斜肩、撅臀等

（四）表情礼仪

表情是人的思想感情和内在情绪的外露。脸部则是人体中最能传情达意的部位，可以表现出喜、怒、哀、乐、忧、思等各种复杂的思想感情。在交际活动中，表情倍受人们的注意。在人的千变万化的表情中，眼神和微笑最具礼仪功能和表现力。

眼睛是心灵之窗，它能如实地反映出人的喜怒哀乐。有的人在与陌生人交往时，不知把目光怎样安置，不敢对视或死盯着对方，这都是不礼貌的。良好的交际目光应是坦然、亲切、和蔼有神的。做到这一点的要领是：放松精神，把自己的目光放虚一点，不要聚集在对方脸上的某个部位。

五官中，嘴的表现力仅次于眼睛。笑，主要是由嘴部来完成的。嘴部是一个人全部表情中比较显露的突出的部位，它是生动的、多变的感情表达语。笑，是眼、眉、嘴和颜面的动作集合，它能够有效地表达人的内心感情。在人的各种笑颜中，微笑是最常见的、用途最广、损失最小而效益最大的。

（五）手势礼仪

说话做事时，为了加强语气，强调内容，通常用富有表现力的手势配合语言，以加强效果。所谓手势，是指表示某种意思时用手所做的动作。手势可以表达丰富的信息内涵。不同的手势传递不同的信息，人们的内心思想活动和对待他人的态度都可以在手势上明显反映。因此，做手势的同时要讲究动作的准确与否，幅度的大小、力度的强弱、速度的快慢、时间的长短。否则，我们的形象会因为小小的手势而大打折扣。

使用手势的禁忌：一忌用手指指向别人，这是失礼的行为。如需指示什么，应用手掌；二忌头枕双手，这是自我放松的手势，会给人暗示我已疲倦，不想再谈的意思；三忌手插口袋，尤其是服务人员或管理人员，会给人以管理松散之感；四忌摆弄手指，反复摆弄自己的手指，显得很无聊，这是对对方的一种轻视；五忌抓耳挠腮，抚弄身体，如摸下巴、揉眼睛、抓痒、抠脚等；六忌在公众场合频打响指，显得很幼稚，不严肃、不稳重。

二、家庭成员的社交礼仪

（一）见面握手的礼仪

（1）握手的姿势。右手掌略向前下方伸直，四指并拢、上身稍向前倾、头略低，面带微笑，并伴有问候性语言。

（2）握手的时间。一般以3～5s为好。

（3）握手的力度。握手用力要均匀，也不要完全无力。男人同女人握手，一般只轻握对方的手指部分。

（4）握手时应注意的问题。伸手的先后顺序：男士女士间，女士先伸手；晚辈长辈间，长辈先伸手；上司下属间，上司先伸手；老师学生间，老师先伸手；迎接客人时，主人先伸手；送别客人时，客人先伸手。

握手时，一定要注意对方眼睛且一定要寒暄。握手的同时要看着对方的眼睛，有力但不能握痛，大约持续两三秒，只晃两三下，开始和结束要干净利索，不要在整个介绍过程中一直握着对方的手。

握手是一项基本的社交礼仪，要注意以下八大禁忌：

禁忌一：握手时心不在焉。

禁忌二：用左手和别人握手。

禁忌三：戴手套和他人握手。

禁忌四：戴墨镜和他人握手。

禁忌五：用双手和女士握手。

禁忌六：两手交叉和别人握手。

禁忌七：握手时左手拿东西或插兜里。

禁忌八：手上又脏又湿，当场搓揩后握手。

在社交礼仪中，握手的时机也是需要把握的，当对方将手伸向你时，初次见面时，与客人/主人打招呼时，与熟人重逢时，告别时，需要与他人握手。

（二）电话礼仪

打电话是现代人交往中必不可少的一项基本礼仪。

1. 打电话时间的选择

休息时间不打：晚上10：00—早上8：00，中午（12：30—14：30）；节假日不打，可以用其他方式替代，如发信息；尽量避开对方通话高峰时间、业务繁忙时间、生理厌倦时间，具体而言为周一上午、周五下午及工作日上班的前两个小时；他人私人时间、节假日及休息日尽量避免拨打电话，如有需要可考虑以短信形式替代；给海外人士打电话，先要了解一下时差；社交电话最好在工作之余拨打。

2. 打电话空间的选择

打电话最好选择相对私密的空间，安静不喧闹，而公众空间（影剧院、餐厅、商场、会议中心等）打电话是不礼貌的。

3. 通话长度的控制

打电话适宜长话短说，有一项基本原则是“电话三分钟原则”，标准化做法是在打电话之前，列提纲，做到言简意赅，不浪费对方时间，不说少说废话，这是对他人的尊重。

4. 挂电话的原则

打电话时，我们通常会遇到谁先挂电话的难题。一般来说，地位高者先挂电话；长辈先挂电话；同等地位时，被求的人先挂。

5. 做电话记录的技巧

当我们在工作接到别人的电话，需要记录并转述内容时，应当遵循5W1H的原则与技巧。也就是，何时When、何人Who、何地Where、何事What、为什么Why、如何进行How。

（三）餐饮礼仪

1. 座次的安排

餐饮礼仪中座次的安排总体原则是：“以右为尊”“以远为上”“面朝大门为尊”。

2. 点菜的技巧和禁忌

如果时间允许，应该等大多数客人到齐之后，将菜单供客人传阅，并请他们来点菜。在点菜前，询问客人的饮食禁忌：宗教的饮食禁忌；出于健康原因的饮食禁忌；不同地区，人们的饮食偏好往往不同；有些职业的特殊饮食禁忌。

3. “吃相”的讲究

在餐桌上很能反映出一个人的礼仪文明，俗称吃要有“吃相”。好的“吃相”要做到夹菜文明，适量取菜；细嚼慢咽；顺时针方向旋转取菜；用餐的动作要文雅，安静就餐；嘴里有东西的时候，不要和别人聊天。进餐时尽量不要发出声音，不口含食物讲话；夹菜时不要用筷子在盘中挑拣，尽量不要起身；如有公筷或者公勺，要尽量使用公筷和公勺。

4. 喝酒的礼仪

在现代人的交往中，餐桌上喝酒与敬酒已然成为必不可少的一道环节，因此，掌握一些必备的喝酒礼仪是必要的。敬酒一定要站起来，双手举杯；可以多人敬一人，决不可一人敬多人；端起酒杯，右手扼杯，左手垫杯底，记着自己的杯子永远低于别人；如果没有特殊人物在场，碰酒最好按时针顺序，不要厚此薄彼；碰杯、敬酒，要有说辞等。

三、家庭礼仪

（一）家庭礼仪在现代社会生活中发挥着重要的作用

家庭是社会生活中最基本的单位，不仅是个人终身的生活基地，也是接受教育的第一场所。在个人社会化的过程中，尤其是在个人成长的最初几个阶段，家庭对个人人格特征的形成、心理品质、价值取向等都会造成非常明显的影响。父母作为个人人生开始最直接、最亲密的接触者，对子女的影响尤为重要。

家庭礼仪是整个社会礼仪的基础元素。它在现代社会生活中发挥着重要的作用，是维持家庭生存和实现幸福的基础，能使家庭成员之间达成和谐的关系。在家庭中提倡讲究文明礼貌对整个社会形成良好的风气有着积极的推动作用，也能为家庭生活带来更多的幸福和欢乐。

所谓家庭礼仪，指的就是人们在长期的家庭生活中，用以沟通思想、交流信息、联络感情而逐渐形成的约定俗成的行为准则和礼节、仪式的总称。“不幸的家庭有各自的不幸，幸福的家庭却一样幸福。”这里所说的幸福是建立在礼仪的基础上的。“相敬如宾、白头偕老”阐明的就是夫妻间也要有礼节才能幸福一辈子的道理。“父子和而家不败，兄弟和而家不分，乡党和而争讼息，夫妇和而家道兴”，可见“和”是关键。这个“和”用今天的话来解释，也就是相互谦恭有礼的意思。

家庭礼仪在现代社会生活中发挥着重要的作用：

1. 家庭礼仪是维持家庭生存和实现幸福的基础

良好的家庭礼仪可以使家庭成员和谐相处，为家庭的幸福和美满奠定了稳定的基础。特别是夫妻之间遵守一定的礼仪规范，可以减少双方的摩擦，增进夫妻之间的感情，其行为举止也会影响家庭其他成员的行为和情感。俗语中“相敬如宾，白头偕老”阐述的就是这个道理。所以，家庭礼仪是创造和谐的家庭氛围，维系家庭幸福的基础。

2. 家庭礼仪是促进家庭成员健康成长的重要途径

家庭礼仪是提高个人素质，提高家庭成员人生质量的保障。良好的个人素质受到

家庭环境的影响和熏陶，对个人的品质和思想的形成起着重要的作用。同时，每个人的一生都离不开家庭，人生质量的高低、好坏都与家庭环境密切相关。个人素质的提高，也有利于家庭成员对人生观、价值观都有较高程度的认识，也有利于家庭成员对未来生活的选择更加趋于合理、科学。

3. 家庭礼仪有利于社会的安定和谐

家庭是社会的细胞，和睦幸福的家庭，其成员都会有健康、进取、积极的生活态度。带着这样的人生观和价值观投入到社会工作中，必然带来积极、向上的良好社会风气，促进社会的文明进步，保证社会的安定和谐。家庭礼仪也有助于社会的安定、国家的发展。

（二）家庭礼仪的特点

家庭礼仪的基本特点主要表现在以血缘关系为基础，以感情联络为目的，以相互关心为原则，以社会效益为标准几个方面。

1. 以血缘关系为基础

家庭礼仪主要体现在家庭成员之间，而家庭成员之间的关系是人类社会中最为普遍的关系，以血缘关系、感情关系为核心。因此，在家庭礼仪的形成、建立和运用过程中，必须从血缘关系这一基本点出发。

2. 以感情联络为目的

家庭礼仪的主要职能并非以个人形象的塑造为侧重点，而是通过种种习惯形成的礼节、仪式来进一步沟通感情，俗话说的“亲戚亲戚，不走不亲”。就是强调亲友间的感情有了血缘关系的基础，还得需要通过一定的礼仪手段来维持、强化和巩固。婚嫁喜庆、乔迁新居、寿诞生日等种种快乐，通过礼仪的传播，可以使更多的人体会和享受，这一传播过程的最终目的就是加强感情联系。

3. 以相互关心为原则

之所以说“母爱是最伟大，最神圣的爱”，是因为母爱的主要内涵是无私的奉献、无微不至的关怀。要衡量一件事或某一行为是否符合家庭礼仪要求，只要分析一下双方之间是否存在相互关心的成分，真诚的祝贺、耐心的劝导、热情的帮助本身就是合乎礼仪的。

4. 以社会效益为标准

不同的时代环境、不同的区域、风俗，礼仪存在着很大的差异性，家庭礼仪也一样，因为它受多种因素的影响，家庭活动中的许多礼节、仪式始终也是变化发展的，如封建社会的婚礼有拜堂入洞房等繁文缛节，而当今出现了许多集体婚礼、旅游结婚等新的婚礼程序。但有一点却是可以肯定的，那就是要评判某一种家庭礼节、仪式是否是进步的、合乎礼仪规范的，只要看它是否能产生很好的社会效益这一标准。

（三）家庭礼仪的内容

1. 成员礼仪

家庭成员是家庭活动的主体，也是家庭礼仪的具体操作者，其地位相当重要，可以说，家庭礼仪在某种程度上即成员礼仪。成员礼仪主要指成员之间的礼仪规范，如夫妻之间的礼仪、父母子女之间的礼仪、兄弟姐妹之间的礼仪等。

2. 称谓礼仪

一个人的姓名称谓其实是一种约定俗成，并得到了大家公认的符号，所以称谓存在着很强的适应性和广泛性，它紧紧伴随着家庭成员之间的人际交往。对于称谓礼仪主要着重研究两点：一是礼貌性，二是规范性。

我们常说的祖宗十八代是指自己上下九代的宗族成员。上序依次为：父母、祖父母、曾祖父母、高祖父母、天祖父母、烈祖父母、太祖父母、远祖父母、鼻祖父母。下序依次为：子、孙、曾孙、玄孙、来孙、晜（kūn）孙、仍孙、云孙、耳孙。

3. 仪式礼仪

家庭活动中离不开某些仪式，如婚礼、葬礼等，这一些仪式都有各自不同的一套行为准则与活动规范，举办者与参加者由于所处的地位、立场不同，其行为都应遵从或符合一定的礼仪规范和要求，如庆贺和祝贺礼仪、馈赠礼仪等。

4. 待客与应酬礼仪

礼仪作为行为准则，不仅制约实施者一方，同时也要求另一方遵守规则和规范。在家庭礼仪中就涉及主人的待客与客人的应酬的问题，这一问题从其内容来说，因为涉及的大多是家庭生活，故属于家庭礼仪的研究范畴；从其形式来看，它也是与个人礼仪、社交礼节密切相关的。

（四）家庭礼仪教育

礼仪教育的过程就是礼仪习惯的养成过程，也就是社会的个体化再到个体的社会化的过程。其实质是要把一个具有自然属性的个体的人培养成为适应时代要求的社会的人。

家庭是孩子的第一所学校，孩子从小生活在家庭里，受到最初的、往往也是最有影响的启蒙教育。他们在家庭中生活和活动，经过耳濡目染、潜移默化，逐渐形成各种思想意识、行为习惯。

父母是孩子的第一任老师。家庭教育中最重要的内容，不只是给孩子多灌输知识，而是帮助孩子养成礼仪习惯，能够与人友好相处，在共同的进步和发展中更进一步地充实、发展、完善自己。在这方面，家庭礼仪教育有其独特的既是首发站又是终点站的家庭地位，无疑是起到了桥梁与纽带的作用。

如何进行家庭礼仪教育呢？

1. 家长表率

古人云："其身正，不令而行；其身不正，虽令而不从。"俄国大文豪托尔斯泰也有句名言："全部教育，或者说千分之九百九十九的教育都归结到榜样上，归结到父母自己生活的端正和完善上。"家庭礼仪教育的实施，应该加强教育者（主要是父母）自身的礼仪修养。

"孩子是父母言行的一面镜"；"父母是对孩子影响最先、最深的人，是孩子模仿最早、最多的形象。"孩子常常把自己的行为与父母相对照，孩子既可以从父母身上学到优点，又可学到缺点。

为人父母者要教育好自己的孩子，必须从自己日常生活的一言一行做起。作为家长，我们做父母的应该切实提高自己的礼仪修养，认真负责地扮演好孩子人生道路的引路人的角色，努力践行规范的文明礼仪，让孩子看得见、摸得着，从而自然地接受影响、教育，自觉地付诸实践。

2. 注重日常生活规范

俗话说："坐有坐相，站有站相，吃饭有吃饭的相。"家庭礼仪教育的实施，应该从身边细小的事情做起。比如早晨离开家时，要和家里人说"再见"，到托儿所要问"阿姨好""小朋友好"等。在街上，吃剩的果皮和冰棍杆，我们都让他们亲手送到垃圾箱里，从不随意往地上乱扔。乘公共汽车，当别人让座时，总要说声谢谢。

教育过程本身就是一个由浅入深，从低到高，循序渐进，不断发展的动态过程。父母对子女的示范应该体现在日常生活中的时时处处，点点滴滴。

3. 优化环境

"与善人居，如入芝兰之室，久而不闻其香，则与之化矣；与恶人居，如入鲍鱼之肆，久而不闻其臭，则与之化矣。"孔子的话其实说的是环境熏陶及良好的心理环境形成对人的深远影响问题。家庭礼仪教育的实施，应该营造一定的氛围，制造一定的舆论，以感情的变化促进礼仪活动的开展。

许多家教成功的父母都十分留心在每日的生活，在欢愉的气氛中，对孩子进行启蒙。现代人本主义教育思想也认为，创设彬彬有礼，愉快活泼，和谐协调，相互尊重关心、理解和信任的教育氛围是搞好教育的主要条件。作为家长，应该努力建立一个充满理解、信任和亲情的幸福家庭，这正是孕育良好礼仪素养的摇篮。

[思考与练习]

1. 握手礼节应注意哪些问题？

2. 请说明体态语言的重要作用。

3. 有人说：家庭成员之间是最亲密的关系，因此无须讲究礼仪。请就此观点进行讨论。

4. 以小组为单位，编排一个反映家庭礼仪的情景剧。

5. 案例分析：一个研究生想出国深造，各方面都考查论证后，他到大使馆去办理签证。使馆工作人员和他谈话时，发觉他一边谈话一边乱翻人家办公桌上的东西，而且常常随意打断他人的谈话，一边谈话一边嚼泡泡糖，使使馆工作人员感到很不舒畅。最后，使馆工作人员的意见是拒绝出境，理由是这位研究生缺乏最少的学者风度和应有的礼貌。你觉得使馆工作人员的意见正确吗？你对此有什么看法？

第十一章　现代家庭茶艺与插花

案例导入

茶艺是一门生活艺术

茶艺是一种茶艺的技能和品茗的艺术。既是技能，就要体现操作过程的娴熟与完美。茶艺是一门生活的艺术，首先应体现实用之美。茶艺的过程不能为了让人眼花缭乱而故弄玄虚，应是一种行云流水般的、合乎自然的美的享受。在茶艺的编排上，以宜茶为主旨，泡出一壶最可口的茶才是最终目的。因此，在茶艺表演中要选择合适的茶、适宜的茶具、水品，保持洁净、卫生，科学地掌握冲泡时间、茶水比例。

茶也是礼仪的使者。在种种茶艺里，均有礼仪的规范。如文士茶就有文士礼茶的仪式；禅茶中有敬茶之后，僧侣向客人致敬的礼仪。中国茶艺中不仅有主人对客人的礼仪，客人对客人的礼仪，还有人对器物的礼仪。在行礼时，行礼者应该怀着对对方的真诚敬意行礼。珍贵的茶叶，来之不易的洁净水，名家制作的茶具等，均是他人劳动创作的成果，是人类智慧的结晶。对器物的尊敬，也就是对创造、制作这些人的尊敬。

第一节　现代家庭茶艺

一、茶叶基本知识

（一）茶叶起源

我国是茶树的原产地，茶树最早出现于我国西南部的云贵高原、西双版纳地区。但是，有部分学者认为茶树的原产地在印度，理由是印度有野生茶树，而我国没有。

但他们不知，我国在公元前200年左右的《尔雅》中就提到有野生大茶树，而且还有“茶树王”。《神农本草经》是我国的第一部药学专著，自战国时代写起，成书于西汉年间。这部书以传说的形式，收集自远古以来，劳动人民长期积累的药物知识，其中有这样的记载：“神农尝百草，日遇七十二毒，得荼而解之。”据考证，这里的荼是指古代的茶，大意是说，远在上古时代，传说中的炎帝，亲口尝过百草，以便从中发现有利于人类生存的植物，竟然一天之内多次中毒。但由于服用茶叶而得救。这虽然是传说，带有明显的夸张成分，但也可从中得知，人类利用茶叶，可能是从药用开始的。

据考证，“茶”字最早出现在《百声大师碑》和《怀晖碑》中，时间大约在唐朝中期，公元806～820年，在此之前，“茶”是用多义字“荼”表示的。“荼”字的基本意义是“苦菜”。上古时期，人们对茶还缺乏认识，仅仅根据它的味道，把它归于苦菜一类，是完全可以理解的，当人们认识到它与一般苦菜的区别及其特殊功能时，单独表示它的新字也就产生了。

茶与粮食占有同等重要的位置。可是，由于气候等原因，当地并不产茶，官府为了增强控制少数民族的力量，对茶叶的供给采取限量、直接分配的办法，以求达到“以茶治边”的目的。与此同时，官府不仅控制茶叶的供应，而且，以少量的茶交换多数的战马，给兄弟民族带来沉重的负担，这就是历史上的“茶马互市”。

茶叶作为一种饮料，从唐朝开始，流传到我国西北各个少数民族地区，成为当地人民生活的必需品，“一日无茶则滞，三日无茶则病。”我国是茶树的原产地。然而，我国在茶业方面对人类的贡献，主要在于最早发现了茶这种植物，最先利用了茶这种植物，并把它发展成为我国和东方乃至整个世界的一种灿烂独特的茶文化。如我国史籍所载，在未知饮茶前，“古人夏则饮水，冬则饮汤”，恒以温汤生水解渴。以茶为饮则改变了人们喝生水的陋习，较大地提高了人民的健康水平。至于茶在欧美一带，被认为“无疑是东方赐予西方的最好礼物”，“欧洲若无茶与咖啡之传入，饮酒必定更加无度”“茶给人类的好处无法估计”“我确信茶是人类的救主之一”“是伟大的慰藉品”，等。世界各国饮茶及茶的生产和贸易，除朝鲜、日本以及中亚、西亚一带是唐朝前后就从我国传入者外，其他地方多是16世纪以后，特别是近200年以来才传入发展起来的。

（二）茶叶的分类

1. 按色泽（或制作工艺）分类

茶叶以色泽（或制作工艺）分类见表11-1。

表11-1　茶叶以色泽（或制作工艺）分类

名称	制作特色	代表产品
绿茶	不发酵的茶	龙井茶、碧螺春
青茶	半发酵的茶	武夷岩茶、铁观音，文山包种茶、冻顶乌龙茶
黄茶	微发酵的茶	君山银针

（续）

名称	制作特色	代表产品
白茶	轻度发酵的茶	白牡丹、白毫银针、安吉白茶
红茶	全发酵的茶	祁门红茶、荔枝红茶、正山小种
黑茶	后发酵的茶	六堡茶、普洱茶

2. 按季节分类

（1）春茶。是指当年3月下旬到5月中旬之前采制的茶叶，春季温度适中，雨量充分，再加上茶树经过了半年冬季的养息，使得春季茶芽肥硕，色泽翠绿，叶质柔软，且含有丰富的维生素，特别是氨基酸。春茶滋味鲜活且香气宜人，富有保健作用。

（2）夏茶。是指6月初采制的茶叶，夏季天气炎热，茶树新的梢芽生长迅速，使得能溶解茶汤的水浸出物含量相对减少，特别是氨基酸等的减少使得茶汤滋味、香气不如春茶强烈，由于带苦涩味的花青素、咖啡因、茶多酚含量比春茶多，不但使紫色芽叶增加色泽不一，而且滋味较为苦涩。

（3）秋茶。就是8月中旬以后采制的茶叶，秋季气候条件介于春夏之间，茶树经春夏二季生长，新梢芽内含物质相对减少，叶片大小不一，叶底发脆，叶色发黄，滋味和香气显得比较平和。

（4）冬茶。大约在10月下旬开始采制，冬茶是在秋茶采完后，气候逐渐转冷后生长的。因冬茶新梢芽生长缓慢，内含物质逐渐增加，所以滋味醇厚，香气浓烈。

3. 按其生长环境分类

（1）平地茶。茶芽叶较小，叶底坚薄，叶张平展，叶色黄绿欠光润。加工后的茶叶条索较细瘦，骨身轻，香气低，滋味淡。

（2）高山茶。由于环境适合茶树喜温、喜湿、耐阴的习性，故有出好茶的说法。随着海拔高度的不同，造成了高山环境的独特特点，从气温、降雨量、湿度、土壤到山上生长的树木，这些环境对茶树以及茶芽的生长都提供了得天独厚的条件。因此，高山茶与平地茶相比，高山茶芽叶肥硕，颜色绿、茸毛多。加工后的茶叶，条索紧结、肥硕，白毫显露，香气浓且耐冲泡。

（三）我国茶叶的基本特色

我国所产的茶叶分红、绿、青（乌龙）、黄、黑、白六大类。

（1）绿茶。绿茶是不经过发酵的茶，即将鲜叶经过摊晾后直接下到一二百度的热锅里炒制，以保持其绿色的特点。

（2）红茶。红茶与绿茶恰恰相反，是一种全发酵的茶（发酵度大于80%），红茶的名字得自其汤色红。

（3）黑茶。黑茶原来主要销往边区，像云南的普洱茶就是一种。普洱茶是在已经制好的绿茶上浇上水，再经过发酵制成的。普洱茶具有降脂、减肥和降血压的功效，在东南亚和日本很普及。不过真要说减肥，效果最显著的还是乌龙茶。

（4）青（乌龙）茶。也就是乌龙茶，是一类介于红绿茶之间的半发酵茶。青茶在六大类茶中工艺最复杂费时，泡法也最讲究，所以喝青茶也被人称为工夫茶。

（5）黄茶。著名的君山银针茶就属于黄茶，黄茶的制法有点像绿茶，不过中间需要闷黄三天。

（6）白茶。白茶则基本上就是靠日晒制成的。白茶和黄茶的外形、香气和滋味都较好。

将上述几种常见的分类方法综合起来，中国茶叶则可分为：

1. 基本茶类

（1）绿茶。这是我国产量最多的一类茶叶，其花色品种之多居世界首位。绿茶具有香高、味醇、形美、耐冲泡等特点。其制作工艺都经过杀青→揉捻→干燥的过程。由于加工时干燥的方法不同，绿茶又可分为炒青绿茶、烘青绿茶、蒸青绿茶和晒青绿茶。绿茶是我国产量最多的一类茶叶，我国 18 个产茶省（区）都生产绿茶。我国绿茶花色品种之多居世界首位，每年出口数万吨，占世界茶叶市场绿茶贸易量的 70% 左右。我国传统绿茶——眉茶和珠茶，以其香高、味醇、形美、耐冲泡而深受广大消费者的欢迎。

（2）红茶。与绿茶的区别，在于加工方法不同。红茶加工时不经杀青，而且萎凋时使鲜叶失去一部分水分，再揉捻（揉搓成条或切成颗粒），然后发酵，使所含的茶多酚氧化，变成红色的化合物。这种化合物一部分溶于水，一部分不溶于水，而积累在叶片中，从而形成红汤、红叶。红茶主要有小种红茶、工夫红茶和红碎茶三大类。

（3）青茶。属半发酵茶，即制作时适当发酵，使叶片稍有红变，是介于绿茶与红茶之间的一种茶类。它既有绿茶的鲜浓，又有红茶的甜醇。因其叶片中间为绿色，叶缘呈红色，故有“绿叶红镶边”之称。

（4）白茶。是我国的特产，它加工时不炒不揉，只将细嫩、叶背满茸毛的茶叶晒干或用文火烘干，而使白色茸毛完整地保留下来。白茶主要产于福建的福鼎、政和、松溪和建阳等县市，有“银针”“白牡丹”“贡眉”“寿眉”几种。

（5）黄茶。在制茶过程中，经过闷堆渥黄，因而形成黄叶、黄汤。分“黄芽茶”（包括湖南洞庭湖君山银针，四川雅安、名山县的蒙顶黄芽、安徽霍山霍内芽）、“黄小芽”（包括湖南岳阳的北港、湖南宁乡的沩山毛尖、浙江平阳的平阳黄汤、湖北远安的鹿苑）、“黄大茶”（包括安徽的霍山黄芽）三类。

（6）黑茶。原料粗老，加工时堆积发酵时间较长，使叶色呈暗褐色。是藏族、蒙古族、维吾尔等兄弟民族不可缺少的日常必需品。有“湖南黑茶”“湖北老青茶”“广西六堡茶”，四川的“西路边茶”“南路边长”，云南的“紧茶”“扁茶”“方茶”“圆茶”等品种。

2. 再加工茶

以各种毛茶或精制茶再加工而成的称为再加工茶，包括花茶、紧压茶，液体茶、速溶茶及药用茶等。

3. 药茶

将药物与茶叶配伍，制成药茶，以发挥和加强药物的功效，利于药物的溶解，增加香气，调和药味。这种茶的种类很多，如“午时茶”“姜散茶”“益寿茶”“减肥茶”等。

4. 花茶

它是用花香增加茶香的一种产品，在我国很受喜欢。一般是用绿茶做茶坯，少数也有用红茶或青茶做茶坯的。它根据茶叶容易吸收异味的特点，以香花和窨料加工而成的。所用的花的品种有茉莉花、桂花等，以茉莉花最多。

从世界上来看，在以上类茶中，红茶的数量最大，其次是绿茶，最少是白茶。

二、泡茶的茶具大全

以泡茶的过程为主体进行茶具的分类，泡茶所使用的茶具主要有以下几种：

（一）煮水器

（1）水壶（水注）。用来烧开水，目前使用较多的有紫砂提梁壶、玻璃提梁壶和不锈钢壶。台湾陶制煮水壶如图11－1所示。

（2）茗炉。即用来烧泡茶开水的炉子，为表演茶艺的需要，现代茶艺馆经常备有一种“茗炉”，炉身为陶器或金属制架，中间放置酒精灯，点燃后，将装好开水的水壶放在“茗炉”上，可保持水温，便于表演。

另外，现代茶艺馆及家庭使用最多的是“随手泡”，它是用电来烧水，加热开水时间较短，非常方便。

（3）开水壶。是在无须现场煮沸水时使用的，一般同时备有热水瓶储备沸水。

图11-1 台湾陶制煮水壶

（二）置茶器

（1）茶则。则者，准则也，用来衡量茶叶用量，确保投茶量准确。多为竹木制品，由茶叶罐中取茶放入壶中的器具。

（2）茶匙。一种细长的小耙子，用其将茶叶由茶则拨入壶中。

（3）茶漏（茶斗）。圆形小漏斗，当用小茶壶泡茶时，将其放置壶口，茶叶从中漏进壶中，以防茶叶洒到壶外。

（4）茶荷。茶荷与茶匙、茶漏的作用相似，但它的功能较多元化。以茶荷取茶时，可判断罐中茶叶多寡，由此决定置茶量。其次，将茶叶倒入茶荷中，主人可借此视茶，决定泡茶方法，而客人则可欣赏茶叶、闻茶香，最后将茶叶置入壶中。

（5）茶擂。当茶叶倒入茶荷后，以茶擂适度压碎茶叶，可使茶叶冲泡的茶汤较浓。

（6）茶仓。即分茶罐，泡茶前先将欲冲泡的茶叶倒入茶仓，兼具节省空间与美观作用。置茶器——青瓷茶仓如图 11－2 所示。

图 11-2　置茶器——青瓷茶仓

这部分器具为必备性较强的用具，一般不应简化。

（三）理茶器

（1）茶夹。用来清洁杯具，或将茶渣自茶壶中夹出。

（2）茶匙。茶匙除了置茶，也可用来掏出茶渣，而尖细的一端则可用来疏通壶嘴。

（3）茶针。用来疏通茶壶的壶嘴，保持水流畅通。茶针有时和茶匙一体。

（4）茶浆（茶簪）。茶叶冲泡第一次时，表面会浮起一层泡沫，可用茶浆刮去泡沫。

泡茶时所需的理茶器如图 11-3 所示。

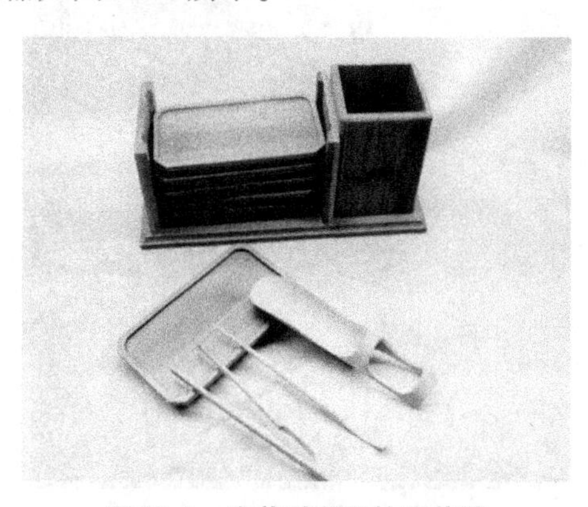

图 11-3　泡茶时所需的理茶器

（四）分茶器

茶海、茶盅、公道杯、母杯：茶壶中的茶汤冲泡完成，便可将之倒入茶海。有些人会在茶海上放置一个滤网，以过滤倒茶时随之留出的茶渣。茶汤倒入茶海后，可依喝茶人数多寡分茶，人数多时，可利用较大的茶海冲两次泡茶；而人数少时，将茶汤置入茶海中，也可避免茶叶泡水太久而生成苦涩味。分茶器——公道杯如图 11-4 所示。

图 11-4　分茶器——公道杯

（五）盛茶器、品茗器

（1）茶壶。主要用于泡茶，也有直接用小茶壶来泡茶和盛茶，独自酌饮用。

（2）茶盏。在广东潮汕地区冲泡工夫茶时，多用茶盏作泡茶用具，一般一盏工夫茶，可供 3 ~4 人用小杯啜茶一巡。江浙一带，以及西南地区和西北地区，又有用茶盏直接作泡茶和盛茶用具，一人一盏，富有情趣。茶盏通常有盖、碗、托三件套组成，多用陶器制作，少数也有用紫砂陶制作。

（3）品茗杯。品茗所用的小杯子。

（4）闻香杯。此杯容积和品茗杯一样，但杯身较高，容易聚香。

（5）杯碟。也称杯托，用来放置品茗杯与闻香杯。

泡茶时所需的盛茶器如图 11-5 所示。

图 11-5　泡茶时所需的盛茶器

（六）涤茶器

（1）茶船、茶池、茶承。盛放茶壶的器具，当注入壶中的水溢满时，茶船可将水接住，避免弄湿桌面。茶船多为陶制品，更有古朴造型的茶船，增添喝茶的乐趣。茶船也是养壶的必需品，以盛接淋壶的茶汤。

（2）茶盘。用以盛放茶杯或其他茶具的盘子，向客人奉茶时也使用，常用竹、木制作而成，也有用陶瓷制作而成。

（3）渣方，盛装茶渣的器皿。

（4）水方、茶盂、水盂，盛接弃置茶水的器皿。

（5）涤方，放置使用过而待清洁杯盘之器皿。

（6）茶巾。茶巾主要的作用是为了擦干茶壶，将茶壶或茶海底部残留的水擦干，也可用来擦拭清洁桌面的水滴。

（7）容则。摆放茶则、茶匙、茶夹等器具的容器。

涤茶器——茶盘如图 11-6 所示。

图 11-6　涤茶器——茶盘

（七）其他器具

（1）壶垫。纺织制品的垫子，用以隔开茶壶与茶船，避免因摩擦碰撞发出声音。

（2）盖置。放置茶壶盖、茶盅盖的小盘子，多以杯碟替代。

（3）奉茶盘。奉茶用的托盘。

（4）茶佛。置茶后，用以拂去茶荷上的茶沫。

（5）温度计。用来判断水温的辅助器。

（6）茶巾盘。可将茶巾、茶佛、温度计等放于茶巾盘上，使桌面更为整齐。

（7）香炉。喝茶时焚点香支，可增加品茗乐趣，如图 11-7 所示。

图 11-7　香炉

第二节 现代家庭插花

花艺作品不仅应用领域广、历史源远流长，更已成为人们日常生活中不可缺少的必需品。一件成功的花艺作品，花材未必名贵、花器未必奢华，但一定要在视觉上令人悦目，在心灵上引人共鸣，不仅具备观赏价值，也需具有一定的实际功能。下面我们就来了解一下插花艺术。

一、插花艺术的含义

插花起源于佛教中的供花，同雕塑、园林、建筑等一样，均属于造型艺术的范畴。插花看似容易，然而要真正完成一件形神兼备、融合生活与艺术为一体的作品却并非易事。

（一）插花艺术的含义

插花艺术指将剪切下来的植物的枝、叶、花、果、茎、芽、皮等作为素材，经过一定的技术（修剪、整枝、弯曲等）和艺术（构思、造型、配色等）加工，重新配置成一件精致美丽、富有诗情画意、能再现大自然美和生活美的花卉艺术品。

（二）插花艺术的范畴

插花艺术的广义范畴是指凡利用鲜花或干花等材料进行造型，具有装饰性、欣赏性的作品，都可称为插花艺术。

插花艺术的狭义范畴是指将花材进行插、作、切等方法放置在器皿中，用于固定场合装饰的摆设花。

（三）插花艺术的功能

1. 装饰美化功能

花是和平、友谊和美好的象征，用插花作品装点厅堂、卧房、宴会厅、台桌、几案或墙壁等，可使环境变得高雅、温馨，从而起到观赏、美化的作用。

2. 陶冶性情功能

插花作品不仅具有实用性、知识性和趣味性，更可以表达情绪、思想，甚至寄托着人们美好的愿望，因此，插花作品不仅可以净化心灵，更可以提升制作者自身文化修养与欣赏者的生活品质。

（四）插花的艺术特点

1. 时间性强

由于花材不带根，吸收水分养分受到限制，水养时间短暂，少则 1 ~2 天，多则 10 天或半月，因此，插花作品供创作和欣赏的时间较短，要求创作者与欣赏者都要有时间观念，创作者要把花材开放的最佳状态展示给观众，而欣赏者应在展览的前 3 天前去参观欣赏。

2. 随意性强

插花作品在选用花材和容器方面非常随意和广泛，可随陈设场合及创作需要灵活选用；作品的构思、造型可简可繁，可任由作者发挥；作品的陈设及更换上也都较灵

活随意。

3. 装饰性强

插花作品集众花之美而造型，随环境变化而陈设，艺术感染力强，在装饰上具有画龙点睛的作用。

4. 充满生命活力

插花以鲜活的植物材料为素材，将大自然的美景和生活中的美，艺术地再现于人们面前，作品充满了生命的活力，这是插花艺术的最大特征。尽管近代新潮插花允许使用一些非植物材料，但其只能作附属物。

（五）插花艺术的分类

1. 按艺术风格分类

（1）传统东方式插花。以中国和日本为代表，以线条造型为主，注重自然典雅，构图活泼多变，讲究情趣和意境，重写意，用色淡雅，插花用材多以木本花材为主，不求量多色重，但求韵致与雅趣。

（2）传统西方式插花。以美国、法国和荷兰等欧美国家为代表。其特点是色彩浓烈，以几何图形构图，讲究对称和平衡，注重整体的色块艺术效果，富于装饰性。用材多以草本花材为主，花朵丰腴，色彩鲜艳，用花较多。

（3）现代式插花。糅合了东西方插花艺术的特点，既有优美的线条，也有明快艳丽的色彩和较为规则的图案。更渗入了现代人的意识，追求变异，不受拘束，自由发挥。追求造型美，既具装饰性，也有一些抽象的意念。

2. 按使用目的分类

（1）礼仪插花。用于各种庆典仪式、迎来送往、婚丧嫁娶、探亲访友等社交礼仪活动中的插花称为礼仪插花。

（2）艺术插花。用于美化、装饰环境或陈设在各种展览会上供艺术欣赏的插花称为艺术插花。

3. 按艺术表现手法分类

（1）写实的手法。以现实具体的植物形态、自然景色、动物或其他物体的特征作原型进行艺术再现。用写实手法插花的形式有自然式、写景式和象形式三种。

1）自然式：主要表现花材的自然形态，根据所用主要花材形态不同可分为直立型、倾斜型和下垂型。

2）写景式：模仿自然景色，将自然景观浓缩于盆中的插花形式。

3）象形式：模仿动物或其他物体的形态而进行的插花创作。

（2）写意的手法。是东方式插花所特有的手法。利用花材的谐音、品格或形态等各种属性，来表达某种意念、情趣或哲理，寓意于花。配以贴切的命名，使观赏者产生共鸣，随着作者进入一个特定的意境，继续寻思、品味。古代的理念花、格花、心象花及现代的命题插花都属此类。

（3）抽象的手法。不以具体的事物为依据，也不受植物生长的自然规律约束，只把花材作为造型要素中的点、线、面和色彩因素来进行造型。可分为理性抽象和感性抽象。

1）理性抽象：强调理性，不表达情感，纯装饰性插花。用抽象的数学和几何方法进行构图设计，以人工美取胜，具有一种对称、均衡的图案美，注重量感、质感和色彩。

2）感性抽象：不受任何约束，无固定形式，可任由作者灵感的发挥来创作，随意性强，变异性较大。

4. 按插花器皿分类

（1）瓶花。使用高身的花器，如陶瓷类花瓶、玻璃类花瓶等来进行创作的插花形式，日本也称为投入花。

（2）盘花。使用浅身阔口的容器进行创作的插花形式。因像盛放着的花一般，故日本称之为盛花。

（3）钵花。钵可以看作是介于瓶与盘之间的一类花器。使用钵为容器进行的插花即为钵花。

（4）篮花。使用篮子为容器进行的插花称为篮花式花篮。

（5）壁挂式插花。把花吊于栋梁或挂于窗壁的插花称为吊花或挂花。

（6）敷花。不用器皿，直接把花敷放于桌面上称为敷花。多用于宴会餐桌等的摆设。

5. 按装饰部位分类

（1）桌摆花。摆放于桌子、台面等部位的插花称为桌摆花或摆设花。又可分为厅堂花、书房花、佛前供花、茶几花等。

（2）服饰花。用于装饰人体的插花称为服饰花。又有头花、胸花、肩花、手腕花、花环等类型。

6. 按花材性质分类

（1）鲜花插花。指利用鲜切花进行的插花。最具插花艺术的典型特点，既具有自然花材的形态之美，又充满了真实的生命活力，艺术感染力最强。适于多种场合，特别是盛大而隆重的场合或重要的庆典活动，必须用鲜花插花，以烘托气氛。其缺点是水养时间短且暗光下效果不好，不宜使用。

（2）干花插花。利用干花花材进行的插花。干花既不失植物自然形态之美，又可随意染色。插作后经久耐用，管理方便且不受采光限制，暗光下也可用。一般多用于走廊、底楼、无采光大厅、灯光暗的餐厅以及楼梯平台角落，咖啡厅、酒吧间等光线较暗处也常用其装饰。其缺点是怕潮湿环境。

（3）人造花插花。所用花材为人工仿制的各种植物材料，有绢花、涤纶花、塑料花等多种材质，有仿真的，也有随意设计和着色的，种类繁多。其特点是使用时间长，管理简便。适合于大型舞台、橱窗的装饰，家庭居室中也多有应用。

二、插花艺术的起源

关于插花艺术的起源，目前有几种说法，并不统一，是个有待继续查证和探讨的问题。在人类文化发展的历史长河中，插花艺术虽然源远流长，但由于它的创作和欣赏都属即时性的，在摄影和录像等技术发明之前，只是短暂的艺术表现，所以传世作

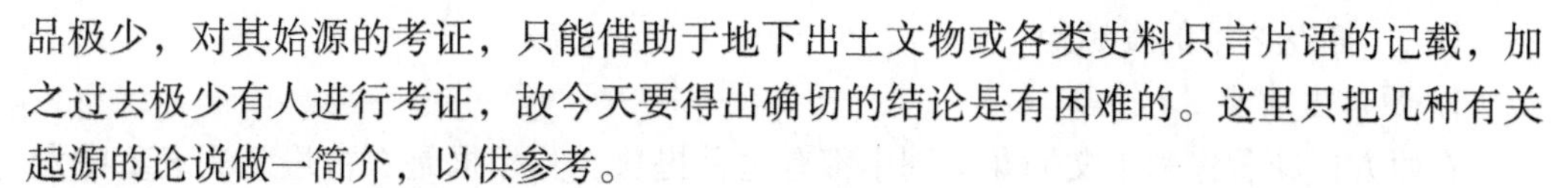

品极少，对其始源的考证，只能借助于地下出土文物或各类史料只言片语的记载，加之过去极少有人进行考证，故今天要得出确切的结论是有困难的。这里只把几种有关起源的论说做一简介，以供参考。

（一）插花艺术的原始形式

1. 源自佛教供花

这是目前较流行的说法。根据有两点，一是来自日本插花界的观点，二是从佛经中论证。日本的插花艺术是从佛前供花发展而来，经过供花→宫廷插花→民间插花这一历程发展成今日的插花。随着日本插花艺术的发展，许多人士都前往日本学习插花，因此，把日本插花的起源推而广之，流传着插花源于佛教供花的起源论说。目前，许多书籍都引用《南史》中关于盘花的段节，认为是最早的记载。《南史》的南朝齐武帝诸子中，有关晋安王子懋："年七岁时，母阮淑媛尝病危笃，请僧行道，有献莲华供佛者，众僧以铜罂盛水，渍其茎，欲华不萎。子懋流涕礼佛曰，'若使阿姨因此和胜，愿诸佛令华竟斋不萎。'七日斋毕，华更鲜红，视罂中稍有根须，当世称其孝感。"这段莲花供佛的记载，被认为是插花源于佛教的文证。

另外，佛经中也确有供花的条文。佛经和《魏书》中都有"花供养"的记载。花供养是佛教六种供养（鲜花、涂香、水、烧香、饭具、灯明）中的第一位，可见佛教供花的确是非常注重的。

2. 源自民间风俗

这是从广义范畴理解插花。认为插花的原始形式是不是用器皿的手持花和佩戴花。花是大自然赐予人类的美物，人们在生产活动中很早就与花为伴，花使人产生信赖、安慰的感受，能互相沟通，人们把花（叶）作为护身符，戴在身上可驱魔祛邪，得以平安。后逐渐发展为一种装饰，表现自己的美丽迷人，互相赠送以示爱慕和思念。这是一种自发的行为，虽然其中渗有一些迷信色彩，但并非因某一种宗教而起，只是人们对冥冥宇宙的不解而产生的心理反应。在我国，远在佛教传入之前，民间就有用花祭祀和赠花的风俗。最早的传说是《山海经》称：东海之度朔山，神荼和郁垒捉鬼的故事。黄帝立大桃人于门户，画二人象与虎，苇索以御鬼，后人皆仿之。这是公元前4000多年前的故事。

《诗经》是记载公元前470年以前商周到春秋时期的民间风情诗集。《诗经·郑风·溱洧（wěi）》中有男女手持兰花到秦河清水去祭祀、嬉戏的记载。临别时还互赠芍药。屈原的《楚辞》中关于佩戴花饰，以花相赠或寄托思念、祭祀的诗句更数不胜数。《楚辞·九歌》有："瑶席兮玉境，盘将把兮琼芳"即指在神座前放置成束的鲜花，《楚辞·山鬼》是以披花带绿形容山神，折花香以寄所思："被石兰兮带杜衡（一种香草），折芳馨兮遗所思。"

晋人陆凯的梅花诗："折花逢驿使，寄与陇头人，江南无所有，聊赠一枝春。"将友人相赠的花枝，插于盛水器皿中，这是顺理成章的事，这正是插花艺术的起源。而这些都是在佛教传入中国之前已有的。

（二）插花艺术的发源地

1. 源自古埃及

在西方插花著作和中文插花书刊中都有这种提法，其根据是在古埃及法老墓中发现有插花图案的壁画。文物的证据是无可否认的。公元前2500年，埃及贝尼哈桑墓壁上有睡莲瓶壁画，并在墓中发现有鲜花随葬，这可谓是世界最早制作的“干燥花”了。据说，古埃及人把莲花看作爱西斯神，并已知道把花安置在有水的瓶中，使之不萎。这些都足以说明古埃及人很早就有鲜花祭祀的仪式。此外，埃及的金字塔以及相继创立的几何学，对西欧的建筑和艺术风格都极有影响，而西方传统的古典插花正是以各种几何图形为主的大堆头形式，具有像金字塔那样的对称、均衡和重量感，可见艺术风格的一致性。所以说，插花源自古埃及是有一定根据的，起码可以说是西方插花艺术的发源地。

2. 源自中国

如前所述，中国自古以来就有以花祭祖和互赠花枝（束）的风俗，而且玩赏花木的风气甚浓。据考古发现，河北望都东汉墓道壁画中有一方几上盛有六枝红花的圆盆，过去人们对插花意识淡薄，曾认为是盆景，但现在看来，甚似插花。这和北周时庾信的一首杏花诗极其相似。诗曰：“春色方盈野，枝枝绽翠英。依稀映村坞，烂漫开山前，好折待宾客，金盘衬红琼。”中国古代的文人墨客，多放荡江湖，寄情花草，与山水花草为友，他们不仅赏花，还有探花、采花的逍遥游。东汉张衡的《归田赋》上说：“仲春令月，时和气清，原隰郁茂，百草滋荣……于焉逍遥、聊以娱情。”东晋的陶渊明有诗：“秋菊有佳色，裛露掇其英，泛此忘忧物，远我遗世情。”采花、折枝的兴致历久不衰，如“花开堪折直须折，莫待无花空折枝”和“尘世难逢开口笑，菊花须插满头归”等，正因我国文人有此嗜好，所以我国的插花艺术既具自然写真的风格又具浓郁的文人气息，融诗、书、画、花于一体，不拘一格，谦洒自如。这是东方插花艺术的特点，符合中国传统文化的风格。日本插花是从中国传入的，因此也渗透着不少这种特色。此外，中国人很早就研究延长切花花材寿命的方法，对花枝插置的布局，与花器和周围环境的配合等都早有研究，使插花成为一门独立的、系统的专学。高濂的《瓶花三说》，张谦德的《瓶花谱》，还有罗虬的《花九锡》以及明代袁宏道的《瓶史》都可说是最早的插花专著。所以说，我国是东方插花艺术的发源地。

三、花艺设计与花道

（一）花艺设计

主要指切花花材的造型艺术设计。花艺设计以理性投入为主，属于带有商业性的一种产品设计，也是专业花店的用语。花店行业为了工作方便，按一定用途或客户的要求进行策划，创作出一些样板（蓝图），以供顾客选购，制作者不一定是设计者本人，这种经过工艺制作过程或有他人来体现构思的称为设计。西方称为“Flower Design”花艺设计的名词也是由此而来。其作品较多强调观赏性、装饰性，主要以推销和盈利为目的。

花艺设计与插花艺术有某种意义上的不同。现代的插花艺术包括两个方面内容，一方面是纯欣赏性的艺术创作，它不受任何目的要求制约，完全取决于作者的主观意念、情感和兴趣，是由作者本人一次性完成的作品，以情感投入为主，更强调作品的艺术性，故又称为艺术插花。艺术插花作品都是一种自娱或供人欣赏的艺术品，不刻意追求作品的装饰效果，更不以别人的喜好、意志为转移，具有鲜明的个性，可充分展示作者的艺术风格。它是以传统的东方插花艺术为基础的一种插花艺术形式。另一方面，现代的插花艺术也包括了花艺设计所涵盖的内容。

对东方人来说，花艺设计是一个外来语，无论中国还是日本，传统上都用“插花”或“花道”这种名词。在日本，以前插花虽然商品化，但也局限于把插花技术作为谋生手段，以教授的形式出现，极少把艺术插花作品作为商品出售。随着西方文化的传入，西式插花那种以理性为主的几何图案式插花才具有了“设计”的条件，所以，花艺设计的构型也多是几何图案形式。

花艺设计的盛行同切花生产的规模化、商品化以及市场的需求是密不可分的。随着经济的发展，花艺设计已成为一个行业，遍布全世界。

（二）花道

花道是日本人对插花的别称。日本的花道与剑道、柔道、茶道一样，都是一种“道”，它有着确切的缘由典故。

日本人善于学习别人的东西，并将其总结归纳出条理，使之成为便于传授继承、帮助入门学习的规范。这种经条理化、规范化的经验，称之为“道”。

日本的插花开始时称为“立花”，到了14世纪末的町室时代，产生了较完整的插花构型，改称为“立华”。16世纪后期的桃山时代，茶道开始流行，所以又有了“花道”之称。

日本人把插花作为修身之道，对插花抱有一种尊敬的心情和虔诚的态度，从中寻求一种哲理，这就是花道精神。随着时代的变迁，日本产生了许多插花形式与流派，但现在不管那种形式的插花，都统称为“花道”或插花。

四、插花工具及插花技能

一盆花插得成功与否，首先要有好的构思，但只有设想，没有熟练的技能，也无法把创意表达出来。所以，插花者必须掌握插花的基本技能，即修剪、弯曲、固定三个基本功。

（一）家庭插花常用花材

花材其实就是制作花艺作品的材料。不仅包括活的植物材料，如鲜花、果实，也包括枯枝及干的花卉，如各种质地的人造花、绢花、塑料花、纸花、金属花等，虽没有鲜花的生机盎然，却经济实惠且易于保存。

总之，只要具有美丽的形态和色泽，都可以用来制作花艺作品。

1. 按花材的观赏性来分

主要可分为观花、观叶、观果、观芽和观茎五大类。

（1）观花类。植物中以花朵、花序、花苞片供观赏的称之为观花类。如月季、菊花、杜鹃、梅花、茉莉花等。

（2）观叶类。不同植物的叶子大小、形状各不相同，但只要具备可观赏性，就可以作为陪衬材料用来制作花艺作品。如一叶兰、文竹、高山羊齿、巴西木，散尾葵等。

（3）观果类。以果实供观赏的花卉称之为观果类植物。如苹果、橘子、火棘等。

（4）观芽类。有许多花材在花朵或叶片尚未开放的时候，具有一定生命萌动的美感，最为典型的是银芽柳和蕨芽。

（5）观茎类。随着花卉材料的广泛开拓，许多观茎植物也成了重要的花材。如龙柳红瑞木、木贼、红瑞木、水葱等。

2. 按花材形态来分

（1）团状花材。通常是以点成团、以块成团、以面成团，完整的花朵或叶子比较大，富有重量感，一般是花艺作品的焦点，也可以用来做重叠、铺垫等效果。

常见的花材有：玫瑰、白头翁、荷花、向日葵、非洲菊、菊花、百合花、康乃馨、现代月季、洋桔梗、朱顶红、绣球花、黄金葛、小天使、星点木、唐棉等。

（2）线状花材。线状花材主要包括植物的枝条、根、茎、长形的叶片、蔓状的植物以及长条形或枝条形的花，通常利用直线形或曲线形等植物的自然形态，来做花艺造型的基本构架。整个花材呈长条状或线状，构成造型的轮廓，也就是骨架。如蛇鞭菊。

常见的花材有：金鱼草、飞燕草、龙胆、蛇鞭菊、大花蕙兰、文心兰、情人泪、香蒲、富贵竹、巴西铁、虎尾兰、龙柳、云龙桑、水葱、钢草、巢蕨、芦苇、椰树、散尾葵、连翘，唐菖蒲等。

（3）散状花材。散状花材也称为雾状花材，通常花形个体小、分枝较多，常以松散或紧密的形态集结而成，起到填补造型的空间、连接花的作用，也用作平衡花艺作品的色彩。

常见的花材有：满天星、情人草、勿忘我、鹊梅、茴香、六月雪、小莎草、蓬莱松、文竹、风车草、山茜、小丁香、小苍兰、白孔雀等。

（4）定状花材。定状花材的花形较大、形态特殊、造型奇特、易引人注目，因此，是花艺作品的视觉焦点。

常见的花材有：百合花、红掌、天堂鸟、芍药、马蹄莲、帝王花、针垫子花、红掌、小鸟、五彩凤梨、红花焦等。

3. 人造花

人造花也叫仿真花，是以纸、绢、丝绸、天鹅绒、通草、塑料、涤纶等为材料制成的人工花卉。常见的人造花有绢花、通草花、涤纶花以及纸花、羽毛花（以鸟禽羽毛制成）、绒花、塑料花等。其中绢花、通草花和涤纶花是最常见的。

（二）插花造型的程序（鲜花插花）

1. 准备工作

泡花泥，让花泥自动吸水下沉，3～5min 即可。修剪叶材，把叶材上的黄叶剪掉，按造型的不同修剪成需要的形状。

2. 定出作品的轮廓

包括高度、宽度、厚度。在制作之前，首先，应根据环境条件的需要，决定插花作品的体形大小，一般大型作品可高达1～2m，中型作品高40～80cm，小型作品高15～30cm，而微型作品高不足10 cm。不管制作哪类作品，体形大小都应按照视觉距离要求，确定花材之间和容器之间的长短、大小比例关系，即最长花枝一般为容器高度加上容器口宽的1～2倍。

3. 用块状花丰满整个作品

根据构图进行插摆，先选好主视面，用常绿衬叶插出造型的骨架，然后将主要花材按骨架插摆，完成基本造型。

4. 插制焦点花

根据花材的长短、色彩和质地，选配大小合适、色彩协调、质地一致的花朵进行点缀装饰。

5. 用散装花材和叶材补充空隙

将辅助花材和衬叶补插在主要花材的空隙间和花篮口部。最后喷水，系彩带或花结等装饰品。

6. 命名

作品命名也是作品的一个组成部分。尤其是东方式插花，赋上题名使作品更为高雅，欣赏价值也随之提高。

7. 整理

清理现场，保持环境清洁，这是插花不可缺少的一环，也是插花者应有的品德。日本人插花都先铺上废报纸或塑料布，花材在垫纸上进行修剪加工，作品完成后把垫纸连同废枝残叶一起卷走，现场不留下一滴水痕和残渣。这种插花作风值得发扬和学习。

8. 插花作品的养护与管理

插花之后，对作品的精心养护和管理同样也是延长插花寿命的重要措施。首先，应当经常更换容器中的水，一般每天换一次，水深以达容器的最大水面为佳，可与空气有最大接触面，利于通气。还应当去除浸入水中的枝、叶以保证水质清洁。另外，要经常更新切口，可结合换水，将花材基部重新剪除一小段，保持切口新鲜，以利吸水。

为了延长花材的水养保鲜期，还可以在容器内加施各种保鲜剂，药物的用量均为每1000g水中的加入量：

（1）20g蔗糖，1/4片阿司匹林，5g食盐或硫黄。

（2）40g蔗糖，150g硼酸或柠檬酸。

（3）硫酸铜5g，蔗糖20g。

（4）食盐100g，蔗糖10g。

另外，将花枝切口蘸盐或醋或明矾或薄荷油，有防止切口腐烂的作用。

（三）家庭插花制作材料

所谓“工欲善其事，必先利其器”。家庭插花制作除了了解花材以外，更要了解花艺工具，并能够通过手中的工具实现自身的艺术作品。

1. 家庭插花制作工具

（1）修剪工具。

1）剪刀。花艺制作常见的剪刀有长刀剪、尖嘴剪和日本花道专用剪，修剪草本鲜花可用普通剪刀，修剪木质鲜花则需要用花剪，花剪手柄长、刃短而厚，裁剪硬质花材时省劲。

2）刀。常用的花艺刀有弯头花艺刀、平头花艺刀、折刀三种，也有一种用于砍削枝干的削刀，此刀也有刀背有锯齿的，有锯裁的功能。

3）锯。主要用于较粗的木本植物截锯修剪，还有一种似美工刀的花泥锯，是对花泥进行切割与造型用的。

4）玫瑰钳/玫瑰夹/拔刺器/除刺器/剥刺夹，用来拔去玫瑰、月季等植物的边刺。

5）钢丝钳/尖嘴钳，用于剪断金属丝。

6）截断刀/工具刀。

（2）固定工具。

1）花泥。也叫花泉或吸水海绵，是用酚醛塑料发泡制成的一种固定和支撑花材的专用特制用具，形似长方形砖块，质轻如泡沫塑料，色多为深绿，吸水后又重如铅块。

2）花针。用于稳定花枝的，有方形、圆形，大小也有不同，用得最多的是8cm左右的圆形花针。

3）插花扦，用于固定花器中的花泥。

4）铜丝网/铁丝网/金属网，用于制作花艺的骨架，固定花材用。

5）金属丝/铁丝，用于固定花茎、花枝。

6）铝丝/铜丝，作为花环芯材。

（3）辅助工具。

1）防水强力胶带，用于固定花器里的花泥。

2）胶枪，一种打胶（或挤胶）的工具。

3）订书器。

4）酒椰纤维。属于植物纤维，用于捆绑花材。

5）绿胶带。黏性好，耐高温，耐溶剂，保持力强，用于捆绑花材。

6）竹签，用于延长花茎。

（4）包装材料。

1）包装纸，常见的有玻璃纸、麻络水纸、印花纸、折染纸、浮染纸、瓦楞纸、双色皱纹纸、日本印花纸、柳染纸、云龙纸等。

2）缎带，有塑料、布质、纸质、丝质、嵌丝等材质。

3）包装绳，有金属、布、丝等材质的。

4）其他包装材料，有纸亚龙贴布、珠链、金粉、天发丝、日本珠针、各种小球珠等。

2. 家庭插花容器的选择

供家庭插花使用的容器比较广泛，除花瓶外，凡能容纳一定水量、满足切花水养要求的容器均可选用，如生活中使用的盆、碗、碟、罐、杯子，以及其他能盛水的工艺装饰品等。

（1）容器种类。插花容器的种类繁多，数不胜数。从质地上讲，有陶瓷容器、玻璃容器、金属容器、木制容器、竹编容器以及塑料的、大理石的、水磨石的和漆制容器等；形状上有多种形式，大体上可归纳为两类：一类是高身小口的瓶内容器，使用这类容器插花，一般不用花插或花泥，而将花枝直接插入瓶内，稍加扶持固定即可；另一类是浅身阔口的浅盆类容器，用它们插花就必须使用花插或花泥才能固定和支撑花材。每一种材料都有自身的特色，用于插花会产生不同的效果。

1）陶瓷花器（图 11-8）。具有精良的工艺和丰富的色彩，美观实用，品种繁多，是我国的传统插花容器，颇受人们的喜爱。在装饰方法上，有浮雕、开光、点彩、青花、叶络纹、釉下刷花、铁锈花和窑变黑釉等几十种之多。有的苍翠欲滴、明澈温润；有的纹彩艳丽、层次分明。江西景德镇产的瓷器驰名中外。江苏宜兴有陶都之称。此外，山东的石湾，浙江的龙泉，河南的禹县等陶瓷产地，在国外都享有盛名。

2）玻璃花器。常见有拉花、刻花和模压等工艺，车料玻璃最为精美。由于玻璃容器的颜色鲜艳，晶莹透亮，已成为现代家庭装饰品。

3）塑料容器、景泰蓝容器和漆制容器。用于插花，有独到之处，可与陶瓷容器相媲美。

4）竹木、藤容器（图 11-9）。在艺术插花中，用竹、木、藤制成的花器，具有朴实无华的乡土气息，而且易于加工，形色简洁。

图 11-8　陶瓷花器

图 11-9　竹木、藤容器

（2）形状与色彩。插花造型的构成与变化，在很大程度上得益于花器的形与色。就其造型而言，花器的线条变化限制了花体，也烘托了花体。现在所使用的花器多以花瓶、水盆和花篮为主，也可选用笔洗、笔筒、竹管、木桶、杯、盘、坛、壶、钵、罐等生活容器。

花瓶的造型，有传统形式和现代形式。我国古典风格的花瓶有古铜瓶、宋瓶、悬胆瓶、广口瓶、直筒瓶、高肩瓶等。现代的花瓶形式讲究抽象形体，形式简练，线条流畅，有变形花瓶、象形花瓶、几何形花瓶等。

水盆是近代出现的插花容器，式样繁多，形状各异，一般盆口较浅。形状有圆形、椭圆形、方形、长方形、S 形、三角形、半圆形等多种形式。水盆有很大范围盛花能力，但自身无法固定花枝，需要借助于花插座（剑山）和花泥等固定花枝。

花篮是一种常见的编制品，外形很美观。如元宝篮、花边篮、提篮等。有时可以根据需要编制花篮。但是，花篮也有不足的地方，它无法盛水和固定花枝，需要另行配置盛花和固花之物。

挂式花器有悬挂花器和壁挂花器，共同的特点是都有供攀挂的环或洞。不同的是悬挂花器四周都完整美观；壁挂花器，因一面靠墙，所以是平面，完整美观的仅是一半。

现代插花艺术对花器的选择则超越了花器范畴。插花无定器，用作插花的器物，往往都不是专司花器。凡是具备插花的条件又能体现插花艺术魅力的，都可以充当花器来使用。

3．插花花器的选择（图 11-10）

（1）选用时，应考虑到时节，讲究“春冬用钢，秋夏用瓷”，正是我国花艺的一种传统，考虑的便是鲜花和花器的气质对应。铜瓶中插上梅花，瓷瓶中插上荷花，十分讲究。

（2）花器的选择要考虑到应用的实际环境，容器的形状、风格、颜色和质地应与花材及周围的环境条件协调统一。宽敞的空间，如大客厅，鲜花宜插得茂密一些，花器也应较大。反之，在空间比较小的情况下，如书房，鲜花宜简静俊瘦一些，花器也可小一些。

（3）花器的选用还需考虑到色彩的搭配，如果所插的鲜花繁茂，所配的花器可以是色彩较浓重的。反之，较清淡的鲜花，就不宜配香郁繁复的花器。

（4）主干和花器的比例。采用黄金分割比例的近似值为8∶5；5∶3；3∶2。这种比例用以确定线状花材与花器之间，各主枝之间，花材与花材之间的长短比例关系。并进一步确定构图焦点、重心区域。

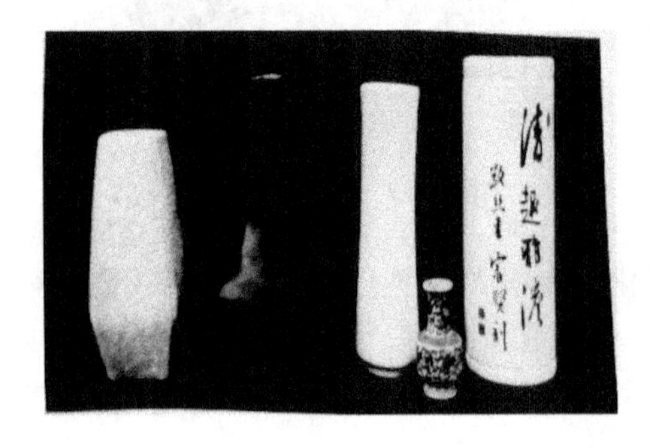

图 11-10　插花花器

（四）家庭插花艺术的原则

插花起源于佛教中的供花。同雕塑、盆景、造园、建筑等一样，均属于造型艺术的范畴。插花是指将剪切下来的植物之枝、叶、花、果作为素材，经过一定的技术和艺术加工，重新配置成一件精致美丽、富有诗情画意、能再现大自然美和生活美的花卉艺术品，故也可称其为插花艺术。插花既不是单纯的各种花材的组合，也不是简单的造型，而是要求以形传神，形神兼备，以情动人，溶生活、知识、艺术为一体的一种艺术创作活动。大多数人认为，插花是用心来创作花型，用花型来表达心态的一门造型艺术。

1．高低错落

花材设计应有立体空间构成表现，即要求在多维空间用点、线、面等造型要素进行有层次的位置经营，上下、左右、前后层次分明而又趋向统一，力求避免主要花朵在同一水平线或同一垂直线上。

2．疏密有致

花材在安排中应有疏有密、自然变化。《画论》中说："疏可走马，密不透风"；疏如晨星，密若潭雨；疏密相间，错落有致。一般在作品重心处要密，远离作品重心处要疏。作品中要留空白，有疏密对比，不要全都插满。

3．虚实结合

衬材与主花相辉映，有形与无形相呼应，以实隐虚，以虚生境、烘实，给实以生命、灵性和活力。虚实结合可以有多种理解，主要是指视觉可视之处、有形之景为实，思维想象之处、无形之境为虚；花为实，叶为虚，有花无叶欠陪衬，有叶无花缺实体；花苞为虚，盛花为实；藤为虚，中心花为实；正面花为实，侧背花为虚；块状花为实，细碎花为虚；面状叶为实，线状叶为虚等。绘画中的"留白"即是实中留虚的处理手法，应用于插花使人产生空灵玄妙之感，也可以此增强疏密对比。

4．仰俯呼应

无论是单体作品还是组合作品，都应该表现出它的整体性和均衡感。花材要围绕重心顾盼呼应，神志协调，既要反映作品的整体性，又能保持作品的均衡性。花材围绕重心顾盼呼应，神志协调，就能形成一体。花材的仰俯呼应能把观众视线引向重心，产生稳定感。

5．上轻下重

花材本无轻重之分，只是因质地、形态和色彩的差异造成心理上的轻重感。质地、外形相似的花材组合在一起，较易取得协调，在此基础上将不同色彩的花材配合也可以取得绚丽多彩又协调统一的效果。一般指形态小的、质地轻的、色彩淡的在上或外（距重心较远），反之要插在重心附近，使作品保持均衡、稳定，显得自然而有生命力。花苞在上，盛花在下；浅色花在上，深色花在下，以保持作品的重心平稳。如盛花在上，下面可插成丛花苞；深花在上，下面可插成丛浅花，以达到作品重心平衡。

6. 上散下聚

指花材各部分的安插基部要像树干一样聚集，拧成一股劲，似为同根生，上部如树枝分散、发挥个性、适当散开、婀娜多姿，使作品既有多变丰实的个性又要有同一性。古语“插花起把要紧”是指花材的基部聚拢在一起，上部自然分散，犹如丛生灌木，自然有序。

（五）家庭插花的基本步骤

作为一种艺术，插花整个过程对于结果都十分重要。因此，要想插出一个成功的作品，在动手之前，对自己要插出的作品有一个良好构思至关重要，一般来说，插花有以下几个基本步骤：

1. 构思

立意构思，插花时必须先构思后动手。否则拿着花材也无从下手。立意就是明确目的，确立主题。可从下面几方面着手。

（1）确定插花的用途。是节日喜庆用还是一般装饰环境用，是送礼还是自用等。根据用途确定插花的格调，是华丽还是清雅。

（2）明确作品摆放的位置。环境的大小、气氛，位置的高低，是居中还是靠拐角处等，根据位置以选定合适的花形。

（3）作品想表现的内容或情趣。是表现植物的自然美态还是借花寓意，抒发情怀或是纯造型。

2. 构图（图11-11）

插花构图形式是指花材插入容器后的形状式样，即插花作品的外形轮廓。

（1）依插花作品的外形轮廓可分为：①对称式构图形式，也称整齐式或图案式构图；②不对称式构图形式，也称自然式或不整齐式构图；③盆景式构图形式，这类构图形式主要采用我国盆景的各种造型手法制作成盆景式的插花；④自由式构图形式，这是近代各国流行的自由式插花的构图方法。

（2）依主要花材在容器中的位置和姿态可分为：①直立式；②下垂式；③倾斜式；④水平式。

构图造型效果，主要包括造型是否优美生动或别致新颖，是否符合构图原理，花材组合是否得体，各种技巧运用是否合理娴熟（如稳定感、层次感、节奏感等）。

图11-11 插花构图

3. 选材

根据以上的构思选择相应的花材、花器和其他附属品。

花材的选用，古人虽有将花分成等级，几品几命或分什么盟主、客卿、使命，但这都只是把人的意志强加给花而已。花无分贵贱，全在巧安排，只要材质相配，色彩

协调，可任由作者喜爱和需要去选配，没有固定的模式。

插花对花材的选用是十分重要的，花材选用得适当可以使作品产生意想不到的效果。花材也分很多种，用途也不同。

呈长条状或线状的花材一般可用来作为插花骨干，用以确定作品的大小，可作为后来插花的参照。如剑兰、金鱼草、蛇鞭菊、飞燕草、龙胆、银芽柳、连翘等。

花朵较大、有奇特形态的花，常用于插花作品的视觉焦点处，用以确定插花作品的风格特征，如百合花、红掌、天堂鸟、芍药等。

花朵集中成较大的圆形或块状的花材，常用于以上两种花材之间，是完成插花作品造型的重要花材。如月季、康乃馨、非洲菊、玫瑰、白头翁等。

分枝较多且花朵较为细小的花材，一般用于填补造型的空间、使花与花得以连接或用于点缀。如小菊、小丁香、满天星、小苍兰、白孔雀等。

4. 造型

花材选好后，开始运用三项基本技能，把花材的形态展现出来。在这一过程中，应用自己的心与花对话，边插边看，捕捉花材的特点与情感，务求以最美的角度表现。有时往往超出了最初的设想，只要把人们的注意力引导到你想要表达的中心主题上，让主题花材位于显眼之处，其他花材退居次位。这样，作品才易被人接受，获得共鸣。

一般来说，插花有以下几种常见造型：①水平型。设计重心强调横向延伸的水平造型。②三角形。花材可以插成正三角形、等腰三角形或不等边三角形。外形简洁、安定，给人以均衡、稳定、简洁、庄重的感觉。③L 形。两面垂直组合而成，左右呈不均衡状态，给人以开阔向上的感觉。④扇形。在中心呈放射形，并构成扇面形状。⑤倒 T 形。纵线及左右横线的比例为 2∶1，给人以现代感。⑥垂直型。体形态呈垂直向上。

此外，还有椭圆形、倾斜形、新月形、S 形、圆球形、冠形等。

我们日常生活中，应当根据插花作品所要表现的内容，即主题，选用能恰当表现该内容的构图形式。例如表现崇高、景仰、节操高洁、蒸蒸日上、顶天立地之类主题，常采用直立型的构图；表现奋勇前进、归心似箭、风吹浪打之类主题，则多采用倾斜式的构图；表现大自然优美景色，常用盆景式的构图等。这样，形式表现出来的不仅是外在形态轮廓的美，即形式美；而且，透过外在的形态轮廓，反映出包孕在形式中的内容美，即艺术家热情讴歌的自然美和生活美，也就是意境美。

5. 插花艺术的设计和构图原理

插花艺术的创作同绘画、雕塑、盆景等艺术创作一样，最主要的问题是考虑如何构思和造型，这是创作中的两个核心问题，也是决定创作能否获得成功的主要因素。当然，也是初学插花的人最感困难的问题。

所谓构思立意，通俗地讲，是指如何思考插花作品的思想内容和意义，考虑在自己将要创作的作品中表现什么内容，反映什么情趣和意境，作者必须有一个明确的目标，确立插花的主题思想。

怎样进行构思，表现主题思想，一般有两种方法，即一种是先设想而后创作的方法；另一种方法是因材、因景进行构思设计，并在创作过程中逐渐完成主题思想的表现，即所谓“借景传情”“以形传神”的方法 。

此种方法可以由以下几方面进行构思：

（1）根据花材的形态特点和品性进行构思。

（2）巧借容器和配件进行构思命题。

（3）利用造型进行构思表现主题。

（4）根据植物的谐音和花语来表达主题。

[思考与练习]

1. 学习茶文化和品茶的意义。

2. 实训项目：请按以下要求制作一个扇形插花花篮。

（1）插前处理程序完善。

（2）单面观赏，总高度不低于60cm。

（3）造型明确，花体和篮体比例适中，立体感强，稳定性好，装饰效果明显。

（4）花篮背部简单修饰与花泥遮盖处理。

（5）色彩搭配和谐、美观大方。

（6）花篮制作完成后清理场地，做到无污物，无水渍。

3. 请根据以下要求完成家庭插花任务：李先生，职业是基层公务员，退休。太太王女士，职业是中学老师，退休。子女不在身边，家庭装修为中式风格，请为李先生家庭客厅制作中式插花作品。插花主题背景为重阳节插花。

第十二章　现代家庭教育

案例导入

《中华人民共和国家庭教育促进法》的实施

2021年10月23日第十三届全国人大常委会第三十一次会议表决通过了《中华人民共和国家庭教育促进法》，法律明确，未成年人的父母或者其他监护人负责实施家庭教育。国家和社会为家庭教育提供指导、支持和服务。作为新型职业——家庭教育指导师，需要掌握诊断技术、收集信息、测量评价、识别问题、制定方案、解决问题，这是目前家庭教育指导最薄弱的部分。之前家庭教育是私事，没有进入“专业”范畴，家庭教育指导的经验之谈多，碎片化知识为主，宣讲方式为主，针对性差，缺乏专业性。因此，家庭教育指导师不仅需要基本知识的系统学习，更需要诊断问题、解决问题的专业技能。

第一节　现代家庭教育概述

人一生中要接受三种教育，即家庭教育、学校教育和社会教育。而对一个孩子最重要的便是人生开始阶段的家庭教育。家庭教育是在与孩子的朝夕相处中，成人处处以身作则，以自己榜样的力量去影响诱导孩子的发展，而不是以说教的方式来教育孩子。这种无声的潜意识教育方法，在孩子的幼小心灵中可以起到“随风潜入夜，润物细无声”的作用，往往比有声的教育作用更大。

一、现代家庭教育的概念

现代家庭教育就是以家庭为学校，以家长为教师对孩子的成长与发展进行奠基性的启蒙教育。

家庭教育在概念上有广义和狭义两种界定。广义的家庭教育是家庭成员之间互相施加影响的一种教育；狭义的家庭教育则是指家长对子女有目的地施加影响的一种教育，我们这里所说的家庭教育是指狭义的家庭教育。

人从出生到故去的一生，经历的一个终身性的社会化教育过程，即人在个体的自然人走向社会，承担一定的社会角色与社会责任的社会人的过程。在此过程中，教育和学习是转化的手段和方法，其中家庭教育又是人的社会化教育过程中最根本的教育。

二、家庭教育的意义

家庭教育与学校教育、社会教育是教育的三种基本形式，是人在社会化过程中必须接受的三种各具特点的教育，而家庭教育则是最基础性的教育，它对儿童德、智、体、美、劳全面发展起着奠基性的作用。对儿童的思想品德、个性特征及健全人格的形成与发展起着决定性的作用。

家庭教育是大教育的组成部分之一，是学校教育与社会教育的基础。家庭教育是终身教育，它开始于孩子出生之日（甚至可上溯到胎儿期），婴幼儿时期的家庭教育是“人之初”的教育，在人的一生中起着奠基的作用。孩子上了小学、中学后，家庭教育既是学校教育的基础，又是学校教育的补充和延伸。

（1）家庭教育是人生的第一篇章，是个体社会化的最初摇篮。人一出生接触的第一个环境是家庭，第一位老师是父母。孩子都是在双亲直接影响下长大的，他们都是首先通过家庭和父母来认识世界，了解人与人的关系。家长的言行对孩子具有潜移默化的作用。家庭教育对儿童成长具有奠基作用，对人的社会化有着十分重要的意义。

（2）家庭教育也是学校教育的重要补充。家庭教育不仅在儿童入学以前，即使儿童进入学校之后，也有重要的意义。由于家长的权威性，家庭教育对学校教育和社会教育都有积极或消极的作用。家庭教育与学校教育一致，儿童社会化发展就会顺利；家庭教育与学校教育矛盾，就会极大地减弱学校教育的影响力。

因此，家庭教育的意义不仅对婴幼儿学前期，在青少年成长期，其作用同样也不可低估。家庭教育应是学校教育的重要补充。

（3）家庭教育更能适应个体发展。幼儿园、学校教育都是面向全体学生，是集体化的教育。尽管学校教育也强调了解每个学生特点，因材施教，但在这方面总不及家庭父母对自己孩子的了解。家庭教育具有个别性特点，使教育更有针对性，更有利于因材施教。

三、家庭教育的特点

随着社会经济的发展，家庭教育的性质、形式和特征也在不断变化，当前，家庭教育主要呈现出以下五大特点：

（一）奠基性

家庭是人生的第一所学校，父母是子女的第一任教师。家庭教育是人生的起始教育。常言说得好，从小看大，三岁看老。一个人小的时候的思想、心态、行为、习惯，基本上可决定大的时候的思想和精神面貌。三岁幼儿的为人基本上可确定他老年时的基本精神状态。总而言之，一个人的童年教育即家庭教育可以定夺他的一生。

家庭教育奠基性特定的心理和思想依据是：人的童年时代，是一张白纸，“染苍则苍，染黄则黄”，人性的善恶，德行的好坏，行为习惯的优劣，全是家庭教育或者说是家庭“染色”的结果。为什么有的孩子成为品学兼优的学生，有的成为勇于献身的少年英雄，而有的孩子则变成小偷、小流氓或者少年犯，这不都是家庭教育生产出来的优质产品或劣质产品吗？“昔孟母，择邻处。子不学，断机杼。”孟母为什么三迁其家呢？为什么折断机杼呢？不就是为了让孟子一心向善，做好人，做贤人吗？

我们所说的家庭教育对人的成长具有奠基性的作用，主要是从做人的方面来说的，所谓“先做人，后做事”，就是说，对做人和做事来说，第一位是做人，人做不好，事也就做不好，甚至会做出坏事。

（二）关键性

所谓关键性，是指家庭教育对人生的成长与发展起着至关重要的作用。心理学家研究家庭教育以及实践都证明。孩子的学前期，是孩子学习和形成人生基本智能的关键期。

科学家曾经用猫做过实验，即把刚生下来的幼猫的眼睑缝上，然后分别打开，发现出生后第四五天打开眼睑的猫变成了盲猫，其他天数打开眼睑的猫视力正常。这说明，猫出生后的第四五天是猫仔视力发展和形成的关键期。

人和动物一样，他们的智力、能力和习惯的形成与发展也有关键期。1919 年，在印度一个狼窝里发现了两个人形动物，经鉴定，确定是两个小女孩。小的约 2 岁，大的约 8 岁。人们把她们救回村子，小的不久就死了，大的活下来，人们给它取名叫卡玛拉。卡玛拉像狼那样用四肢爬行，舔食流质的东西，吃扔在地上的肉。她怕光、怕火、怕水，从不让别人给她洗澡。天冷也不盖被，却喜欢和狗偎在一起，蜷缩在角落里。给她穿衣，她就把衣服撕破。如果有人碰了她，她的眼睛就会发出狼眼一样的寒光，抓人，咬人。她白天睡觉，夜间活动，晚上异常敏锐，夜深时经常发出狼一样的嚎叫。第二年，人们把卡玛拉送进孤儿院。但是，改变她像狼一样的生活习惯是很难的。教了她两年，她才学会两腿站立，又经过四年，才学会独立行走，而快跑时仍要用四肢。经过人们近 10 年的抚养教育，到了 17 岁，她虽然学会了晚上躺着睡觉，用手拿东西吃，用杯子喝水等，但她的智力只相当于 4 岁小孩的水平，而且始终没有学会成人说话，只能听懂几句简单的问话，勉强学会了 40 几个单词。由于她终究适应不了人类的生活方式，17 岁时病死了。卡玛拉为什么会出现这种丧失人性特点的情况呢？就是因为她错过了人成长发育过程中吃饭、说话、走路等智力和技能形成的最重要的关键时期。

婴幼儿生长、发育和学习期间均有各种功能上生长发育的关键期。这个学说最初是由意大利的儿童教育专家蒙台梭利和德国儿童教育专家卡尔·威特提出来的。后来的研究表明：6 个月是婴儿学习咀嚼的关键期，8 ~9 个月是辨别大小和多少的关键期，2 ~3 岁是学习语言的关键期，2 岁半左右是计算能力开始萌发的关键期，3 岁左右是学习秩序、建立规则意识的关键期，3 岁半左右是动手能力开始发展成熟的关键期，3 ~5 岁是音乐能力开始萌发的关键期，4 岁左右是学习外语的关键期，4 岁半左右是对知识学习产生直接兴趣的关键期，5 岁左右是开始掌握学习与生活观念的关键期，5 岁半左右是抽象逻辑思维能力开始萌芽的关键期，6 岁左右是观察能力开始成熟的关键期，6 ~8 岁则是学习书面语言的关键期，如此等等。总而言之，幼儿在 0 ~6 岁的学前教育期间，经历了诸多功能的关键发展时期，若失去或错过某个关键期，那么其相应的功能要恢复则是很困难的。

（三）亲情性

亲情性就是由血缘关系而产生的一种“舔犊”之情。

胎儿在母腹中，就是一个灵魂支配着两个躯体，母亲的意志愿望直接影响着孩子的生长，所谓“母慈子善，母康子健”，就是这个原因。孩子出生后，仍然受着母亲深深的影响，孩子的一举一动都会牵挂着母亲的心。在生活和学习中，因亲情关系，母亲对孩子的教育和影响更是直接的，作用也是巨大的。孩子对父母，特别是对母亲，任何信息都是吸纳不拒的。

美国早期教育家斯特纳说：“古罗马之所以灭亡，是因为罗马的母亲把教育孩子的重任委托给了别人。”这句话说得有点严重，但不无道理。教育学家福禄贝尔说：“国民的命运，与其说操在掌权者的手中，倒不如说握在母亲的手中。”母亲是人类的教育者，靠的就是这特有的亲情性。我国历史上曾经有过“易子而教”的主张。说的是，自己的亲生孩子，不能下狠心去管教，交给别人去管教会好一些。这种学说并未普遍被人接受，原因就是亲情的关系，亲生父母舍不得，也不忍心，更重要的原因是，没有亲情的教育，结果也是很不好的。心理学家研究证实，如婴儿受到的温情程度越低，其暴力行为也越多，相反亦然。因此，父母应从小对孩子提供必要的温情和亲情刺激，使孩子从小养成择善而从的脾性。

亲情虽有不可替代性，但也有可弥补性。如果家政服务员能更加接近母亲的角色，能像母亲那样对待婴幼儿，那么家政服务员也是可以给予孩子健康的亲情教育的。

（四）互补性

互补性，指的是家庭教育与学校教育之间具有互补性的特点。

一般说来，家庭教育的主要内容是按照人的社会化的要求，教孩子学会玩耍，学会认知、学会思维、学会劳动、学会社会礼仪道德规范，为社会角色的转变，即从家庭的孩子转变为学校的学生做好准备。

学校教育则是有计划、有目的的系统教育和正规教育，按照培养目标的要求，对学生进行德、智、体、美、劳全面的教育，把孩子培养成“四有”新人。两者的教育内容和教育方式不尽相同，但教育目标和教育目的却是一致的。所以，家庭教育和学校教育之间具有很大的互补作用。

但是，目前的家庭教育和学校教育在不少方面是不能令人满意的。就家庭教育来说，由于家长望子成龙心切和对子女过分溺爱，常常出现重智轻德和为孩子护短的毛病。而学校由于受升学率指标的影响，也常常出现注重应试教育而忽视素质教育的不良倾向。此外，有些教师由于对家长溺爱孩子和为孩子护短的毛病很反感，在教师与家长之间常常出现不良的交际行为，从而恶化了教师和家长的关系，影响了对孩子的正常教育。

在幼儿园经常有这样的现象：幼儿在用餐时拿勺的方式不正确导致吃饭时桌子上弄得很脏，老师教了幼儿正确的握勺姿势，但是幼儿总是做不到。于是老师向家长反映此情况，希望家长在家配合，但家长却说："我们是出了钱的，就是要让你们老师教。"

其实家长是孩子的第一位老师，要做好小朋友的培养和训练，离不开家长的配合。老师教授幼儿正确的用餐方式，但是一个好习惯的养成必须通过长时间的练习。幼儿在幼儿园的时间每天是8h，其余时间都是在家度过，试想一下，如果在幼儿园掌握了正确的用餐方法后而回到家又不能做到，这样的好习惯能否养成呢？所以，幼儿自理能力的培养是需要家园共同来完成的。培养孩子的良好习惯绝不应只是要求，而应该按"解释→示范→在大人指导下完成→独立完成→评价"这样的顺序进行。有些家长也不了解四五岁的孩子能乱扔几十件东西，但不会把它们收起来；需要逐步培养孩子自己做；但也不能包办代替。

家庭教育与学校教育的互补，主要是通过家长与老师、家长与孩子、老师与学生之间教与学信息传递来实现的。两种教育的互补，既有教育观念、教育目标上的互补，也有教育内容、教育功能和教育方法上的互补。这种互补做得好，可以促进家庭教育与学校教育的健康发展，也可以促进把孩子培养成四有新人这个教育目标的实现。

（五）终身性

家庭是人生的第一课堂，但也是人生的最终课堂。这是因为，人不能离开家庭、父母和长辈，家庭是人一生第一课堂的性质是永远也不会改变的。在人的一生中，享受最长的教育，就是家庭教育，家庭教育具有终身性。而学校教育和社会教育无论时间长短，都只是一种阶段性和间断性的教育。家庭教育则不然，它不仅使人在未成年时获益匪浅，而且在他长大成人，成家立业以后，由于父母与子女之间所具有的血缘关系，家庭教育依然在发生作用。父母永远是子女的"老师"，家庭教育的这种终身性特点，有利于家长对孩子进行长期的、连续的观察和教育，有利于孩子形成比较稳定的人格特征。

家庭教育的上述特点，使得它与其他形式的教育相比较，具有很多优势，有其有利的条件。但是还应看到，家庭教育也有局限性。主要表现是家庭教育内容的零散性，任何家庭都不可能像学校那样有计划地、系统地对受教育者施加影响；其次是家庭教育方式的随意性，一些自身素质较差的父母缺乏自觉教育子女的意识，或随意打骂，或娇宠无度，或放任自流，由此给子女的健康成长带来种种不良的影响，这是家庭教育要注意和克服的。

四、现代家庭教育的误区

综观当今的家庭教育现状，可以看出，大多数家长能顺应时代和社会发展的趋势，运用新型的教子方法者，固然不乏其例。然而，还是有相当一部分家长教育观念落后，教育方法陈旧，教育效果甚微，甚至适得其反。

（一）攀比成风

“你瞧瞧人家隔壁的丁丁，你跟他一个班，你怎么考那么少？怎么学的啊？就知道哭！”这些话我们经常能从父母口中听到，这反映出现在一些家长普遍存在的一种风气，就是攀比。攀比容易产生一些负面影响，具体表现在：一是家长们所树立的榜样孩子们是不服气的，于是就不会从心底里接受，一旦不接受，也就不会有实际行动去向所谓的榜样去学习。二是孩子对家长们树立的榜样有够不着的感觉，因为在他成长的过程中，不断有新的榜样出现在他面前，一旦他觉得够不着，就会产生自我放弃的心理。

在这里，我们给家长的建议是，多多运用纵向比较，让孩子能够告别过去的一些坏习惯，今天比昨天有进步；切不可用横向比较，因为每个孩子都是独立的个体，都有自己的优点和长处，盲目的攀比会让孩子丧失自己的个性，这样不利于他的成长与进步。

（二）溺爱

现代的很多家庭里只有一个孩子，家长们普遍存在怕孩子学坏、怕孩子生病、怕孩子不成才等紧张心理，所以，表现出过度保护宠爱及期望过高的教养态度。

现在的独生子女家长大多数人都吃过苦，过了一些艰苦的日子，他们的儿童期及青年期，物质享受远不及现在的孩子，当时的教育条件相对较差。然而，现在他们作为父母，都有一个想法：不愿意让自己的孩子过苦日子，愿意为孩子创造优越的生活环境及条件。所以，他们宁愿委屈自己，去满足孩子各种需求，更有甚者，是满足孩子超出家庭实际承受力的种种要求。

这种溺爱造成的结果是，让孩子滋生一种“以我为中心”的心理。心目中只有自己，没有别人，而形成任性、自私的性格。由于父母常用溺爱代替了理智教育，处处庇护孩子，把缺点视为优点，把胡闹视为聪明，使孩子称王称霸，盛气凌人，缺乏同情心。此外，过分溺爱会造成孩子生活上的无能。

因此，当孩子提出不合理的要求或做错事的时候，要启发诱导他懂得什么是对，什么不对，什么该做，什么不该做的道理。要严格要求，绝不能迁就。对一些任性、大吵大闹的孩子，最好别理睬他；这样，孩子在无人理睬时会感到没趣而安静下来，事后再指出他的错误。所以，爱孩子一定要做到爱得深，教得严。

第二节　现代家庭教育的原则和方法

许多家庭都为孩子的成长而精心苦想，家长们无不盼望子女成才。望子成龙是每一个父母的心愿，所以，家长们无不费尽心机寻找教育孩子的正确答案。然而，在家庭教育中，需要遵循一定的教育原则。

一、现代家庭教育的原则

（一）寓教于乐原则

儿童的天性是玩，任何一个孩子都不希望自己的玩的权利被残酷地被剥夺。而有许多家长却不懂得这个道理，他们即不让孩子玩，也不教孩子玩，对孩子玩的权利毫无道理地予以剥夺。而大多成功的家长，都能够正确地对待孩子的玩，善于把孩子对玩的兴趣引导到学习上来。让孩子对学习感到有趣，既会学又会玩，在学中玩，在玩中学。这就是寓教、寓学于乐的原则。如果每一个孩子对学习都感到有趣的话，那么他就不会感到有负担，就会轻松愉快地完成学习任务。

（二）沟通原则

父母应该成为孩子的朋友，学会做孩子的心理医生。也就是说，家长要了解自己的孩子，要主动并经常地与孩子进行心理上的沟通。如果父母能够成为孩子的朋友，孩子就会把自己的心里话告诉父母，使父母对孩子能够保持经常的理解。父母如果能够经常与子女进行沟通，就会获得孩子的充分信任，使父母的教育要求被孩子自觉地接受，从而达到最佳的教育效果。

（三）德才共育原则

很多家长只重视对孩子的智育，而忽视孩子的品德发展。这种教育做法容易出现问题。因为孩子在成长过程中，他们在接受一定智力影响的同时，心理上还会受到各种思想品德的影响。在独生子女家庭中，对孩子进行德育和智育兼备共育是十分重要的。因为孩子在品德个性发展的关键期，极容易受到不良思想品德和不良社会文化的影响。如果家长只重视智育而忽视德育，那么孩子的成长就可能是畸形的。在所调查的一些青少年犯罪案件中，这些孩子的智商并不低，有的还是学校的学习尖子，但他们为什么走上了犯罪道路？其主要原因就是德育发展出现了问题。

（四）避免冲突原则

家庭教育中产生矛盾是必然的，但在发生矛盾时如何避免冲突是非常重要的。家庭成员中在发生矛盾时，如何调整自己的情绪，使双方的矛盾得到缓解，是家庭教育中必须要遵循的重要原则。家长应该理智地控制自己的情绪，不管是家庭成员之间，还是父母与孩子之间，家长都应该遇事冷静，心态平和，避免使用激烈的言辞或容易激发矛盾的行为。使家庭成员之间形成相互尊重的气氛，建立平等和谐的家庭环境。

（五）民主协商原则

家庭中的民主氛围对孩子的成长是十分有利的。而一些家长却不能注意这些，他们往往认为自己是家庭的主人，是高高在上的教育者。孩子应该绝对地服从父母，应该无条件地接受父母的教育要求。这种教育关系往往使孩子没有平等感，因此被动地接受教育影响，其教育效果也是有限的。而民主协商教育原则的主要内容是父母应该与孩子之间保持一种人格上的平等关系，要把孩子看成是独立个体。遇事应该虚心或耐心听取孩子的意见，然后再对孩子提出自己的指导性意见。只要不是原则性问题，应该让孩子自己拿主意，或者与孩子共同讨论解决问题的办法，这样孩子的身心就会获得健康发展。

（六）独立性原则

所谓独立性原则，是鼓励孩子独立地完成应该由他们自己做的事情。因为孩子在成长过程中，已经产生了要参加社会活动或自己做事的独立个性。这种独立的人格个性萌芽对于孩子的健康成长有着十分重要的意义。因为每一个孩子长大后都要独立地面对整个人类社会，他们能否形成独立的人格品质，是他们能否在未来竞争十分激烈的社会中生存和发展的重要问题。所以，我们应该从小培养孩子的独立品质，让他们养成自己的事情自己做，敢于独立地解决各种问题的个性品质，形成坚强的意志品质，才能成长为社会有用的人才。

（七）表率原则

家庭是孩子的第一所学校，父母是孩子的第一任教师，父母不仅是孩子的偶像，也是孩子模仿和学习的榜样。许多孩子在与其他儿童游戏时，都会自豪地夸奖自己的父母，甚至用自己的父母和其他小朋友的父母进行比较。可见，父母对孩子的影响作用之大，是任何教育因素也难以比拟的。孔子曾经讲过："其身正不令而行，其身不正，虽令不从。"这句话虽然是对教师讲的，但在家庭教育中特别适用。从一定意义上讲，父母是孩子的镜子，孩子可以从父母那里学到许多东西。同样道理，孩子则是父母的影子，孩子的语言和行为表现在一定程度上就是父母的翻版。所以，父母要时刻注意用良好的道德品质和文明的语言行为去影响自己的孩子，使孩子的身心健康成长。

（八）规范性原则

规范性教育原则是家庭教育中非常重要的要求。因为家庭的教育因素是潜在的，不系统的，并散见于生活之中。这种教育环境的影响经常是自发的，而不是有意识的。所以，在家庭教育中建立一定常规非常重要。俗语讲"家有家规，国有国法""没有规矩不成方圆"说的就是这个道理。所以，在家庭中建立一些必要的规则，让所有的家庭成员遵守，孩子就会在这种潜移默化的教育环境中受良好的纪律性和规范性教育，从而养成良好的行为品质。

（九）锻炼性原则

这里说的锻炼性要求不单纯指体育锻炼，而是指让孩子有意识地接受一些心理上和意志品质方面的锻炼和生活能力训练。因为未来社会的竞争是激烈而残酷的，如果孩子没有坚强的意志品质，没有较好的生活能力，那么，将来他们很难从事一些竞争性很强的职业。所以，我们应该注意让孩子从小就接受一些意志品质方面的训练，使他们能够养成敢于和困难做斗争，并敢于克服困难的意志品质。

（十）鼓励和发展原则

对孩子经常进行鼓励是非常有益的，而得到鼓励的孩子往往在做事的时候会提高工作效率或增强战胜困难的勇气。我们强调的发展性原则是指在教育孩子的过程中，不要满足于教会孩子学会多少东西，而应该教会孩子如何学习和如何解决问题的方法。可以说教会孩子发现真理，比教会孩子掌握真理更重要。当孩子在生活和学习中自己解决了问题，家长应该不失时机地对其加以鼓励，使其在激励心理的作用下发展

得更快更好。当孩子养成了不断探索的品质时，很可能一个未来的科学家的萌芽也就产生了，只要我们加以培植，很快就会长大成才的。

二、现代家庭教育的方法

在一次全国家长学校和家庭教育研讨会上，代表们认为，提高和改善家庭教育愈加重要和紧迫。目前，许多家长往往以自己所受教育时获得的观念来规范孩子的未来，家庭教育的趋向、内容、方法失当，存在着诸多错位、越位和缺位的偏向，或信奉“棍棒”作用，或一味溺爱放纵，或二者交叉并存，对教育孩子不同程度地存在困惑、苦恼甚至误区，与素质教育和社会发展对人的需要远远不相适应。

家庭是由父母、孩子两代或三代人组成的，是孩子社会化、个性化的基础，是孩子最早的教育场所。在为人父母的同时，也应该认真地承担起做父母的职责与义务，发挥家庭教育的主导作用。孩子在父母的抚育下成长，从父母那里接受教诲，了解遵守社会公德和行为守则。因此，如果把孩子置于爱抚之中的保护机能叫作母爱作用的话，那么，理智上的管教机能就叫作父爱作用了。所以，在提从娃娃抓起的同时，更应该强调从大人做起，只有这样相辅相成，运用科学得体的教育方法，孩子才能真正成才，家庭教育才能获得成功。

据对广州地区的调查表明：家长期望孩子达到大学以上学历者占95.73%，尽管目前受高等教育的人数在广州人口中尚不到10%；家长期望孩子成为医生、工程师、科学家、作家、演员、企业家、律师、会计师、白领阶层的总计占80.62%，而选择工人和普通商业服务人员的却不到2%，但事实上，广州目前就业人员的职业额，白领阶层者仅占7.2%，将来这个比率也相对是少数的。所以，家长的高期望值与社会现实的这种极大反差，使家长除了孩子在学校学习之外，还将孩子送进各类“艺术班”“先修班”等，甚至不惜重金，或聘请家庭教师，或家长陪读，另开小灶，布置额外作业，使孩子不堪重负。调查表明，在家长心目中，最关心的是孩子的学习成绩，最开心的是孩子考得高分数，在这种心态下，许多家庭教育存在着错误倾向。表现在重分数，轻品德；重身体健康，轻心理健康；重物质投入，轻精神投入；重言教，轻身教。这种倾向的后果，必然导致孩子生活处理能力差，经受不了挫折，从而为孩子今后的成长及其社会化过程埋下了隐患。正是由于家长望子成龙、望女成凤的心切，对孩子的过分照顾和注意，往往使得在家庭教育中家长对孩子娇惯有余，理智不够，处处迁就，使孩子养成任性、胆小、不爱劳动等毛病。可见，家庭教育的问题主要来自于家长，所以，家庭教育的问题应该从改善家长心态入手，帮助家长正确认识孩子的教育问题，认识教育方法的重要性，进而加强自身素质的培养和提高，改善教育方法，提高教育孩子的水平。

（一）当前我国家庭教育方法的现状

缺乏科学的教育方法是当前我国家庭教育中亟待解决的问题。中科院心理研究所教授王极盛，对北京1800名家长近3年跟踪调查结果显示我国2/3的家庭教育不当。

（1）过分保护型的家庭教育占30%左右。这就是说，父母为孩子什么都代劳，像保姆一样照料孩子，为其解决一切问题。这样的溺爱使孩子失去了正常、积极、自由发展的个性，结果培养出来的孩子懦弱、依赖、无能。这种心理特征熄灭了孩子的创造欲望，缺乏开拓精神，智力发展受到限制。

(2) 过分干涉型的家庭教育也占30%左右。过分干涉就是限制孩子的言行，让孩子按父母的认识和意愿去活动，不能超越父母的指令，结果孩子缺乏思维的批判性，做事没主见，人云亦云，缺乏发散性思维，思想被禁锢，没有灵气，影响孩子将来的创造力。

(3) 严厉惩罚型的家庭教育占7%～10%。家长教育孩子态度强硬，对孩子缺乏感情，言语粗鲁，方法简单；强迫孩子接受自己的看法与认识，孩子压而不服，嘴上接受，心里排斥；经常挖苦责备甚至打骂孩子，损伤孩子的自尊心。这种教育方式一方面可能使孩子性格压抑，心理自卑，遇事唯唯诺诺，缺乏独立的能力，影响孩子健康人格的发展，同时，也可能使孩子像父母一样，粗鲁、冷酷、没有教养。

(4) 理解民主性的家庭教育占30%左右。王极盛教授曾对北京大学和清华大学的60名高考状元做过调查，结果发现，几乎所有状元都出自这种家庭。民主宽松的家教环境给学生心理和人格发展提供了广阔的空间，学生可以按照自己的爱好和兴趣发展。当然，民主式家长也对孩子的发展提出建议，理性的指导孩子成长。这是一种最优秀的家庭教育方法。

不良的教育倾向致使我国家庭教育中普遍存在“六多六少”“六种无度”的现象，形成恶性循环，影响对孩子的培养和提高。

“六多六少”即：知识传授多，智力开发少；对学生关心多，综合素质开发少；脑力劳动多，体力劳动少；身体关心多，心理指导少；硬性灌输多，启发诱导少；期望要求多，因材施教少。

“六种无度”即：无微不至的呵护，无节制的满足，无边际的许诺，无原则的让步，无分寸的褒贬，无休止的唠叨。

这些家庭教育中的失误，往往会发生在不知不觉中，任何一点点的错误或疏忽，都有可能使孩子受到伤害，造成令人追悔莫及的苦果。

家庭教育是一门科学。它既有对家庭教育的宏观研究，又有对家庭教育发展规律的研究；既有对家庭教育理论的论述，又有对家庭教育实际操作技能的探索。

家庭教育是个体教育，有其家教特点。家长和家庭千差万别，不同的家长，言传身教的方法更是万别千差，因此，没有一个一成不变的、放之四海而皆准的家庭教育模式。所以说，家教无定法，法无定式，具有其多样性的特点。

(二) 家庭教育的十种方法

1. 暗示教育法

暗示教育法是指通过语言、手势、表情、暗号等对孩子施加影响，改变孩子心境、情绪、意志、兴趣的家庭教育方法。在某些情况下的家庭教育中，暗示要比说服教育更为有效。家长应时时处处注意自己的言行，给孩子以积极的暗示。

2. 孩子互换法

在假期或双休日里，我们不妨让孩子离开自己熟悉的家庭环境，离开父母，到自

己的朋友、亲戚的家庭里生活一段时间，当然选择让孩子去居住的家庭应该具有良好的家风。在新的环境里，孩子会受到环境约束，改变自己的角色，可以得到新的熏陶和影响，改变诸如好吃懒做、为所欲为等不良习惯。一般来说，孩子在新的环境里都会比在自己家中变得勤快，能承担应尽的义务和责任。有农村亲友的家长，利用假期，把自己的孩子送到农村，让孩子去吃一点“苦”，让孩子在广阔的天地里寻找父母成功之路的足迹，体验生活。这对城市独生子女无疑是一次生活的磨炼和意志的考验。当然，也可邀请农村的孩子来家做客，让孩子学会如何当好小主人。在招待客人的同时，学习农村孩子纯朴、勤劳的优良品质。

3. 家庭角色互换法

家庭角色互换法是指选择双休日的一天，孩子和父母来个角色互换，让孩子当一天家长，使孩子从中体验当父母的辛劳，从而学会体贴父母的家庭教育方法。

孩子承担责任，有成功也会有失败。有责任就会有风险，只有敢于面对风险的人才能更好地承担责任。许多“好心”的父母担心孩子独立承担责任会伤害他们，殊不知，不让孩子承担责任更是对孩子的伤害，以致孩子将来无所作为。

承担责任并不是强人所难，只要他们力所能及，应让他们承担起应承担的责任，并在必要的时候要给予适当的帮助。

4. 双向反思法

双向反思法是指面对犯了错误乃至严重错误的孩子，家长既不暴跳如雷、拳脚相加，也不视而不见、迁就掩饰，而是静下心来，和孩子一起寻找问题产生的根源，并以自我批评的态度承担责任的家庭教育方法。

孩子之所以犯错误，要么是父母的关心不够，要么就是直接受到了家长的不良影响。所以，在孩子反思的同时，为人父母者不妨也进行一番“自我反思”，孩子犯错误的过程中，自己到底应该承担什么责任，然后和孩子推心置腹地交流意见，勇敢地进行自我批评，再找出今后的努力方向，这才是新时代的家长风范。

5. 提高标准法

提高标准法是对超常学生使用的一种家庭教育方法。建议家长：

（1）与孩子深谈，鼓励孩子成为某一领域的优秀人才。

（2）为孩子提供一些历代名人的传记，以便了解伟人、名人是如何通过艰辛的求索达到成功的。

（3）告诫孩子不可骄傲，一切从小事做起，不可志大才疏，眼高手低。

超常学生是指智能发展明显超出同龄人发展水平的学生。其特征是有强烈的求知欲和广泛而强烈的认知兴趣，有较敏锐的观察力和集中的注意力，有较强的记忆力，有一定的探索精神和顽强的意志，具有独特的思维能力和丰富的想象力。

6. 心理换位法

心理换位就是克服“自我中心”。不要以为别人看到的东西与自己看到的一样，不要以为自己都是对的。家长把自己当成一个孩子的同龄人，站在孩子的角度去感受、认识和处理问题。把握心理换位的策略，关键是了解孩子，增进与孩子的接触，以朋友的身份与孩子谈理想，谈学习，谈生活，谈家常，谈他们关心的问题。

心理换位的方法主要有以下几种：

（1）角色扮演法。角色固定是心理换位的最大障碍，角色扮演法就是您在心理上扮演孩子的角色，站在孩子的立场去认识问题，体验原来体验不到的孩子的某种切身感受。

（2）双向对话法。这种方法与角色扮演法相似，只是您在心理上扮演孩子和家长两个角色，进行双向对话。一旦您进入双向对话的思路，就会发现问题有了另一个角度的新认识，处理起来也就比较顺手。

（3）迁移感受法。您可以把自身生活经历中的某些感受，如开会迟到时的难堪，工作没有做好时的心情迁移到家庭教育的类似情境中。

（4）回忆往事法。家庭教育的许多麻烦都源于成人的“以己度人”，忘了孩子到底还是孩子。只有经常想想自己的学生时代，用孩子的眼光看世界，用孩子的心感受世界，才能有真正的理解，才能卓有成效地进行家庭教育。

7. 严而有慈法

父亲在孩子的眼中应该是权威人物，对孩子的成长关系甚大。在小孩子已经能够辨别大人脸色的情况下，父亲对孩子就要实施严格的家庭教育，应该做的事就引导孩子去做，不应该做的事则应该及时制止。这样，父亲的权威就会逐渐地树立起来。随着孩子慢慢长大，辨别是非的能力逐渐增强，父亲的施教便容易为孩子所接受。在家庭教育中，只有当家长有了权威，才会少走弯路。

为人父者，其威严是必不可少的，然而，还必须做到严而有慈。对孩子的教育，任何时候都不能忽视关爱和耐心。只有当孩子明白了道理，认识了错误，孩子才能从心里佩服父亲，责而无怨，心悦诚服，父亲的“威”才能真正地树立起来。

在一个家庭里，如果没有父亲的权威，就不能教育好孩子。从某种意义上说，父亲无威便是过。

8. 义务教育法

义务教育法就是让孩子在家庭中承担一定义务的教育方法。这种方法是借鉴外国特别是美国的教育经验提出来的。

绝大多数美国父母都认为，不要怕孩子受苦，只要有利于培养孩子的谋生能力，让他们吃再多的苦也是值得的，如果溺爱孩子，将会是自己一生中做得最糟糕的事。美国中学生的口号是：“要花钱，自己挣!”

9. 幽默教育法

幽默教育法是指借助幽默，用讽喻、轻松的口吻指出孩子行为不通情理的地方，使他明白自己的错误所在，从而达到教育目的的一种家庭教育方法。孩子，特别是男孩子，有时会故意打破常规做出异常行为来证明自己的勇敢，以引起别人的注意。此刻，如果我们采取简单的“硬碰硬”的方式，孩子很可能由此会变得更加强横。遇到这种情况，做父母的最好采用幽默教育法。

10. 转变目标法

转变目标法是指对一般能力较差但在某些方面有很好潜力的孩子通过调整对孩子的期望值，发展孩子特长的家庭教育方法。调整对孩子的期望值，可以使孩子有所成功，可以发展孩子的特长。在常规学校里，仅仅比各门课的成绩，不会大家都是优等生，但是人各有所长，读书成绩不太好的学生却可能在其他方面如音乐、美术、体育方面有较好地发展。

由于普通学校的老师把精力放在常态儿童群体上，要求他们对特殊儿童给予特殊教育是比较困难的。因此，对这些学生来说，在家庭教育中采用转变目标法就显得十分必要。

教育孩子是一个长期的、潜移默化的过程，是需要那些“磨杵成针”精神的。只要方法得当，再普通的孩子也会成为不平凡的人。孩子的命运掌握在父母手中，父母是孩子的第一任老师，父母决定孩子的未来。

第三节　现代家庭健康和情感教育

家庭健康是社会健康的基础；世界卫生组织 WHO 曾经提出：“健康自家庭开始”，可见家庭健康教育的重要性。而情感不仅是教育的有效手段，而且是教育的重要内容。在现代家庭教育中，对家庭成员的情感教育不可或缺。

一、现代家庭健康教育

（一）什么是家庭健康教育

家庭健康教育是指通过家庭生活的组织和安排，促进家庭成员特别是子女成为具备健康躯体和健康人格的人，使每一个人都能身体强健、充满活力、情绪高涨、生活愉快。

这里的关键要素是家庭健康教育需要家庭成员的组织和安排，并通过这些组织和安排活动，促进家庭成员不仅具备健康躯体，也应该拥有健康人格，从而能做到身体强健，情绪健康。

（二）关于健康

世界卫生组织近年指出：健康不仅仅是没有疾病，而是一种躯体、心理和社会功能均臻良好的状态。健康包括躯体的健康、心理的稳定、社会适应能力的健全和伦理道德的完好。一个人只有在躯体、心理、社会适应和道德四个方面都健康，才算是完全健康。躯体健康就是生理健康，而心理、社会适应和道德三个方面实际上都可以纳入心理健康之中。即健康的内涵大大增强和突出了心理健康部分。概括地说，心理健康是指个人能够充分发挥自己的最大潜能，以及妥善地处理和适应人与人之间、人与社会环境之间的相互关系。我国著名教育家、心理学家舒新城先生就曾指出：“精神活动（心理因素）的不正常可以影响机体活动（生理因素）而使之发生疾病；有些疾病可以用精神治疗的方法治愈，也就说明了精神活动对于生理活动的关联。”

新健康标准包括生理健康和心理健康两部分，可以分别概括为“五快”（生理健康）和“三良好”（精神健康）。

1. “五快”

（1）吃得快。有良好食欲，不挑剔食物，很快吃完一顿饭。

（2）便得快。一旦有便意，能很快排泄完大小便，而且感觉良好。

（3）睡得快。有睡意，上床后能很快入睡且睡得好，醒后头脑清醒，精神饱满。

（4）说得快。思维敏捷，口齿伶俐。

（5）走得快。行走自如，步履轻盈。

2. “三良好”

（1）良好个性人格。要求情绪稳定，性格温和；意志坚强，感情丰富；胸怀坦荡，豁达乐观。

（2）良好处世能力。要求观察问题客观、现实，具有较好的自控能力，能适应复杂的社会环境。

（3）良好人际关系。要求助人为乐，与人为善，充满热情。

（三）维护家庭成员的身心健康是家庭教育的首要任务

没有健康的身心，人就失去了一切活动的基础。家庭成员的身心健康，特别是孩子能健康成长是每个家庭最为关注的，它关系着孩子能否成人、成才，成人能否事业成功，家庭是否和睦、幸福。

（四）现代家庭健康教育的基本内容

1. 生活方式健康

人们的日常生活活动，大多数是在家庭中进行的。另外，一个人比较稳定的生活方式的形成，往往需要较长的时间。通过家庭成员之间的相互教育，相互影响和相互监督，尤其是家长对子女的言传身教，比之于其他形式的健康教育，更有利于建立良好的生活方式。

世界卫生组织将良好的行为生活方式归纳为8点，即心胸豁达、情绪乐观，劳逸结合、坚持锻炼，生活规律、善用闲暇，营养适当、防止肥胖，不吸烟、不酗酒，家庭和谐、适应环境，与人为善、自尊自重，爱好清洁、注意安全。

2. 心理健康

家庭健康教育的重点是心理健康教育。据世界卫生组织最新统计，目前世界上每隔40s就会有一个人以自杀的方式离开世界。自杀的想法就是心理不健康的表现，而要想心理健康，必须通过自我心理调节来完成。在家庭教育中，父母要关心孩子的心理健康，防止产生心理疾病，要在日常生活中贯穿对孩子健康心理的培育，使孩子具有乐观向上、热爱生活的态度，活泼开朗的个性，善于调节自己，保持良好的情绪状态。

3. 身体健康

身体是革命的本钱，是我们从事任何活动的基础。在家庭体育锻炼中，应遵循以下基本原则：因人而异，合理安排；循序渐进，持之以恒；科学安排，劳逸结合；准备活动和整理活动；安全第一，讲究卫生。

二、现代家庭情感教育

（一）家庭情感教育的含义

家庭的情感教育是指通过家庭教育，促使家庭成员特别是子女养成高尚的道德情感、美感、理智感和实践感，成为品德高尚、情感丰富、乐于交往、为社会所接纳的人。

（二）家庭情感教育是家庭教育的核心内容

情感是一个人的灵魂所在，一个人没有情感，就会失去活力，不能成就任何事业；家庭成员缺乏情感，一个家庭就会处在人情冷淡、互不相关的状态，失去温馨与和睦，就谈不上幸福。

（三）家庭情感教育的内容

1. 亲情教育

亲情中最本质的成分是真挚无私的爱。亲情教育就是爱的教育，目的是让孩子珍视爱，懂得怎样去爱。

我们小时候学过朱自清先生的散文《背影》，讲的就是对父亲深沉的爱。而从古到今，歌颂母爱体裁的诗歌散文就不胜枚举了。那首耳熟能详的《游子吟》颇能反映出家庭亲情教育的意境。母爱的实质是自觉自愿、无怨无悔地付出。应该让每一个孩子真切地体会母亲在孕育生命的过程中的付出，体会母亲对所孕育的生命的真挚无私的情感。

在亲情教育的过程中，我们应该把亲情教育与做人的品行自然结合起来，让孩子感受亲情，珍视亲情，尊老爱幼，善待他人。所谓“老吾老以及人之老，幼吾幼以及人之幼。”这样一定会让孩子养成大爱的品德，受益终身。

2. 生命教育

生命赋予我们的只有一次，我们要教育孩子学会尊重、珍爱、欣赏、敬畏生命，强化生命意识、珍视生命价值和发展生命潜能，这是生命教育的基本要义，它包括建立生命意识、培养生存能力和提升生命价值三个层次。

澳大利亚励志演讲家尼克·胡哲天生没有四肢，但勇于面对身体残障，用他的感恩、智慧以及仅有的“小鸡腿”（左脚掌及相连的两个趾头），活出了生命的奇迹。自从尼克·胡哲19岁进行了第一次充满动力的演讲之后，他的足迹开始遍布全世界，与数千万人分享他的故事和经历。为各行各业的人做演讲，听众中有学生、教师、商界人士、专家、市民等。他也在世界各大电视节目中讲述他的故事。然而，尼克·胡哲的这些演讲不仅实现了他鼓舞别人的梦想，他还有机会与几位领导人见面，他曾在20多个国家进行演讲。尼克·胡哲与他的听众分享远见与远大梦想的重要性，把他在世界各地的经历作为例子，鼓励人们要思索今后的前景并且要跳出现有的环境去展望未来。他的名言是“我告诉人们跌倒了要学会爬起来，并始终爱自己。”“像雕塑一样活着。”

情感教育的过程就是生命唤醒的过程，它旨在强化个体的生命意识，挖掘其生命潜能，彰显其生命价值。

3. 友情教育

人一从母体里分娩出来，就被置身于复杂的社会环境之中，受到种种社会关系对他施加的影响，“一个人的发展，取决于和他直接交往的一些人的发展。”这“其他一些人”是谁？不是别人，正是朋友。处在社会竞争和个人竞争的环境中，需要同某个人分享自己的感受，需要寻找一个知心的人。友情就显得至关重要。

真挚友情是温暖心灵的阳光，是促人向上的力量。应该让孩子懂得什么才是真正值得看重和珍视的友情。友情教育的目的是教孩子学会善待他人，真诚付出。

4. 爱情教育

爱情是人类情感领域里极为重要的组成部分，能否妥善处理，关乎一个人情感生活的质量，也会影响相关社会成员的利益。

（1）什么是爱情。给爱一个定义，让我们清清楚楚的在爱中沦陷。爱情是性爱和情爱的完美结合，包含着关心、责任、尊重、认识。斯腾伯格的爱情三角形理论诠释了爱情有三种成分：亲昵、激情和承诺。亲昵可以看作是大部分而非全部地来自关系中的情感性投入，激情可以看作是大部分而非全部地来自关系中的动机性卷入，承诺则是大部分而非全部地来自关系中的认识性（认知性）的决定与忠守。所以，爱情关系的形成是复杂的，是存在诸多因素影响的。作为父母，要教育孩子理性对待，妥善处理自己未来的爱情。

（2）恋爱的心理过程。理性的爱情是受到诸多因素影响的，它受到身体的吸引力、激发、临近性、互惠性、相似性、阻碍等因素的影响。实际上，爱情的形成也是经由好感到爱慕再到相爱这样的过程。

同时，父母在教育孩子认识“性”和懂得“爱”上，精神领域的内容要比生理范畴的知识更为迫切和重要。应注重传授正确的性价值观和行为规范，教孩子学会自爱、自尊和自重。

5. 民情教育

生活在城市里的孩子，与偏远穷困的山区乡村存在很大的地域距离和认知空白，了解民情，了解弱势群体的生存状况，对其成长具有积极意义。让青少年了解处于低生活水平人们的生存状态，感受生活的艰辛，对他们全面认识社会，形成关心弱势群体、自觉扶贫济困的意识具有积极意义。

6. 国情教育

“忘记历史就意味着背叛。”家长要教育孩子认清国家的历史，知道我们今天的幸福生活是千千万万革命烈士用鲜血换来的，来之不易，从而更加珍惜今天的幸福生活。父母可以带孩子去历史博物馆参观，感受无数仁人志士为了革命成功“抛头颅，洒热血”的场景，这对他们一定会有很大的震撼作用，从而会更加热爱自己的祖先，热爱我们伟大的祖国。

家庭教育中，应首先关注家庭成员的健康，特别是培养孩子健康的身心，是每个家庭的责任，是做父母的责任，也是家庭实施其他教育内容的基础。情感教育是一种潜移默化的教育，是全面的教育，它在人一生的成长与发展中是不可或缺的，起着非常重要的作用。

第四节　现代家庭品德和智能教育

“我们幼小时所受的影响，哪怕极小极小，小到无法觉察出来，但对日后都有极其深远的作用。这正如江河的源头一样，水性极柔，一丁点人力就可以使它的方向发生根本的改变，正由于从源头上的一丁点引导，河流便有了不同的流向，最后流到十分遥远的地方。我认为少儿们的精神正像河流的源头一样容易引导到东或者西。”——摘自洛克《教育漫话》

一、现代家庭品德教育

（一）什么是家庭品德教育

家庭德育是指在家庭环境中，由父母或其他年长者对子女及其他年幼者（儿童和青少年）施加无意识的影响或有意识的教育，把一定的道德规范、思想意识、政治观念转化为受教育者品德的一种教育活动。家庭德育的基本内容包括：①爱心教育。爱祖国、爱人民、爱集体、爱同学等。②文明教育。礼貌用语、待人接物的礼节、文明行为规则。③劳动教育。生活自理、家务劳动、集体公益劳动。④品德教育。诚实、正直、勇敢、有进取心等。

（二）目前家庭德育存在的问题

家庭是社会的细胞，是孩子生活和成长的重要环境，是人们接受道德教育最早的地方。家和万事兴，重视家庭德育特别是孩子的家庭德育在现今有着极为重要的现实意义。但从当前家庭教育的现状来看，家庭德育依然存在一些问题，具体表现在：

（1）家长重智轻德的心态比较普遍。在对孩子培养上，不少家长片面重视智力发展，忽视品德、性格教育。家长有意识地将家庭教育重点放在对孩子学习活动的管理上，用功第一，成绩第一，已成为家长的一种教育价值取向。以孩子是否能够考上重点高中、名牌大学，来判定家庭教育的成功与失败，这几乎成为许多家长的教育信条。

（2）家庭教育中，行为习惯培养受到忽视。家庭负有教育机构所无法替代的重大使命，其中之一就是结合日常生活培养孩子良好的生活习惯、卫生习惯以及各种行为习惯，这是家庭教育的重要任务，但不少家长却不太重视。他们认为尊老爱幼、热爱劳动都是小事，孩子长大自己会知道的，因而很少注意培养。所以，家长没有认识到这些，孩子本身又具有学习做事的主动性、可塑性，如果不顺其心理加以培养，自然会养成依赖性。孩子的可塑性和模仿性很强，容易接受成人的行为指导，如果错过这个时期，等孩子的一切变成定型，良好的习惯不但不容易养成，已养成的坏习惯，也不容易纠正。

（3）家庭的传统美德教育遭到冷漠。目前，溺爱型的家庭教育占了相当大的比例，有许多年轻的父母认为对孩子提出严格的要求便委屈了他们，于是常屈从于孩子，放弃教育要求，这是家庭教育的隐患。在生活中我们经常可以发现，不少学生衣服太多，玩具太多，零食太多，几乎达到了饱和的程度；许多孩子要什么有什么，想什么就能得到什么，结果变得不知珍惜物品、任性、无克制力。这样的孩子往往追求享受，意志薄弱，很容易成为问题学生、不良少年。

（4）家庭教育方式简单粗暴。教育是一种高级的交流互动，绝非低俗粗暴方式可以奏效。父母在孩子的表现令其失望而感到生气时，不要直接去处理，先冷静一下再说。因为在盛怒的激情状态之下，任何人的认识范围都会变得狭窄，分析解决问题和自我控制能力下降，出现语言暴力和躯体暴力的可能性大大增加，而家庭教育中暴力行为模式的特点在于：一旦开始，基本上就停不下来了，直到最后酿成恶果，人们才会有所警觉。

（5）家庭成员中对孩子教育方面观念、立场不统一。教育要形成合力，家庭教育与学校教育、社会教育应该是互动合作、协调一致的关系，家庭内部的教育力量也要讲相互配合、“教育一致”原则，才能收到良好的教育效果。如有的家庭，父母严格要求，方法得当，要求一致，相互配合，从不互相拆台。然而，有些家长却不是这样，往往一个严，一个松；这个管，那个护。家长意见分歧，各搞一套。实践证明，家长这样要求不一致，不仅使教育影响相互抵消，还会促使孩子利用家长矛盾掩盖自己的缺点和错误，甚至养成两面讨好的坏作风。这实在是一些孩子不能健康成长的重要原因之一，不能不引起家长们的重视。

（6）家庭德育过分依赖学校。诚然，学校承担着培养学生德、智、体、美、劳全面素质发展的责任，但不应看作学校承担教育学生的全部责任。而多数家长把教育子女的全部责任推给学校，推给教师，忽视自己言传身教的作用。

美国著名儿童心理学家基诺德把父母责备孩子的伤害性语言归纳为如下十种：①恶言——傻瓜、说谎、没用的东西。②侮蔑——你简直是个废物！③责备——你又做错事，简直坏透了！④压制——住嘴！你怎么可以不听我的话！⑤强迫——我说不行就不行。⑥威胁——我和爸爸再也不管你，你想走就走吧！⑦哀求——我的小少爷，求求你不要这么做好吗？⑧抱怨——你竟然做出这等事，太让我伤心了！⑨贿赂——你要是都考满分，暑假带你去旅游。⑩讽刺——你可真替爸妈争光啊！居然可以考出40分的成绩。

（三）家庭德育的基本方法

（1）转变观念，提高对家庭德育的认识。

（2）创设优良的家庭德育环境，规范自己的言行。

（3）克服“棍棒教育”，力戒动物式的驯化。

（4）敢于和善于批评，做好心理疏导工作。

二、现代家庭智能教育

（一）家庭智能教育的含义

家庭智能教育是指对家庭成员特别是子女进行发展智力和培养良好个性心理品质的教育。智能是智力和才能的总称，是指人们认识客观事物并运用知识、经验解决实际问题能力的总和。它是包括人的智慧和才能，包含智力因素和非智力因素的综合性能力。

智力因素就是指那些直接参与认识过程的心理因素，即注意力、观察力、记忆力、想象力和思维能力等五个方面的因素，它是保证人们有效地进行认知活动的稳定心理特点的综合，是人综合认知事物的能力。

非智力因素是指那些不直接参与认识过程，但又与智力发展密切相关的心理因素，主要指一个人的动机、兴趣、情感、意志、性格、自我意识等方面的个性心理品质。

（二）家庭智能教育对人的成才至关重要

智力水平高是人成才必须具备的基本素质，是决定一个人发展前景的重要因素之一。人与人之间的智力差异是客观存在的，人的智力高低有先天因素的影响，但并不是绝对的决定作用，遗传对人的智力发展只提供了可能性，并不能保证其发展。而后天的启智教育，对人的智力发展更为重要。

家庭教育是人最早接受的教育，在家庭生活中贯穿知识的传授和能力的培养，是对人智能的早期开发。幼儿时期是人智能发展的敏感时期，也是接受教育的最佳时期，家庭注重对孩子的早期智能教育，是孩子智能发展的重要条件，是使孩子具备较强的智力因素和非智力因素，具有较高智商的前提。

（三）家庭智能教育的重点——培养家庭成员的学习能力

家庭智能教育的目标就是要尽可能开发孩子以抽象思维能力为核心的智力，培养家庭成员在智力因素和非智力因素方面都具有较强的综合性能力。重点要放在开启孩子的心智，培养孩子的学习品格上。家庭智能教育，首先要培养孩子的学习习惯，使他们有学习的动力，才能更好地发展他们的智力。“让孩子把学习当成享受”，家庭智能教育，还要善于培养孩子专心致志的学习精神，这是提高注意力、观察力、记忆力、想象力和思维能力这五项能力的基础。

（四）对家庭智能教育的基本要求

1. 训练孩子的认知能力，开发孩子的智慧潜能

父母要有意识地对孩子的各种感官进行训练，引导孩子观察世界，使他们耳聪目明，善于吸取各种知识，注重对儿童大脑潜能的开发。

开发大脑潜能的五个方面：

（1）信息刺激，学会用脑。信息是大脑的精神营养，对大脑最佳的信息刺激，就是勤学习、多学习。苏联心理学家赞科夫提出：“智力像肌肉一样，如果不给予适当的负担，加强锻炼，它就会萎缩退化。”

（2）协同开发，全面塑脑。既重视左脑功能开发，又重视右脑功能的开发，克服“重左轻右”的传统倾向，可以多开展一些左侧活动和从事音乐美术活动。

开发右脑的方法有：

1）形象思维法 。这种方法是根据右脑是形象思维中枢的生理机能提出来。利用形象可以增加记忆力和想象力，这已被国内外学者的研究所证明。

2）折纸造型锻炼法。折纸造型是培养立体感的好方法，它可一边动手一边在脑

海中构想立体形象。它既可锻炼空间认知能力，又能锻炼形象思维能力，同时还能活动手部神经，是一项很好的活动。

3）观看体育比赛锻炼法。如看到足球明星那充满活力的身姿，优美的射门动作，脑海中会闪过“进球”的念头及其他一连串富于魅力的形象，这就在不知不觉中刺激了右脑。

4）类型识别能力锻炼法。在拥挤的人群中，只需几万分之一秒的时间就能认出仍然所熟悉的人。类型识别能力是人的右脑功能，所以，锻炼这种能力，能使右脑得到刺激。

5）绘画刺激法。欣赏绘画作品时，要直观地整体欣赏，而不要过分注意某个局部。我们自己作画时不要总盯着实物，这样左脑的逻辑、分析机能就会占上风。所以，作画时要随心所欲，少受条条框框的局限。

6）图形表达法。用图形代替语言表达自己的思想，是行之有效的右脑活化法。

7）音乐开发法。人的大脑右半球负责完成音乐、情感等工作，被称为“音乐脑”。“音乐脑”能使人产生创造力、联想力、直观力、想象力及灵感。所以，如能够设法开发利用“音乐脑”，那将会提高人类的智能。

8）外语开发法。美国神经外科近年发现：儿童学会两三种语言跟学会一种语言一样容易，因为当孩子只学会一种语言时，仅需大脑左半球，如果培养孩子同时学习几种语言，就会“启用”大脑右半球。

(3）劳逸结合，科学护脑。要有张有弛，科学休息，保证适量睡眠，防止过度疲劳。

(4）营养健身，合理补脑。要及时补充能量，养成良好的生活习惯，强身健体。

(5）情绪乐观，精心益脑。开发大脑潜能必须排除心理障碍，而心境乐观和心理健康，有利于健脑用脑。

2. 重视开发孩子的非智力因素

非智力因素对认知活动的影响是通过作用于智力的各组成因素实现的。情绪、情感、兴趣、意志等都对人智能的发展有很大的作用。

我国著名数学家陈景润从小对验证“哥德巴赫猜想”非常感兴趣，就是凭着这种对数学的热爱和兴趣，他最终成功地验证了“哥德巴赫猜想”，在数学领域做出了巨大的贡献。曾获得诺贝尔化学奖的居里夫人也是痴迷对镭元素的研究，执着的意志使她一直坚持研究，最终也是获得了巨大的成就。

教育学家乌申斯基说：“没有兴趣的强制性学习，将会扼杀学生探求真理的欲望。”

原子说的创造者道尔顿说：“如果我有什么成绩的话，那不是我有才能的结果，而是勤奋和毅力的结果。”

高尔基说：“哪怕对自己的一点小小克制，也会使人变得强有力。”

“幸福的人不是随意支配金钱的人，而是能随意支配自己的人。”

爱因斯坦说：“优秀的性格和钢铁的意志，比智慧和博学更重要，智力的成熟，

很大程度上是依靠性格的，这点往往超出人们通常的认识。”

俗话说“勤能补拙”。

[思考与练习]

1. 家庭教育的基本原则有哪些？

2. 家庭智力教育的内容有哪些？

3. 儿童的天性是爱玩。游戏是一种符合幼儿身心发展要求的快乐而自主的活动，可以促进其智力、语言等各种能力的发展。为了提高帮助孩子在游戏中学习和玩乐，请为2岁左右的幼儿设计一个培养幼儿团结协作能力的游戏，游戏方案要求包括：游戏的主题、游戏的目标、游戏的内容和流程、游戏的注意事项、游戏可预见的困难和对策等。

4. 论述我国家庭教育中隔代教育的优点和缺点。

5. 妈妈某天带了一盒带小包装的巧克力回家，晚饭后递给家里学龄左右的孩子，说只能吃一块，孩子也答应了，随后妈妈没有再管。可当最后妈妈临睡觉前，清点巧克力时突然发现竟然少了一块，对此，假如你是妈妈，会如何猜测和如何处理？

第十三章　现代家庭管理

案例导入

陆游的家训管理

陆游的家训诗编入《放翁家训》，在宋代的家训中有一定的地位。此书结合陆游自己的切身经验写成，故在道德教育方面有独特发人深省之处，其中最突出的思想是教育子孙要继承清白家风，做清白人，专心耕读，做乡中君子。家训写道：

后生才锐者，最易坏。若有之，父兄当以为忧，不可以为喜也。切须常加简束，令熟读经学，训以宽厚恭谨，勿令与浮薄者游处。自此十许年，志趣自成。不然，其可虑之事，盖非一端。吾此言，后生之药石也，各须谨之，毋贻后悔。

意思是：才思敏捷的孩子，最容易学坏。倘若有这样的情况，做长辈的应当把它看作忧虑的事，不能把它看作可喜的事。一定要经常加以约束和管教，让他们熟读儒家经典，训导他们做人必须宽容、厚道、恭敬、谨慎，不要让他们与轻浮浅薄之人来往。就这样十多年后，他们的志向和情趣会自然养成。不这样的话，那些可以担忧的事情就不会只有一个。我这些话，是年轻人治病的良药，都应该谨慎对待，不要留下遗憾。

第一节　现代家庭管理要素与目标

一、现代家庭管理概念

现代家庭管理就是为了实现家庭生活目标，对家庭资源的动态管理。管理是有目标的组织活动，是一定组织中的管理者，通过计划、组织、指导、控制等管理手段，使组织成员为实现既定的目标而进行的活动。家庭也是一个社会单位，也需要管理。家庭资源有人、财、物等。动态管理，就是因为人特别是孩子是生长发育的，财、物特别是货币是流动的，故其管理也应该是动态的。管理目标是极大地发挥人、财、物的效益，改善家庭的物质生活与精神生活，提高家庭的生活质量水平。家庭管理还有一个重要目标就是要充分发挥家庭教育的功能，把下一代培养成对国家有用的人才。

在相当长的时间里，我们较多地强调了家庭的财、物管理，而忽视了对下一代的管理，这是不对的。不少家政专家认为，对孩子只要进行教育，不需要什么特殊的管理，没有认识到教育虽然含有管理的要素，但除了教育之外，还需要有文化管理、道德管理、行为管理、习惯管理。教育与管理，各有各的职能，它们可以相互影响，但不能相互替代。

二、家庭管理的要素

现代家庭管理的基本要素是管理者（家长）、孩子、家庭资源、管理目标和管理方法等。

（一）管理者

任何一个单位都需要一个领导者、管理者来施行领导和管理职能。家庭作为社会的最基本单位，它也需要一个领导者与管理者来实施家庭的领导与管理。这位领导者与管理者在家庭管理中一般由家长来担任。

家长作为家庭的管理者，表面上看，这是由辈分决定的，即只要你是家长，是长辈，就自然是一家之主，是家庭的管理者。但实际上，作为一个称职的家庭管理者的家长，其管理才能并不是天赋的，而是后天学得的，即作为一个合格的家长，他必须具备管理家庭、教育子女的基本知识、技能和方法，否则，看似是家庭的管理者、领导者，但实际上你只是一个被管理者、被领导者。如果你对这种尴尬状态不服气、硬是要实施你的家长管理的权力，那么，这个家庭是一定要发生这样或那样的悲剧并给家庭成员带来痛苦。

（二）管理对象

我们把家庭的下一代，即孩子，作为家庭管理的主要对象，是基于如下的两点考虑：其一是作为家庭的主要功能之一是人类自身的生产，即繁衍后代，那么，对下一代的管理自然就成了家庭管理的主要对象与要素；其二，家庭的下一代要真正负担起传宗接代的责任，更需要管理与教育。古人云：“教子之法，常令自慎，言不可失，行不可亏。”意思是说，教育子女的方法，是经常让他们谦让谨慎，生活无过失，行事理不亏。这里的教法，就是管理方法的意思。

（三）家庭资源

家庭资源就是家庭的财富，它是家庭赖以生存的物质基础，也是实现家庭目标的基本条件。

家庭资源可分为家庭人力资源、物力资源和环境资源三类。

家庭的人力资源是指家庭每个成员的能力、精力和时间，其中人的能力是最为重要的资源，因为人的智力和技能是获取生活资料的最重要的手段。在现代社会，人的能力特别是人的智能就更为重要了。家里有了有智能的人，就什么都有了。这里人的精力，是指人可以利用的体力，人越健康，其精力也越充沛。时间是个常数，对于每个人都是一样的，但人的智力不同，精力不同，在相同的时间里所创造和获取的物质财富是不一样的。

家庭的物力资源包括物力、财力资源，就是指家庭的物资和金钱，其中的金钱财富，是每个家庭不可缺少的基本生活资源。

在家庭结构资源中，人力特别是人的智力资源最为重要。在市场经济社会中，人的智力，实际上是一种特殊的、有价值的商品，有了它，就可以创造或获取其他一切物质财富。俗话说，留得青山在，不怕没柴烧。这里所说的青山，就是指人力资源，而"柴"，则是指人力资源所创造和获取的物力资源。

环境资源是指除家里以外的一切生活条件资源，如自然资源的土地、矿藏、水、景观、空气、阳光和气候条件等。

（四）家庭目标

每个家庭都有其生活的目标和建设的蓝图。这个目标和蓝图凝聚着家庭的期盼和愿望，激励家人不断地为之努力工作和奋斗。

家庭生活目标是一个目标体系，它是由远期目标、中期目标和近期目标三个分目标构成的。

1. 远期目标

远期目标是家庭生活的总目标或称长远目标。它的最终实现，需要家人长期努力。一般说来，建立一个美满和睦的幸福家庭是家庭生活的总目标。这里的幸福和美满，带有许多理想和憧憬的成分，而且不同的人，不同的家庭，所追求的幸福与美满的含义也各不相同。所以，家庭生活的长远目标总体上较为笼统，不甚具体，但它对其他目标的设置与实施有着极大的指导与推动作用。

2. 中期目标

家庭生活的中期目标同远期目标相比，较为清晰，也具有一定的可操作性，它与近期目标相比，则仍不够具体和细化。但一些大的目标是可操作的，如经过几年的奋斗，攒一笔钱给孩子上大学用，或攒一笔钱买住房或家用轿车等。

3. 近期目标

近期目标的特点是时间短、难度小，容易实现。如在较短的时间进行居室装修，或购置一些大件的家用电器，或做一次出国旅游等。近期目标是实现中期目标、远期目标的一个阶段、一个台阶，经过无数个这样的阶段和台阶，全家就可以最终实现家庭生活的中期目标和远期目标。

三、家庭管理的方法

家庭生活目标的实现，要有相应的管理方法。

为了实现家庭生活目标，就需要管理，而管理的方法也很多，如多方管理、全面管理、单项管理和计划管理等。就家庭生活活动来说，以计划管理最为重要。

1. 计划管理

所谓计划管理，就是为了实现家庭生活目标，需要拟定一个切实可行的计划，用这个计划来组织、指挥、监督、协调家庭生活活动，以促使目标的实现。

家庭生活管理计划，同其他的计划一样，有目标、有任务、有时间、有监督、有进度、有实现目标方法和措施等。家庭的生产活动、投资活动、生活活动、学习活动、文化活动、旅游活动等，都应该在计划的指导下有步骤、有秩序地进行。

当然，家庭生活管理计划，不像企业生产管理计划那样规范，那么有序，那么正规，但家庭生活管理计划的执行与实施也一定要严格，特别是对孩子的教育与管理，应该更加严格。对人特别是对孩子不严格管理，就不能形成正常的生活秩序，就不能形成良好的文明礼貌习惯，就不能形成良好家范和家风。

2. 组织管理

有了计划就要实施，在实施管理计划的过程中，就要有组织措施做实施的保障。所谓组织，就是要把家庭生活、生产、学习等的各种要素、各个环节，在分工和协作的层面上，把它们合理地组织起来，形成一个有机的整体，朝着计划的目标共同运作。

3. 指挥管理

指挥就是指家庭管理的管理者——家长在实施管理过程中，对家庭成员的指导与调度。一个家庭中没有指挥或指挥不灵，家庭管理计划就无法实施，家庭生活目标就无法实现。

家长作为自然的指挥者，仅有长辈的资格是不够的，还必须具备指挥者的智能与权威。所谓智能，就是管理家庭的知识与能力，这是作为管理者、指挥者的一个根本性的前提，如果你只是一个家长，不懂管理家庭的知识，没有管理家庭的能力，只凭你的长辈身份，一味溺爱或责骂，那你是管理不好家庭的。所谓权威，就是指在家庭范围内最有地位并具有一种能使人信任和服从的力量与威信。家长作为家庭生活管理者和指挥者，他应该就是家庭的权威。但令人遗憾的是，我们的许多家长，他们不具备权威的资格（无知识、无能力），或者根本不想做权威。这是许多家庭出现问题的一个重要原因。

4. 监督管理

在实施家庭管理计划过程中，必须实行有效的监督，也就是把实行计划的实际情况同拟定的目标、项目、计划进度进行对比分析，找出差距，拟定改进的办法与措施，使计划的实施更有保障。监督与计划的关系非常密切，监督要以计划为根据，而计划要靠监督来做实现的保障。

5. 调节管理

调节又称协调，就是协调家庭成员之间的关系，使他们对家庭生活管理目标、计划、任务、制度、家规等都有清楚的了解和准确的把握，做到全家一条心，为实现其生活管理目标不遗余力地工作。

6. 激励管理

激励就是满足人的某种需求，从而在心理和思想层面上调动人的积极性。家人在家里的生活、工作和学习也需要激励吗？需要。这是因为，人都有追求安逸、躲避辛劳的心理特征，而人为了实现家庭管理的目标，就要习劳习苦，付出辛劳，在遇到困难和挫折的时候，还要有意志的支撑，这种“付出”和“支撑”都是需要激励的。激励的作用就是激发兴趣，鼓舞斗志，调动积极性与创造性等。

第二节　家庭管理的原则与职能

一、家庭管理的原则

虽然众多的家庭以不同的管理方式展现出不同的面貌，但是，科学的、符合时代精神的家庭管理，仍是所有家庭应当共同努力的方向。现代家庭管理应当遵循的基本原则是：

（一）系统性原则

这个原则主要包括两层含义。其一，家庭是社会的细胞，家庭管理必须立足家庭，放眼社会，根据社会的发展水平和客观要求来安排家庭生活；既有自己的特色，又不超越社会的规范。其二，家庭生活要注意多样性，整体性和各部分之间的关联性。精神生活和物质生活，事业、家庭与子女教育以及家庭每一成员的需求满足等都要兼顾。

（二）目标原则

目标是家庭管理的要素又是家庭管理的原则。目标作为管理的原则，就要求管理所实施的每个步骤，都要有明确的目标，所有的组织、协调活动都为目标服务，只有这样，才能使管理有的放矢，才能取得管理的最佳效能。

（三）民主性原则

家庭是由婚姻血缘关系组成的社会生活单位。在家庭管理活动中，一定要坚持民主原则。民主原则要求，民主不仅应该作为一种风尚存在于家庭生活中，还要转变为一定的程序，作为家庭管理决策的工具。家庭中的重大事情，都应在家庭中认真商讨，取得一致意见后再付诸行动。

民主是一种权利，也是一种手段。说它是一种权利，是因为所有的家庭成员都有参与家庭管理的权利。家庭管理的民主原则，就是家庭的每个成员都有权参与家事的研究与讨论。即使是孩子，也要尊重他们的民主权利，要平等相待，让他们自由地发表意见，千万不要因为他们是孩子，就不尊重他们，甚至把自己的意志强加给他们。说民主是一种手段，不如说通过民主管理，家庭关系会更加协调，家庭管理目标也就更易实现。

（四）科学原则

所谓科学原则，就是指管理者在民主科学决策的基础上，在掌握家庭生活规律的前提下进行有效的管理。凡是家庭大的活动或重要的投资、消费项目，都要集中家庭成员的智慧，做出科学决策，防止失误，防止给家庭生活造成困难和挫折。作为家庭管理者的家长，要多学一些管理学的知识，掌握家庭生活的规律，如家庭生命周期的

规律，投资与消费的规律等，如此，家庭的管理才能步入科学管理的轨道。

（五）效益性原则

有效是家庭管理的出发点和归宿。科学的家庭管理应该从最少的人力、物力和财力的投入中取得最佳的情感功能、最优的经济效益和最大的使用价值。随着经济的发展，生活的富裕，家庭的消费功能越来越突出，如何科学地消费也随之成为家庭管理的重要内容和原则。家庭消费首先要量入为出，做到收支平衡，略有节余，但家庭消费也要融入“现代”因素，即适当超前消费，提前使用未来的购买力，提前享受未来的高水平的生活，这就是超前消费，其方式是信贷消费，或者分期付款消费等。

（六）教育优先原则

重视子女教育和投资子女教育是现代家庭的一个特点，也是家庭管理的一项重要原则。

家庭生活千头万绪，但管理首先要管好家庭“衣、食、住、行”的基本生活，在此基础上，要优先考虑对子女的教育。这里包含两层意思：一是优先考虑对子女德、智、体全面发展的教育；二是通过储蓄和保险的手段，对子女教育进行未来投资。

二、家庭管理的功能

（一）协调功能

家庭管理的功能是协调，如协调家庭的人际关系，协调投资与消费的关系，协调家庭生活现在与未来的关系等。协调是为了平衡，为了和谐和睦。家庭各种关系协调了，关系平衡了，家庭生活也就和谐了。

（二）调动功能和激励功能

调动功能就是调动所有家庭成员的积极性与创造性，为家庭生活目标的实现辛勤工作与劳动，激励则能因尊重和奖赏而引起心理和精神的亢奋。

家庭管理的调动和激励功能是实行家庭的民主管理的手段，能取得较好的心理成果和精神成果。家庭的民主管理是对家庭成员人格和权利的尊重。当人得到尊重时，人的心理和精神的自尊需求得到了一种满足，其心理和精神就会出现振奋状态，就自然会产生为实现家庭高层次生活目标的积极性与创造性。

（三）凝聚功能

凝聚是指家庭成员思想感情的凝聚。家庭的血缘是一种自然的凝聚剂，但是，要在道德思想的层面上实现家庭成员的团结、和睦，从而有效地实现生活目标，仅靠血缘的凝聚是不行的，还必须有思想道德层面上的思想感情的凝聚。这是因为，血缘情感是一种自然状态的东西，虽可凝聚情感，但有时也显得较为脆弱。因此，要实现家庭生活的总体目标，还必须在思想道德层次上凝聚家人的情感。这就要强化家庭管理的凝聚功能。

三、家庭管理的内容

家庭生活的内容很多，随着家庭收入的增加和生活水平的提高，家庭生活内容会越来越丰富，其类别也越来越多。

丰富的家庭生活可划分为五个层面的内容：一是家庭物质生活，二是家庭精神文化生活，三是家庭感情生活，四是家庭交际生活，五是家庭道德生活。

（一）家庭物质生活

家庭的物质生活是整个家庭生活正常运行的前提和基础，没有这个基础，家庭生活和家庭成员的生存就无从谈起。

家庭物质生活包括衣、食、住、行等诸多方面，如服装与饰物、饮食与营养、住宅与环境、交通与车辆等。

物质生活内容的丰富，可以促进精神文化生活水平的提高，反过来，精神文化水平的丰富和品位的提升，也可以促进家庭物质生活质量的提高和水平的提升。

家庭物质生活管理要坚持“兵马未动，粮草先行”的原则，把基本生活的调配与用度放在优先地位。同时，还要做到：看着今天，想着明天和后天，使管理有一定的兼顾性和战略性。

（二）家庭精神文化生活

家庭精神文化生活是家庭物质生活内容品位在精神文化层面上的反映，其内容包括家庭教育、家庭学习、家庭娱乐和家庭旅游生活等。

在家庭精神文化生活中，家庭教育和家庭文化环境、文化氛围和言语的文明程度最为重要。如今，诸多家庭十分重视家庭教育，但家长们往往忽视家庭文化环境的建设，文化氛围的营造和文化品位的提升。目前，不少家庭出现家庭暴力，家庭黄色文化以及青少年自杀或犯罪等现象，这是家庭教育失误问题，但更有家庭文化环境氛围不良的问题。

管理家庭精神生活，要做到既要强化家庭教育的力度，又要净化家庭文化环境，注重家庭精神文化的建设，使家庭成员的精神和领会不断得到陶冶和升华。

（三）家庭情感生活

家庭情感生活是家庭生活内容中最具亲情性和凝聚力最强的内容。它主要是指夫妻感情生活。夫妻感情生活的质量，决定着家庭生活的水平。一个家庭出现功能性障碍和结构性的破坏根源，往往是因为家庭的夫妻感情生活出了问题。我们说，家庭中夫妻感情生活优则合，劣则家败，就是出于这方面的考虑。

（四）家庭交际生活

家庭交际生活包括家庭与亲戚、与邻居、与社会的交际与往来。家庭是社会的细胞，家庭生活必当与周围环境、与社区、与社会发生这样或那样的联系，家庭的交际生活实际上就是正常地与周围环境交流信息，处理好与生活大环境的关系。这些关系处理好了，有利于家庭功能的发挥和家庭生活的和谐。

（五）家庭道德生活

古人有言：“德如毛，民鲜克举之。”意思是说，道德之轻像羽毛一样，但人们很少能把它举起来。表面上看，家庭道德似乎很轻，但实际上它是很重的，因为德是做人之本，立业之基。没有德，何为家庭，何言做人？如今，不少家庭，视“德如毛”，重智轻德，重利轻义，家长自私自利，培养的孩子，或有才无德，或无才无德，或孩子患了道德缺“钙”症。如此，家庭虽有钱，但却患了道德贫乏症，成了无德之人，无德之家庭。

家庭道德伦理生活，强调人与人之间要以人伦为标准，尊老爱幼，长幼有序，亲其亲，爱其爱，和睦相处。在与人相处时，讲文明，讲礼貌，说话得体，行之有矩，不讲不礼貌的话，不做不文明的事。只有这样，家人在人际交往中，才能做到分善恶，辨是非，重诚信，尚仁爱。

四、家庭管理的艺术

家庭生活是琐碎繁杂的，需要管理的内容很多，必须用管理的艺术，巧妙地进行管理，方能让烦琐的家庭生活井井有条，有条不紊。

（一）统筹规划，分工管理

一个家庭就像一个小的国家，应管理的内容实在太多，如内政（家政）外政（对外关系）、养老育幼、购物理财、保健饮食、交际礼仪、娱乐旅游、衣着装束、家务劳动等。如此多的内容项目，不进行统筹规划，管理就无从着手；不分工协作，就难实现管理的目标。

统筹规划是指把家庭生活内容按轻重缓急和近期实施、远期实施等不同要求进行分类，统筹安排，做出计划，一项一项地安排，实施，督促，反馈，直至达到管理的目标。

分工合作就是要按照家庭成员的能力与特长，对管理内容进行分工管理，做到各司其职，各负其责，分工管理，合作实施。

在分工合作实施家庭管理的过程中，家长处于主导地位，需要在民主讨论基础上，做出规划，进行分工，实施监督和调度，使管理规划得以顺利实施。

（二）档案管理

如果你看到图书馆对图书的分类、编码、储存和提取，看过企事业单位对于各类文件的收发、分类、整理、归档、保存，乃至销毁的管理程序，你就会感到档案管理不仅是一种管理手段，更是一种管理方法。

目前，一般的家庭很少设置家庭档案，把档案管理作为一种家庭管理的方法会更少了。但随着生活水平的提高，生活内容的增多和管理的科学性增强，也随着人们对家庭管理的意识强化，档案管理越来越被更多的家庭所重视和接纳。

1. 档案分类项目

实行档案管理，首先要对家庭管理的内容项目进行分类编码，分类编码的顺序可按时间顺序，也可按逻辑顺序。例如，可把家庭成员代际传承，重要活动，重要事件的历史与现实材料编码如下：

（1）家谱、家史类。包括家谱、家史、回忆录、履历表等。

（2）证书类。包括学历证书、职称证书、离退休证书、结婚证书、户口簿等。

（3）奖励类。包括勋章、奖章、奖状、荣誉证书等。

（4）书信类。包括信件、名片、通信录等。

（5）学习资料类。包括笔记、日记、论文、创作手稿、专著等。

（6）音像类。包括录音带、录像带、VCD 光盘、照片、画像等。

（7）报刊图书类。包括报纸、刊物、图书等。

（8）保健类。包括病历、家用偏方、药膳配方、保健操挂图等。

（9）证券类。债券、股票、基金、储蓄存折等。

（10）家产资料类。包括重要产品的发票、说明书、保修单、房地产证书等。

上述内容项目，分门别类地存放在档案里，或存放在计算机里，列出目录备查，一旦需要，可以很方便地进行检索提出。

2. 档案管理场所

档案管理要求上述十类档案资料的保管，既要统一管理，又要分类管理。

统一管理有两层含义：一是指要为所有分类项目统一登记编码（或制作卡片，或制作图表，或保存在计算机里），以便于检索查询；二是要有安全的场所存储（如文件柜，橱柜等），图书要用书架、书柜分类放置。

（三）运筹管理

现代运筹学是研究人力、物力的运用和筹划，使其发挥最大效率的科学，运用运筹学的一些原理来管理家庭，就成为一种运筹管理的方法。

运筹管理方法最突出的优点就是节省时间，提高效率。运筹管理打破了平面的、线性的管理手段，使用了立体的、交叉的管理方法。

如一对家庭夫妇早晨起床后，上班前的家务劳动有三条工作线：第一条线——整理卫生，包括叠被子、整理床铺、个人洗漱；第二条线——照顾小孩，包括 穿衣、喂饭、送幼儿园；第三条线——做饭，包括做饭、吃饭等。

若按线性管理方法，一条线、一条线地操作，势必事倍功半；若按非线性的运筹方法管理，如两个人分工合作，三条线并行操作，那就既省工又省事，能收到事半功倍的效果。

运筹法是立体地、科学地安排时间，经过科学地运筹，就能节省很多时间，在今天这个时间就是金钱的社会里，节省时间就等于是为家庭生产了财富。

（四）家训管理

运用家训、家范、家规等训诫性的规则来管理家庭、教育孩子是自古就有的一种极为有效的管理家庭的方法。中华民族自古以来就重视家庭，重视亲情。家和万事兴、天伦之乐、尊老爱幼、贤妻良母、相夫教子、勤俭持家等，都体现了中国人的这种观念。可惜，如今的有些家庭对流传的传统家训不够重视，甚至弃之不用。究其原因，恐怕一时难以说清，但家训、家范、家规是一种具有总体管理思想的家庭管理方法，这是毋庸置疑的。

家训、家范具有总体管理理念的性质。有道是，国有国法，家有家规。作为一个有人生活的地方或单位，包括家庭，没有一个总体管理理念是不行的。

过去，我们对家训、家范、家规之类的规矩仅仅理解为对子女教育的一种教育原则和方法，这是片面的。其实，家训之类的规则还是用法规管理家庭的一种极为有效的手段，家训一经制定，全家成员都要遵守，其中家长更是要以身作则，做出表率。

随着《公民道德建设实施纲要》的实施，精神文明建设向社区和家庭的深入，家训、家范、家规这种古老而有效的管理方法，必将重新进入家庭，使我国的家庭管理与家庭教育迈入新的发展阶段。

（五）评议管理

评议管理指的是家庭管理中，家庭成员之间应该定期开展民主评议活动。民主评议的内容是家庭管理计划的实施情况，评议的对象是家庭的每个成员，评议的方法是民主的自评和互评相结合。评议是一种民主，是一种监督，是一种表扬和批评，也是一种反馈。评议，对每个家庭成员来说，都是一种约束和监督，是一种教育，也是一种发扬家庭民主的方法与手段。

事实证明，家庭的民主评议管理搞好了，不仅能管理家庭与家庭成员，而且还能提高家庭成员的素质及家庭生活的质量水平。

（六）开办家庭“道德银行”

现在，几乎每个家庭在银行里都有存款。金钱是物质财富，物质财富越多，家庭就越富有。但作为一个文明的、富裕的家庭，仅有物质财富是不够的，还必须拥有道德财富。道德财富越多，家庭就越文明，越具有品位，这是现代家庭管理中的一种新理念、新方法。所以，要倡导现代社会的居民，都要开办家庭“道德银行”。

家庭道德银行的运行方式是：家庭每个成员（婴儿除外），都有一个“存折”；每个存折分“存入”和“支出”两栏；“存入”栏所存的是个人给他人的帮助；“支出”栏支出的是他人给自己的帮助；每半年结算一次，看看自己存折上结余多少；根据“存入”和“支出”的情况，经过家庭评议，给予适当鼓励和表彰。

这里要注意的是，不是任何“帮助”、做事都可以作为“存入”和“支出”的财富，只有那些有道德价值的“帮助”才能算是道德财富，譬如物质捐赠、技术援助、自愿看护病人、做公益劳动、维护或维修公共设施等。有些人特别是年轻人，在相当长的时间内，可能是只“存入”，不“支出”，不过，他可能存有别人或单位对他进行表扬，这种表扬可算是另外一种形式的“支出”。

开办“道德银行”，是家庭管理的一种方法，是否可行？不妨试一试。

[思考与练习]

1. 简述家庭管理的功能。
2. 家长作为家庭的管理者，应掌握怎样的管理方法与技巧？
3. 试举例说明，在家庭管理中如何运用运筹管理。

第十四章　现代家政企业管理

案例导入

家政 APP 预约家政服务

最近，家住和平小区的李妈妈逢人就说，这回她也可以享受到科技带来的方便了。详聊之下才了解，原来是她学会了用智能手机上网“淘”钟点工的事。所谓的“淘”，其实就是通过手机下载家政 APP 预约家政服务，这种新兴方式比传统的家政服务更快捷便宜。

目前，家政 APP 比较主流的发展模式都是通过与各地的服务商合作，整合储备了大量家政工资源，最大程度地满足了市场需求量。据了解，目前“阿姨帮”在北京地区已经收录阿姨三千多个；而“e 家洁”在上海、北京两地也签约了六千多位阿姨；广州地区的“家政无忧”则整合的阿姨资源超过一万个。但是他们该如何将整合资源、专业培训、服务跟踪等各个环节实现标准化、有效输出都是非常具有挑战。

但是家政 APP 光靠庞大的阿姨资源和低价优势就能完全取悦雇主了吗？对此，“阿姨帮”为了保证服务质量，对于服务不满的雇主，可再安排一次免费服务；“e 家洁”在雇主预约成功后均可获赠家政保险，投诉阿姨磨工怠工还可获得补偿；而“家政无忧”更是成了全国首个“服务担保”的家政平台，通过“不满即赔”与“财务担保”两大即时赔偿途径，直接保障了雇主的根本利益。

虽然目前大部分家政 APP 正处于发展初期，服务系统还没有完善到一定的高度，难免存在漏洞，但观望长远的发展道路，家政 O2O 模式以互联网信息技术优势提升和改造传统家政行业的产业结构和信息渠道，使分散的资源得到整合，发挥了社会效益的最大化，因此，家政 APP 在日后必定能颠覆传统家政市场，成为家政服务的主流。

第一节 家政企业概述

一、什么是家政企业

家政企业是以家政服务业为主要经营项目的实体，是服务业的重要组成部分。家政企业的发展水平标志着一个国家人民生活水平的高低。

（一）家政企业的概念

家政企业是通过向社会提供家庭服务获取利润而从事经营活动的独立的经济组织。家政企业的主要目的是取得利润，盈利是它的基本特征，是其产生和发展的动力；提供服务仅是它实现盈利目的的手段；独立性作为企业的基本条件则要求企业必须以自主经营、自负盈亏的方式完成上述活动。家政企业的服务项目几乎涵盖人们日常生活的全部，包括家居保洁及美化、家庭烹调、服装洗烫、医院陪护、儿童陪护、儿童教育、老年人保健服务、陪读、家庭秘书、管家、送货服务等。

（二）家政企业的特征

1. 家政企业具有经济性

家政企业是经济组织，经济性是其基本性质，家政企业的经营目标是在为社会提供满意服务的基础上获得最大利润。

2. 家政企业具有服务性

家政企业是高接触性服务行业，即消费者必须参与服务的全部或绝大部分提供过程。因此，服务性是家政企业的一个显著特征。

3. 家政企业属于微利行业，适合连锁经营

家政企业一般规模较小，所需投入少，设备简单，总成本较其他服务业低，与低成本相对应的是低收入。家政企业的服务对象主要是组成社会的最小单元——家庭。家庭的经济能力是有限的，因此，家政企业从每个家庭获得的显性利润就很低，但从事连锁经营则可以扩大服务范围，形成规模效应。

4. 家政企业科技含量较低，强调可操作性

家政企业的从业人员以向消费者提供体力劳动为主，可以不具备较高的学历和技能，但要求具备全面的家庭服务技能，服务的技术含量较低。

5. 家政企业竞争激烈

家政行业几乎没有什么行业壁垒，可进入性高。因此，家政企业之间的竞争激烈，竞争的中心是服务的质量和服务员的供应渠道。因此，专一化战略和差别化战略是两个首选的竞争战略。

（1）家政服务业的发展，促进着家庭生活质量提高和家庭生活幸福美满。现代社会，一方面是竞争激烈、生活节奏加快、双职工家庭增多，大家都追求事业上发展，能用于与家人沟通和家务劳动的时间减少，家庭功能向社会转移，家人关系容易出现问题；另一方面，人们对家庭精神生活、物质生活质量，对子女教育与发展，老人赡养等又有比较高的要求。家政服务业的出现，正好为家庭担当了这方面的责任。

（2）为社会剩余劳动力提供新的就业岗位。现代社会由于科学技术的发展，机械化、电气化极大地提高了劳动生产率，必然导致劳动力的剩余，出现结构性和非结构性的失业现象。而我国有3亿多家庭，家政服务业作为现代社会的新兴产业，为城市、农村的剩余劳动力提供了新的就业岗位。

（3）促进社会安定与精神文明建设。家庭是社会的细胞，家庭生活幸福美满，能增加社会活力，促进社会稳定发展。家政服务工作提高了家庭精神生活和物质生活质量，家政服务业为社会剩余劳动力提供了新的就业岗位、减少了失业，这就直接促进了家庭生活的稳定与幸福。因而，也促进了社会的安定与精神文明建设。

（4）有利于促进我国的对外开放，改善投资环境。随着我国改革开放的深入，一大批国外境外投资者纷纷落户我国各大城市，但由于那些投资者对我国的民风习俗、饮食文化、生活习惯不甚了解和适应，给他们的生活和工作带来了诸多的不便，而涉外家政服务正好填补了这方面的空缺，改善了投资环境，促进了改革开放。

二、家政企业的种类

从我国目前家政服务组织的运营模式方面分析，家政企业主要以下述三类为主：

（一）中介型家政服务组织

中介型家政服务组织是新中国成立后出现最早的家政服务组织运作模式。产生于20世纪80年代初期，始创者为北京妇联所属的北京三八家务服务中心，它开创了新中国成立以来家政服务组织化运作的先河。在此若干年后，劳动力成为商品，获得了社会的认可，进入了市场化道路，一些地方政府部门才开始制定有关行业法规，使它的存在和发展在理论上得到认可，在政策上有了逐步健全的法律。

中介型家政服务组织具有规模大、场地大、投入大的特点，其运营和发展是民营机构和社会团体难以实现的，该组织运营模式能够获得较丰富的社会效益，但在经济收益方面却见效甚微。此组织运营模式较为适合以政府为投资背景的公益性项目，百姓的认同度比较高。

（二）会员制家政服务组织

会员制家政服务组织运营模式既不同于纯粹的中介型家政服务组织，又不同于全面管理的员工制家政服务组织。随着社会竞争的加剧、工作节奏的加快，家务劳动社会化的步伐也日益提速，社会对家政服务的需求日渐趋升。然而，一些家政服务员素质的低劣和非法中介的横行，使得不少亟待服务的家庭因缺乏安全感和辨别能力而不知如何选择家政中介机构，一些正规的家政服务机构则因非法中介的大量存在而举步维艰、叫苦不迭，引发了许多的社会问题，这些问题必须引起重视。会员制家政服务组织是中介型家政服务组织和员工制家政服务组织两种模式的综合运作方式，是一个介于两者之间的一种经营模式。

会员制家政服务组织运作模式是一种根据不同经济收入的雇主对家政服务的需求，利用市场经济手段对雇主的不同服务需求采取不同的服务和管理方法的一种运营管理方式，经济收益方面与中介型家政服务组织基本相同。

（三）员工制家政服务组织

员工制家政服务组织是实行招生、培训、考核、派遣与后期管理一体化作业模式。家政服务员要经过统一培训、统一考核，考核合格后统一由家政服务企业负责安排工作。即家政服务员是作为家政服务企业的员工派遣到雇主家庭从事家政服务，家政服务企业对家政服务员和雇主实施全面、全程管理；家政服务员与雇主之间只存在服务与被服务的关系，两者之间不直接发生经济来往关系，且合作双方均是面对家政服务企业。即由家政服务企业来保障两者的安全、服务质量、平衡两者的权益。

员工制家政服务企业则属于精品型家政服务组织运作模式，该企业的结构管理较为规范，在团队建设方面少而精良；企业组建投入少、风险小，无须大规模、大设施即可获得高收益。企业获得收益的是每月的管理费而非一次性的中介费或年度性会费。

员工制家政服务企业日渐成为一种主要的家政企业模式，在探索如何对员工进行更好的管理，可以从以下几个方面入手：

1. 对员工进行统一管理

员工受雇于公司，由公司统一进行培训、考核、定级并确定工资标准，使员工从自由职业者变为“职业服务工人”，以此获得归属感和职业认同感；公司与客户（雇主）签订服务合同，员工作为公司服务员派遣进入客户家庭提供服务。公司建立服务跟踪机制通过家访、电话回访等方式实施“三点二线”互动跟踪，以此达到监督服务质量、管理和教育员工、协调雇佣关系的效果。

2. 制定公司的培训方案

员工制家政企业要建立“培、考、定”训练机制，从心态教育入手，抓好岗前职业素质教育和思想引导工作。对所有的服务员工在上岗前都进行分类培训，考核定级，达标上岗；类别分为：高、中、低端“三位一体”，在基础家务方面，如家庭烹饪，婴幼儿、老人护理，衣物洗熨，家居清洁等服务技能突出实操训练，使之进入家庭后能够体现良好的服务效果；在服务员工的职业教育方面，心态教育尤为关键，员工具备良好的从业心态，会在从事服务的过程中达到事半功倍的效果。

3. 引进成熟的家政管理技术

加强公司内部管理人员培训，不断完善管理体制，实施“流程化”管理，充分发挥团队的作用，建立市场、职培、人力资源输送等较完善的管理架构，以科学管理理念提升公司的管理水平。公司在管理过程中管理好自己的家政员工的同时，如何留住好的员工，也是很重要的。

会员制家政服务企业是介于中介型家政服务组织和员工制家政服务企业两种模式之间的一种经营管理模式。根据不同经济收入的雇主对家政服务的需求，利用市场经济手段对雇主的不同服务需求而采取不同的服务、管理方法。

中介制家政服务企业和会员制家政服务企业都要求企业规模大、场地大、投入大，但都不能确定可以获得高收益；而员工制家政服务企业作为精品型家政服务组织具有投入少、收益较高的优势，是未来家政服务行业发展的必然趋势。

当前，我国正处在家政服务业的快速发展时期，虽然目前我国家政服务业的现状不容乐观，仍然处在起步阶段。但是，从发展趋势看，作为21世纪的十大朝阳产业之一，作为第三产业的生力军，家政服务业具有发展快、后劲足的特点，拥有巨大的发展空间和市场潜力。毋庸置疑，在不久的将来，家政服务业必将对城镇经济的发展发挥重要作用，成为我国经济发展的一个新亮点。

第二节　现代家政行业概述

家政服务是以家庭及其成员为主要服务对象。重点关注的是家庭生活的质量，所解决的是家务劳动社会化的问题。它所提倡的服务内容从传统的保洁、理家、照顾老人、孩子到筹办婚丧礼事、寿宴和家庭庆典、商品配送、家电维修、服装裁剪、送餐上门、庆典用品出租、房屋维修、家庭教育等，涉及人们生活的方方面面，为众多的家庭和个人带来方便。

一、发展现代家政行业的意义

（一）发展家政服务业将充分满足目前社会老龄化和独生子女家庭的现实生活需要

家庭是社会的基本组织单位，是个人与社会的中介，家庭的稳定影响着社会的稳定和发展。我国实行的独生子女政策加快了家庭小型化的进程，同时，我国又进入了老龄化国家的行列。根据我国第五次人口普查统计资料，我国总人口中60岁以上人口已超过总人口10%以上，到2050年将超过25%，这表明，我国已进入老龄化社会。独生子女家庭将要承担赡养四位老人的责任，家庭劳动的负荷必然增大。随着人们生活节奏的加快，摆脱烦琐的家务劳动、实现家务劳动社会化已成为城市家庭的广泛需要，人们从事家务劳动的时间将呈现出递减的趋势，这恰好为家政服务产业创造了很大的发展空间。有资料表明，仅北京的几个城区接送儿童上下学及其他家庭服务就可为家政服务业创造收入16.7亿元。

（二）发展家政服务业能为再就业工程创造新的就业岗位

就业问题是一个世界性的难题，也是摆在我们面前必须解决的重要问题。从我国来看，国企下岗职工、城镇失业人员和农村剩余劳动力人数众多，随着经济结构调整力度的加大，下岗分流人数还会继续增加，而经济发展所能容纳的就业机会却相对不足，就业形势相当严峻。寻求新的就业增长点，拓宽就业渠道，将日益提上议事日程。同时，伴随经济发展和人民生活水平的进一步显著提高，人们对家政服务的需求将逐渐增加，必然要求社会提供形式多样、质量可靠的家政服务，家政服务业就成为实现就业的新领域。据统计，家政服务业是目前剩下的为数不多的没有被内资和外资整合过的行业之一，而且从事这一行业的人数还不到需求人数的30%，还有很大的发展空间。发展家政服务业至少可以为国家提供上千万的就业岗位。因此，家政服务业将成为促进就业、发展经济的一个新的重要增长点。

（三）发展家政服务业将有效提高人们的生活质量

家政服务业的发展是人们注重生活品质的必然要求。我国居民的最终消费率大大低于国际平均水平。居民的最终消费包括物质消费与服务消费，而家庭服务消费是服务消费的一个重要组成部分。早在1998年，中国社会调查所在北京、天津、上海、广州、深圳、珠海、武汉、成都、哈尔滨、重庆、西安、兰州、郑州、乌鲁木齐、石家庄、太原、长沙、贵阳、昆明、呼和浩特、大连21个大中城市进行的问卷调查表明，有64%的城市居民需要家政服务。这些表明，家政服务业客观上存在着巨大的需求潜力，关键在于如何开发它的巨大潜力。

二、现代家政服务行业发展现状

家政服务业相对于传统的农业和工业而言，被称为第三产业，该产业随着全民生活水平的提高获得了长足的发展。目前，有约70%的城镇居民对家政服务有需求，市场潜力巨大，有利于扩大就业，在发达国家中从事第三产业的人员已占全部从业人员的60%~70%，我国的各级政府均非常重视并支持家政服务业的发展。

（一）家政行业初具规模，服务体系逐渐形成

由于经济社会发展和人们更高生活质量的要求，近几年来，我国部分城市家政行业蓬勃发展，家政企业数量逐年增多，发展速度不断加快。具体在业态上表现为家政公司、搬家公司、养老公寓、婴幼儿早教中心、儿童托管中心、产后恢复会所、养生保健公司等。调研发现，目前我国家政服务行业正逐渐被市民接受，客户群逐渐增多，行业初具规模，服务机制日趋完善。家政企业在服务体系上，形成了查体上岗、培训上岗、合同上岗的工作流程；在管理上，逐渐走向制度化、规范化，形成了“招工—培训—考核—定级—售后服务—业务考核”的完整服务流程。为满足客户的不同消费需求，家政服务的形式也正走向多样化，有全日制服务、白班8h制服务、钟点工服务、一次性服务等。

（二）家政服务职业化和信息化发展趋势明显

近年出现的一些新职业，如育婴师（月嫂、育儿嫂）、养老护理员、公共营养师、营养配餐员、婚姻咨询师、心理咨询师、高级管家等，都属于家政服务的范畴。家政服务已经具有相对独立成熟的职业技能，有专业的培训，升级、上岗、签约机制。伴随着大数据、“互联网+”等新技术出现，家政企业融合发展趋势也越发明显。目前，家政服务和社区零售、在线服务等业态充分融合，智慧程度在疫情冲击下进一步提升，一大批“互联网+”家政企业在疫情防控中充分发挥了信息化作用。另外，家政企业已形成了多种经营管理形式并存的发展格局。

（三）市民认可度逐渐升高，市场集中在应用性家政服务层面

据调研得知，居民认为“自己家庭目前需要家政服务员”的比例占调研人数的54%。可见，我国城市家政服务有一定发展空间。在“你的家庭所需要的家政服务种类”的调查中，选项按比例从高到低的顺序依次为：保姆、育儿嫂、保洁、育儿家教二合一的教师、养老服务员、下水道疏通等杂活工、营养配餐顾问、护理病人、婚姻关系咨询、高级管家。总结得知，大部分居民最需要的主要集中在家务家政、教育家

政、养老家政，保健家政需求初见端倪，高端享受型家政需求较少。家政公司可加强家务家政、教育家政、养老家政、保健家政的四个方面服务，满足客户的需要。

三、现代家政行业发展存在的问题

（一）家政服务员数量相对不足，职业能力需要加强

家政企业之间的竞争在于人才，即家政从业人员。当前家政服务人才稀少、留不住高层次人才成为制约家政服务业发展的瓶颈。大部分家政公司为中介制管理，有的服务员同时在若干个家政公司报名、注册，造成整个行业供应链不规范和劳动力不稳定。家政服务业比较零散，家庭服务消费需求满足率较低，不少居民仍只是“潜在的客户”。

在雇佣家政服务人员时，“服务人员素质与技能差，不能满足家庭需要”和“雇佣关系不好处，很麻烦”是人们最担心的问题。有居民反映找不到既会照料孩子又会教育孩子的家政服务人员。由于家政服务员大多来自农村或属于下岗职工，文化水平相对较低，个人素质和职业能力需进一步加强。

（二）企业品牌建立及内部管理需进一步加强

我国家政企业创立时间比较短，整个家政行业仍然面临小、散、弱的局面，规模化、产业化、品牌化发展有待进一步加快。当前家政企业多为中介制管理，受管理体制影响，存在客户资源易流失、员工队伍不稳定的问题，行业信誉需进一步加强。目前，家政服务员基本上是各公司鉴定自己的员工级别，没有统一的服务和收费标准，这成为雇佣纠纷频发和行业恶性竞争的原因之一。据调研得知，大部分家政职业经理没有受过专门培训，品牌意识差，有小富则安的心理。这些小企业在管理上属于经验管理，缺乏绩效管理、目标管理、薪酬管理、股份管理及激励机制等现代管理模式与方法。

（三）市场监管力度不够，行业环境需要加强

家政市场缺口大，企业门槛低，难免导致一批未注册、不规范、不诚信的企业产生。当前，家政服务业总体处于起步阶段，缺乏有效规范，常有“一张桌子、一条凳子、一块牌子”就能开张的现象。这些企业存在合同不规范、乱收费、缺乏员工培训与鉴定等不良行为，违规操作和短期行为严重，极大扰乱了家政市场秩序。

四、发展现代家政行业的建议

互联网的运用使如今的家政业更精准、透明、便捷。当前，新模式、新技术加速涌入传统家政业，新工具的使用正在减轻家政人员的工作强度，改进工作方式，推动传统家政向智慧服务转变。

（一）进行引导教育，转变人们的思想和观念，为家政服务从业人员创造良好环境

通过舆论宣传教育使人们认识到，家政服务业作为一个新兴产业，不仅为下岗失业人员、进城务工人员提供就业机会和工作的平台，也是投资者创业的用武之地，任何有志于从事家政服务业的人士都是可以大有作为的。同时，通过宣传和培训，转变人们的就业观念，树立正确的择业观，使人们认识到劳动只有分工的不同，没有高低贵贱之分，家政服务工作是直接造福于人的劳动，家政服务员和其他职业一样都是受

人尊重的职业，人的社会价值的体现不在于你从事什么样的工作，而在于你的工作是否有成就，是否得到他人的承认。整个社会都为家政从业人员创造良好的就业空间和环境，使他们得到应有的尊重和理解，为他们提供一个强大的社会支持系统。使家政服务从业人员拥有一个理性的从业心态，怀着愉快的心情努力工作，在工作岗位上充分发挥自己的潜能和作用，实现自己的人生价值。这里，媒体的舆论支持和引导不可忽视。

（二）加强政府组织领导，建立良好企业发展平台

发展环境的优化将为家政业发展搭建坚实的行业平台。家政服务业的规范成熟离不开政府的推动，这就需要充分发挥政府的职能，加大政策扶持和工作支持力度，为家政服务业提供坚实的后盾。由于家政服务业尚处在初始发展阶段，许多方面有待于进一步改进和完善，政府有关部门要适当介入，加以引导、管理和规范，以保证家政服务业的健康发展。

各地方可由政府选派负责人牵头，成立固定的管理部门，定期研究制定家政业发展战略、规划和政策，统筹协调、解决发展中的问题。可由商务部门牵头成立家政服务业协会，创办行业宣传期刊，制定、修正、普及行业服务标准，促进行业管理规范化和技术的开发，统一服务标准，统一培训与鉴定，统一收费。要加强行业规范体系的监管，规范市场主体行为和市场秩序。对行业不规范的现象，可强化依法监督，严禁乱收费、乱检查、乱设限，形成企业发展的良好外部环境。

（三）加强法律法规学习，保障家政从业者合法权益

法律是拥有立法权的国家机关依照法律程序制定的规范性文件。家政服务员具备法律知识，有利于正确履行自己应尽的义务，有利于正确维护自己和用户的合法权益，有利于正确约束自己依法办事，避免违法。

1.《宪法》是国家的根本大法，被称为法律的法律，是制定其他法律法规的基础。《宪法》规定了国家最根本的制度、原则等内容，规定了公民的基本权利和基本义务。家政服务员学习《宪法》应重点掌握：尊重用户的宗教信仰自由 ；尊重用户的民族传统和风俗习惯 ；尊重用户的婚姻家庭；尊重用户的财产权；尊重用户家庭成员的人身权利 。

2.《劳动法》是调整劳动关系以及与劳动关系密切联系的其他社会关系的法律，是以劳动者权益保护为宗旨，规定了用人单位和劳动者各自的权利、义务和责任，单位和个人都要严格遵守，坚决执行。

3.《妇女权益保障法》是尊重和保障妇女权益的法律。该法规定男女平等，妇女享有同男子一样平等的权益。妇女的政治权利、受教育的权利、劳动的权利、婚姻家庭的权利、人身自由的权利等受法律保护。

4.《未成年人保护法》。未成年人是指未满 18 周岁的自然人。未成年人由于身体、智力还没有发育成熟，社会阅历少，在社会生活中处于弱势地位，《未成年人保护法》及有关法律规定了对未成年人特殊的保护措施。

5.《消费者权益保护法》详细规定了消费者的权利和义务。主要权利有：人身财

产安全权、知悉真情权、自主选择权、公平交易权、损害求偿权、受尊重权、结社权、获得有关知识权和监督权。家政服务员在用户家会代替用户采购和消费，要特别注意守法和依法维护权益。

6.《食品卫生法》是保证食品卫生，保障人民身体健康，增强人民体质的法律。该法主要是针对从事食品卫生经营的单位和个人。家政服务员在为用户准备饭菜、购买日常消费品时，应参照有关规定指导工作。家政服务员学习《食品卫生法》应重点掌握：家政服务员必须身体健康；家政服务员必须保持个人卫生；不用变质原料和过期食品做饭菜；餐具要保持清洁。

家政服务员要认真学习、严格遵守有关法律，做好家政服务工作，要积极、勇敢地维护自己的合法权益，与违法的人和事做斗争，同时注意掌握证据（证人、证言、证物），及时投诉、报案。

（四）成立统一培训机构，打造一流家政服务队伍

家政服务行业的迅猛发展对家政服务员的综合素质提出更了高的要求，也是雇主们最关心的问题。由于缺乏统一管理，一些未受培训不胜任工作或工作中有过不良行为的人可以通过跳槽来继续从业。因此，要加强管理，狠抓家政培训。这里既要有理论知识的培训，又要有实际操作技能的培训，更要有良好的职业道德培训，这些内容都应是家政服务从业人员的必修课程。

家政培训是提高劳动者素质，增强服务质量的关键。可以借鉴高校经验，成立统一的大型培训机构。可借鉴或编制教材，从培训目的、内容、方法、手段几个方面，对从业人员进行系统培训。要建立科学的课程体系，从职业观念、技能、交往能力等各方面，集中精力培训出具有现代理念与技能的高素质家政队伍。其培养途径包括三个方面：①职业性格培养。家政服务的工作环境在家庭，属于高接触性服务劳动职业，此职业有其独特的性格要求，如高尚的人品、较高的情商、得体的礼仪及一定的交往能力，要求自信、整洁、勤快、热心。②职业能力培养。除了性格外就是职业能力，职业技术与水平决定个人的服务能力和客户满意度。在教育过程中，可以采取理论加实践、以实际操作为主的培训方式。③职业规划制定。通过技能大赛、情景模拟、提供奖学金的方式，激励学员不断成长。帮助学员量身制定“初级家政员→中级家政员→高级家政员”的职业规划，不断督促实现，从而增强从业人员的服务意识，规范服务行为，提高服务质量。

（五）健全企业管理机制，培植品牌企业

扶持家政市场，打造龙头企业以带动市场，形成高中低档服务格局。家政行业应向酒店、银行等服务业看齐，建立服务理念，培养一流员工，塑造企业文化。首先，要选择恰当的运作模式，这直接关系到企业的生存发展。员工制家政服务模式是未来家政行业发展的趋势。目前，我国家政公司大都是中介制，由中介制管理转向员工制管理是必然选择。其次，要科学管理，培养科学专业的管理人员。目前，家政行业的管理者大都是外行出身，专业管理能力不高。要提供机会加强经理人的培训，促进其成长与素质提高，以高质量服务为客户服务，以温馨和激励的氛围稳定员工，打造品

牌企业。最后，要探索多样化的服务形式和工作机制，要积极引导家政企业转变经营理念，适应消费需求多样化、个性化的趋势，拓展服务内容，尽快形成一批有较强竞争力的品牌企业，提升家政服务行业的整体发展水平。

（六）构建制度化、规范化的家政服务公司管理体系

家政服务公司要想做大做强，必须要实行企业化的管理。既要建立安全可靠的输送体系，还要有高水平的管理人才队伍，更要有切实可行的规章制度。其中，安全可靠的输送体系的建立尤为重要。因为对用户而言，家庭安全是最重要的。可以考虑以行政区划为单位，建立起不同层次的家政服务员培训输送基地，这些基地要与家政服务公司对接，建立稳定的合作关系。做到输送基地的初步培训与家政公司的专业培训相结合，对经过培训和技能鉴定获得上岗资格的人员，建立相关的信息档案，做到统一联系、统一安排、统一管理，向用户家庭输送合格的高素质的家政服务人员。

[思考与练习]

1. 什么是现代家政企业？现代家政企业的特征是什么？

2. 现代家政企业管理有哪些类型？

3. 村民王建国是勤业家政服务中心的家政服务员。受家政服务中心安排，到李君家打扫卫生。在工作中，王建国不慎从楼梯上滑倒，导致腿部骨折。李君虽将其送往医院治疗，但提出王建国是接受家政服务中心安排打工而受伤的，应由家政服务中心支付医疗费用。家政服务中心则认为，王建国是为李君服务而受伤的，应由李君支付医疗费用。请分析该案例应如何处理及其法律依据。

参考文献

[1] 李福芝，李慧. 现代家政学概论［M］. 北京：机械工业出版社，2004.

[2] 郑杭生. 社会学概论新修［M］. 4版. 北京：中国人民大学出版社，2013.

[3] 戴维·波普诺. 社会学［M］. 李强，等译. 11版. 北京：中国人民大学出版社，2007.

[4] 向熹. 诗经译注［M］. 北京：商务印书馆，2013.

[5] 费孝通. 乡土中国 生育制度 乡土重建［M］. 北京：商务印书馆，2011.

[6] 金双秋. 现代家政学［M］. 北京：北京大学出版社，2009.

[7] 易银珍. 现代家政实用教程［M］. 长沙：湖南人民出版社，2006.

[8] 南怀瑾. 易经杂说［M］. 北京：东方出版社，2015.

[9] 萨提亚. 新家庭如何塑造人［M］. 易春丽，等译. 北京：世界图书出版社，2015.

[10] 恩格斯. 家庭、私有制和国家的起源［M］. 中共中央马克思恩格斯列宁斯大林著作编译局，译. 北京：人民出版社，2003.

[11] 人力资源社会保障部教材办公室. 家政服务员（初、中、高级）国家职业技能等级认定培训教材［M］. 北京：中国劳动社会保障出版社，2020.

[12] 加里·斯坦利·贝克尔. 家庭论［M］. 王献生，王宇，等译. 北京：商务印书馆，1998.

[13] 张苏辉，苏学愚. 民政与社会工作［M］. 长沙：国防科技大学出版社，2006.

[14] 孙中兴. 爱情社会学［M］. 北京：人民出版社，2017.

[15] 安佳理财. 家庭理财（精华版）［Z］. 北京：清华大学出版社，2016.

[16] 陈玉罡. 家庭理财红宝书［M］. 北京：机械工业出版社，2015.

[17] 汪志洪. 家政学通论［M］. 北京：中国劳动社会保障出版社，2015.

[18] 王维群. 营养学［M］. 北京：高等教育出版社，2003.

[19] 中国营养学会. 平衡膳食宝塔及其应用［M］. 北京：中国轻工业出版社，2000.

[20] 中国营养学会. 中国居民膳食指南［M］. 北京：中国轻工业出版社，1998.

[21] 中国营养学会. 中国居民膳食营养素参考摄入量［M］. 北京：中国轻工业出版社，2000.

[22] 全国现代家政服务职业培训专用教材编写组. 家庭保洁［M］. 北京：中国工人出版社，2011.

[23] 谢利娟. 插花与花艺设计［M］. 北京：农业出版社，2007.

[24] 王同和. 茶叶鉴赏［M］. 合肥：中国科学技术大学出版社，2008.

[25] 李元春. 现代应用家政学.［M］. 成都：四川科学技术出版社，1999.

[26] 简红雨. 现代家政学.［M］. 重庆：重庆出版社，2002.

[27] 安尔康. 家政学概论.［M］. 南京：南京出版社，2002.

[28] 常建坤. 现代礼仪教程.［M］. 天津：天津科技出版社. 2004.

[29] 任超荣，宋彩凤. 营造家庭文化环境 提升孩子人文素质［J］. 和田师范专科学校学报，2008（2）：56－57.

[30] 郎琅. 中药补益药在家庭保健中的应用［J］. 全科护理，2008，6（11）：3005－3006.

[31] 周英凤，赵杏珍. 初产妇产后家庭保健状况及其影响因素的研究［J］. 护理学杂志，2005（22）：5－7.

[32] 由娟. 家庭保健对大学生健康影响的调查分析 [J]. 科技资讯, 2008 (18): 209.

[33] 王旭玲. 中国传统家训文化的现代思考 [J]. 东岳论丛, 2003 (4): 109-111.

[34] 吴圣刚. 论当代家庭文化 [J]. 商丘师范学院学报, 2003 (1): 120-122.

[35] 李高海, 王建. 论家庭文化建设与构建社会主义和谐社会 [J]. 南华大学学报: 社会科学版, 2008 (2): 22-24.

[36] 何平. 试论家庭文化与家庭教育 [J]. 学习与探索, 2002 (4): 30-31.

[37] 付红梅, 徐保风. 和谐社会视野的家庭礼仪教育 [J]. 中南林业科技大学学报: 社会科学版, 2012 (2): 85-88.

[38] 郑运佳. 传统家风的内涵与现代意义 [J]. 山东农业工程学院学报, 2014 (5): 107-108.

[39] 潘月游. 家庭礼仪文化与青少年道德人格教育 [J]. 陕西师范大学继续教育学报, 2007 (2): 79-82.

[40]《中国家庭自疗神效千方经典》——一部让百姓能自己治病的书, 堪称现代家庭保健良医 [J]. 农村百事通, 2011 (18): 88-89.